圖解系列

五南圖書出版公司 印行

顧客關係管理(CRM)：會員深耕經營學

第三版

戴國良 博士 著

閱讀文字

觀看圖表

理解內容

圖解讓
顧客關係管理 (CRM)
更簡單

自序

在日益競爭的企業商戰中，如何爭取、鞏固、善待以及維繫住主顧客或主會員，並提高顧客及會員忠誠度，創造顧客及會員們最高價值，已是當今企業在行銷策略上非常重要的主軸核心要點了。

CRM日益重要

「顧客關係管理」（Customer Relationship Management, CRM），或稱「會員經營」，即是在這樣的背景中躍然崛起，並成為很多商管學院的選修課程。顧客關係管理，亦可以視為「顧客」＋「關係管理」兩者的組合體。更深一層來看，CRM其實就是「企業的顧客及會員戰略」，亦即將「顧客」及「會員」視為企業最為核心的戰略問題來看待。CRM中的IT資訊科技應用，只不過是戰術問題，然而真正的戰略問題是在「顧客」與「行銷」上。CRM最終的目的，就是要做到精準行銷並鞏固顧客及會員的忠誠度目標。

傳統行銷上強調4P組合，即產品（Product）、定價（Price）、通路（Place）、推廣（Promotion）等4P力量的組合；後來服務業普及，又增加服務S（Service），成為4P/1S組合。如今，由於CRM成為行銷戰略上的一把利劍，故又增加1C（CRM）；故今日現代行銷組合應該強調為4P/1S/1C的六項有力組合，才能在市場上行銷致勝。最近，又有大數據觀念與應用的快速崛起，它的整體框架與運用，又比CRM大很多，成為建立在CRM之上的總體觀。

本書特色

本書具有以下兩點特色：

(一)理論與應用案例並重：本書在第十章，提供有關CRM行銷面、資訊技術面與經營面之實際案例，從這些案例之中，我們可以觀察到如何將理論與實務結合在一起。

(二)參考資料多元、豐富：本書參考了不少國內外有關CRM各領域專家學者及業界經理人的專業論述、精闢見解及觀點，再融合作者本人過往經驗及分析，終而形成本書，可謂多元且豐富。

祝福與感恩

祝福各位讀者能走一趟快樂、幸福、成長、進步、滿足、平安、健康、平凡但美麗的人生旅途。沒有各位的鼓勵支持，就沒有本書的產生。在這歡喜收割的日子，榮耀歸於大家的無私奉獻。再次由衷感謝大家，深深感恩，再感恩。

戴國良 敬上

taikuo@mail.shu.edu.tw

本書目錄

本書目錄

本書目錄

第9章 客服中心與電話行銷

第10章 CRM實戰實例

本書目錄

第 1 章

會員經營（CRM）實戰總整理：如何做好、如何深耕及如何達成會員經營重要使命

章節體系架構

Unit 1-1

「CRM」是什麼？CRM＝顧客關係管理＝會員經營

沒有顧客哪來的企業，這也是企業要積極推動CRM最重要而且至高無上的原因了！至於推動CRM的目的，當然是鞏固企業立於不墜之地了！

一、CRM被大量應用

CRM（Customer Relationship Management）是近十年來，在各行各業大量應用及重視的經營與行銷工具及觀念。

包括：各零售百貨業、各大賣場、各餐飲業、各藥妝連鎖店業、各咖啡店連鎖業、各超商業、各超市業、各百貨公司業、各娛樂業、各藥局連鎖店業、各手搖飲店業、各書店連鎖業、各健身中心業等，近年來都大量導入CRM的資訊系統、人力資源及行銷活動等。

二、CRM的十一個內涵面向

其實，CRM過去全文稱為「顧客關係管理」，但更簡化的說法，CRM就是現在最流行、最普及、最愛應用的：1.「會員經營」；2.「會員管理」；3.「會員滿意」；4.「會員行銷」；5.「會員服務」；6.「會員尊榮」；7.「會員深耕」；8.「會員鞏固」；9.「會員忠誠」；10.「會員招待」；11.「會員貢獻」的實務操作意義及內涵所在了。

CRM就是「顧客關係管理」，也是「會員經營」

CRM

Customer Relationship Management

① 就是：顧客關係管理

② 也是：會員經營

CRM的真實內涵的十一種面向

1. 會員經營
2. 會員管理
3. 會員滿意
4. 會員行銷
5. 會員服務
6. 會員尊榮及禮遇
7. 會員深耕
8. 會員鞏固
9. 會員忠誠
10. 會員招待
11. 會員貢獻

Unit 1-2 「會員經營」（CRM）的六大重要性及好處

各行各業為何要重視「會員經營」的工作推動，主要是它能帶給企業六大好處及重要性，如下述：

一、「顧客爭奪戰」的時代來臨

現在企業競爭非常激烈，大家都在爭取顧客、爭奪顧客，因為，有顧客才有業績；有業績企業才能有獲利；有獲利企業才能存活下去；因此，「顧客」才是企業生存下來及茁壯成長的「最核心根本點」。

現在，任何市場上，任何的行銷措施，都是在進行一場又一場的「顧客爭奪戰」，爭奪戰的原點，就是「顧客」。

顧客爭奪戰時代來臨了

二、有助提高顧客高回購率

做好「會員經營」，必可強化會員的忠誠度、黏著度、情感度及滿意度，最終就可為企業提高顧客的「回購率」、「再購率」、「回店率」、「回頭率」；回購率一直是企業經營及企業行銷一個最主要的KPI指標目標，有了高回購率，企業就可以更穩固整個年度的營收目標。

做好會員經營，有助提高回購率

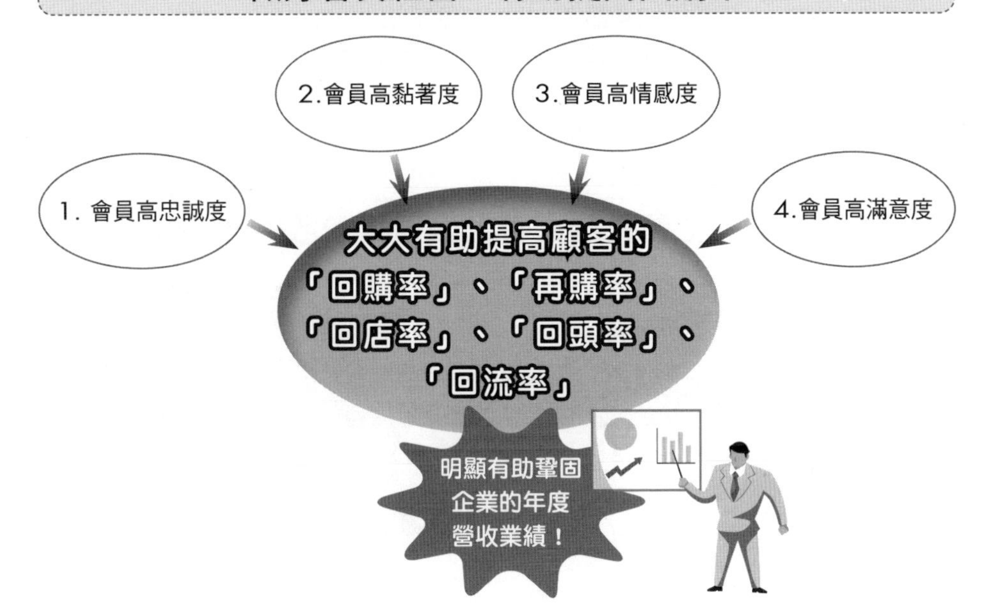

三、有助鞏固、保住每年營收業績

有了高會員回購率及回流率，必可確保及鞏固企業每年的基本營收業績目標，企業比較可以不必煩惱每年基本營收業績的達成率。

所以可以說，做好「會員經營」，其最終極的目標，就是要達成或創造更高的年度營收及業績。

做好會員經營，可以達成及創造更高的年度營收及業績

四、主顧客能創造八成以上的好業績

很多大企業、大品牌的經驗都顯示出：主顧客可以創造出每年八成以上的業績來源。包括：SOGO百貨、新光三越百貨、momo網購、東森購物台、寶雅、屈臣氏、全聯超市、臺灣好市多（COSTCO）、家樂福等企業，都顯示出他們的主顧客群，可以創造出或占有每年營收額的80%以上。

主顧客群／主會員群占有全公司年營收的8成以上

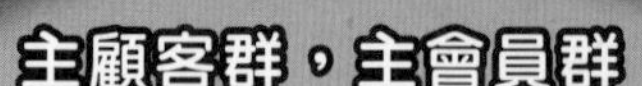

五、爭取一個新顧客、新會員的投入成本，比維繫既有顧客的成本多出5倍以上

據實務界統計，企業要爭取一個新顧客、新會員的投入成本，遠比維繫一個既有顧客的成本要多出5倍以上；此意即指：企業應努力維繫好主顧客群及既有會員群，這才是最根本的大事，然後，行有餘力再去開拓新會員、新顧客，這不是說新顧客、新會員不重要，而是千萬不能讓主顧客群、主會員們流失，千萬要優先顧好這一群多年來具有高回購率、高忠誠度、高貢獻度的主顧客及核心會員。

爭取新顧客比維繫既有顧客的行銷成本多出5倍以上

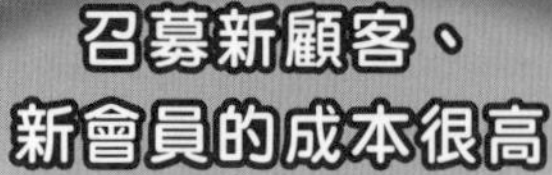

六、顧客選擇性太多，又喜歡多變化，抓住顧客不容易

最後一個原因，就是現在各種品牌、各種產品、各種款式的選擇性非常的多變化、多樣化，想要固定抓住顧客，是不容易的；因此，企業更要花心思、花方法，盡最大的努力去做好顧客關係的維護、顧客忠誠度的建立及顧客高回購率的打造工作。

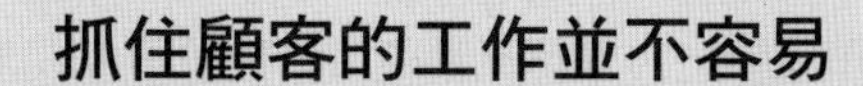

使得想要抓住顧客、
鞏固顧客、維繫顧客的
工作更加困難！

做好會員經營的六大重要性及好處

1. 顧客爭奪戰的時代已來臨了
2. 有助提高顧客的高回購率
3. 有助鞏固、保住、穩定每年營收業績
4. 主顧客能創造出八成以上的好業績
5. 爭取一個新顧客、新會員的投入成本，比維繫一個既有顧客的成本，多出5倍以上
6. 顧客選擇性太多，又喜歡多變化，抓住顧客不容易

Unit 1-3 各行各業都已經大量引進推動「會員經營」制度與「會員行銷」

近十年來，各行各業主力公司大都已引進「會員經營」與「會員行銷」的制度及操作，雖然程度不一，但大體上大家都更重視這些做法了。

茲列舉下列各行業主力公司：

1. 超商業：統一超商（7-11）、全家、萊爾富、OK。
2. 超市業：全聯、美廉社。
3. 量販店：家樂福、大潤發、愛買、臺灣好事多（COSTCO）。
4. 百貨公司：新光三越、SOGO、遠東百貨、微風百貨、京站、臺北101、BELAVITA、統一時代、漢神百貨。
5. 美妝、藥妝連鎖店：寶雅、屈臣氏、康是美。
6. 購物中心、Outlet：環球購物、三井OUTLET、三井LaLaport、大江、台茂、華泰、新竹遠東巨城、美麗華、新店裕隆城。
7. 餐飲連鎖店：王品、瓦城、築間、乾杯、饗賓、漢來、欣葉、胡同、錢都。
8. 書店連鎖：誠品、金石堂、墊腳石。
9. 五金、家用連鎖店：特力屋、寶家、IKEA、振宇。
10. 健身中心連鎖：World Gym、健身工廠。
11. 電商平台：momo、蝦皮、博客來、PCHome。
12. 女鞋連鎖店：D+AF。
13. 咖啡連鎖店：星巴克、路易莎、85度C。
14. 速食連鎖店：麥當勞、摩斯、肯德基、漢堡王。
15. 服飾連鎖店：優衣庫、NET、GU。
16. 電影院連鎖：威秀、秀泰。
17. KTV連鎖店：錢櫃。
18. 早餐店：麥味登、Q Burger。
19. 藥局連鎖店：大樹、杏一。
20. 手搖飲連鎖店：50嵐、清心福全、大苑子、COCO。
21. 食品連鎖店：義美。
22. 彩妝保養品業：蘭蔻、sisley、雅詩蘭黛、SK-II、LA MER。
23. 歐洲名牌精品連鎖專賣店：LV、GUCCI、HERMÈS、CHANEL、Dior、Cartier、BURBERRY、寶格麗、百達翡麗錶、勞力士錶。
24. 美髮連鎖店：小林、曼都。
25. 汽車銷售：和泰Points。

各行各業大量推動、引進「會員經營」及「會員行銷」制度

超商業	超市業	量販店業	百貨公司業
藥妝／美妝連鎖業	購物中心、Outlet業	餐飲連鎖業	書店連鎖業
五金、家用連鎖業	健身中心連鎖業	電商平臺業	女鞋連鎖業
咖啡店連鎖業	速食連鎖業	服飾連鎖業	電影院連鎖業
KTV連鎖業	早餐店連鎖業	藥局連鎖業	手搖飲連鎖業
食品店連鎖業	彩妝／保養品業	歐洲名牌精品店連鎖業	美髮連鎖業
汽車銷售業			

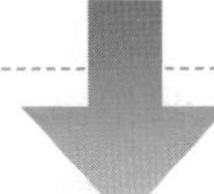

大力推動「會員經營」、「會員行銷」制度及運作！

Unit 1-4 從全方位看：如何做好「深耕會員」的十三個核心重點工作

從全方位角度看，企業應做好下列13個核心重點工作，才能真正「深耕會員」，達成「鞏固」及「黏著」會員的目標。如下述：

一、全員建立以會員為「核心」，為會員創造更多「價值」（Value）與「美好生活」的根本經營理念

在「行銷學」第一課裡，就講到必須做好「顧客導向」，並以「顧客」為核心，隨時「傾聽顧客聲音」（VOC；Voice of Customer），為顧客創造更多「價值」（Value），並邁向顧客「更美好生活」（The Best Life）的終極目標。

而「行銷學」中的顧客，在CRM裡，指的就是「會員」；顧客泛指一般消費大眾，而會員則是指「顧客中的顧客」，會員是有留下電話及相關個人資訊給我們公司，而且是有登錄在公司資訊系統及門市店POS銷售系統。有少部分重要的會員，甚且還成為我們公司極為重要的「VIP級會員」或「VVIP貴賓及會員」。

所以，在「會員經營」或「顧客關係管理」（CRM）運作中，我們必須堅持三個根本信念，包括：

1. 真正做到：「以會員為核心的思考點及出發點」。
2. 真正做到：「為顧客創造出更多有用及有需求的『價值』（Value）」。
3. 真正做到：「為會員邁向她們更美好生活而盡一切企業的勞力與用心」。

這三個是推動、落實、強化、精進CRM的全體員工必要之根本信念與堅持。

推動及強化CRM運作的3個企業根本信念。

以會員為核心	價值	更美好生活
確實以會員為核心的思考點及出發點。	真正為顧客創造更多有用及有需求的價值出來。	努力為會員邁向更美好生活的目標。

企業高階管理團隊及全體員工推動CRM的三大根本信念！

最高階的CRM推動信念！

二、從最高階管理團隊重視及推動做起，並提升為公司戰略議題

CRM或會員經營的推動成功，首要條件是要從取得公司最高階管理團隊的極度重視及配合做起。這個高階團隊指的是：

1. 董事長。
2. 總經理。
3. 各副總經理或各長（執行長、營運長、企劃長、門市長、會員經營長、財務長、策略長、廠長、法務長、行銷長、資訊長等人）。

沒有這些高級長官的重視及配合，CRM或會員經營是很難完全、全方位推動成功的。

此外，必須把「會員經營」這個議題，提升為公司「戰略級」的重大主題才行。

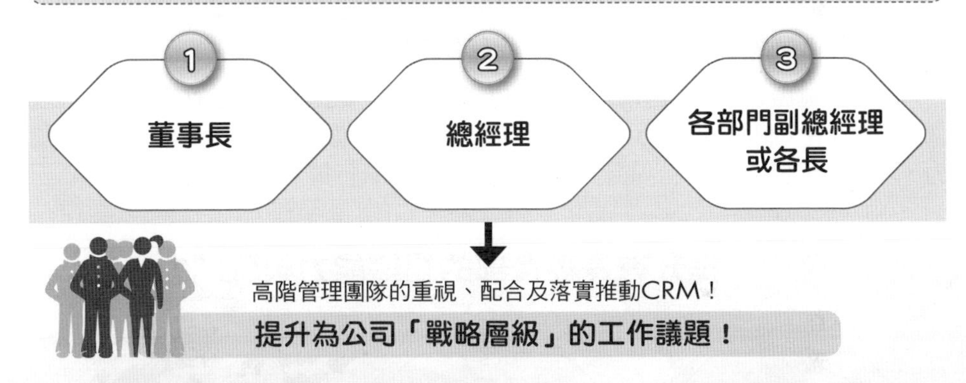

三、提升會員經營組織層級，從「會員經營部」提升到跨部門的「會員經營戰略推動委員會」之高層級

很多國內外大公司，大品牌、大零售百貨業，都非常重視會員經營的工作，並把他們的「會員經營部」之部門層級組織，提升到跨部門的「會員經營戰略推動委員會」之高層級組織，並由董事長擔任此委員會的召集人，親自擔當，表示重視，另由原來的會員經營部擔任此委員會的執行祕書。

四、強化會員經營部的組織配制、人員素質及能力

除了上述由董事長親自擔任召集人的跨部門推動委員會外，原有的「會員經營部」仍然存在；但必須強化、提升此部門的組織編制、功能劃分、人員素質及人員能力，才可以真正協助做好公司對「會員經營」及「會員行銷」的執行工作。

五、定期召開報告檢討會議

要真正落實推動CRM或會員經營工作，公司就必須舉行定期的相關工作報告檢討會議，最具體的兩種定期工作會報，即是：

1. 每週各單位主管會報中，由會員經營部一級主管提出當週的工作推動報告說明。此會議主要由公司的總經理或執行長主持。

2. 每月召開一次上述提到的「會員經營戰略推動委員會」，由董事長親自主持，聽取各單位在CRM推動的情況如何，討論及做出指示／裁示。

定期召開CRM推動檢討報告會議

每週一次

「每週主管會報」
（由總經理主持）

每月一次

「會員經營戰略
推動委員會」
（由董事長主持）

此兩種會議召開的目的，就是要追蹤、考核、管考、了解、討論、裁示公司在會員經營的每週及每月的規劃與執行狀況，及時讓上級加以掌握及做出新的決策與裁示，以利會員經營工作績效的正面推進及取得好成果、好成績、好效益。

召開兩種會議，以利考核、追蹤、掌握及提升CRM推動成果

兩種會議召開

考核、追蹤、掌握、提升：
1.會員經營部
2.各配合部門

六、每年底，會員經營部應提報次年度整個會員經營的年度工作計畫報告

每年底（12月底）會員經營部應該提報次年度的整個會員經營的年度工作計畫報告，以作為次年度的工作交代。此計畫報告的內容大綱，大概包括如下幾項：

1. 明年度會員經營KPI目標。
2. 明年度會員經營推動事項、策略及做法。
3. 明年度人力組織強化說明。
4. 明年度會員經營預算支出說明。
5. 請各部門協助事項說明。
6. 今年度工作成效檢討。
7. 明年度大環境及競爭環境分析說明。
8. 結語與裁示。

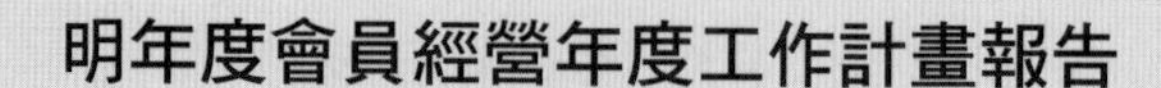

1. 今年度工作成效檢討
2. 明年度外部大環境及競爭環境分析說明
3. 明年度會員經營KPI目標說明
4. 明年度會員經營推動事項、策略及做法
5. 明年度人力組織強化說明
6. 明年度會員經營預算支出說明
7. 請各部門協助事項說明
8. 結語與裁示

邁向更具成效的會員經營計畫

七、每年底做一次「會員滿意度」及「會員未來需求」調查

會員經營部每年一次，應委託外面專業市調公司做下列兩項重要市調工作：

1. 年度會員滿意度調查

以求知道會員們對我們一年來在會員各工作方面的滿意程度，以再做精進努力。

2.年度會員潛在需求與期待調查

以求知道會員的潛在需求與期待事項，更全面掌握做對、做好會員們的工作。

會員經營部每年必做兩項市調報告

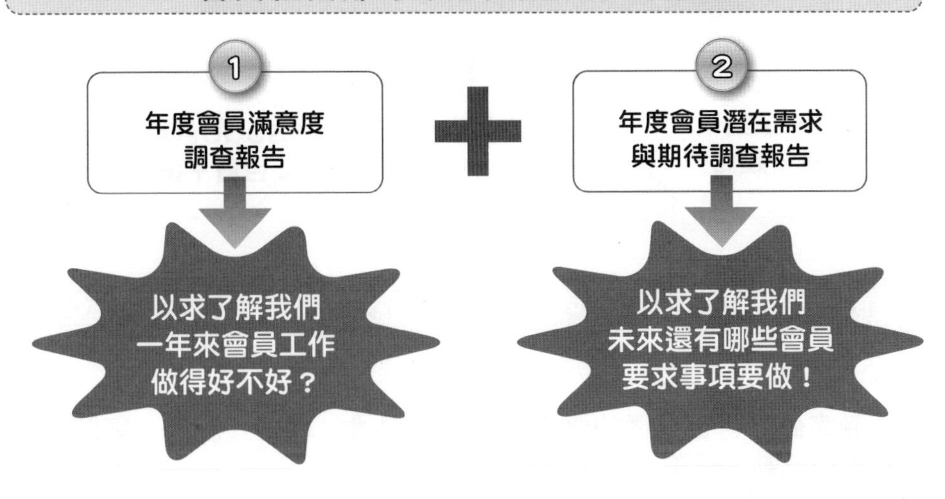

八、引進或自己建置必要的會員經營資訊系統，完善IT運用工具

所謂「工欲善其事，必先利其器」，要做好會員經營工作，必須運用IT資訊系統，以加快工作效率，並儲存幾百萬會員重要資訊內容。

CRM資訊系統建置，主要有兩種方式：

1. 直接買進外面專業的CRM資訊系統。
2. 用自己資訊部門人力，自己花時間建置CRM資訊系統。

此兩種方式各有利弊，要看各種狀況，均可以考慮採用。

建置必要CRM資訊系統的兩種方式

1 直接買進外面的CRM資訊系統

2 公司自己花人力、花時間建置CRM資訊系統

加快CRM操作的資訊便利性及提高工作效率！

九、整合集團資源，強化會員經營的更多價值

有些大公司、大企業集團，可以有效整合旗下各公司的資源，提供給會員更多、更有價值感的好處，以提升會員更高的滿意度，並產生企業集團資源整合的1＋1＞2之綜效。

例如：統一企業／統一超商集團、富邦電信／富邦momo購物網、遠東百貨集團等，均是這方面有成效的會員資源整合經營案例。

有效集團資源整合，提升會員經營與點數生態圈之綜效

有效整合企業集團資源，提高會員經營與點數生態圈之綜效產生

十、徹底做好對會員們的優惠、折扣、禮遇、尊榮、服務、客製化，讓會員們感動、讚美、信賴及支持

會員經營的最極致，就是要做到會員們對我們的會員工作，達到他們能夠：

1. 感動我們。
2. 讚美我們。
3. 信賴我們。
4. 支持我們。

所以，我們就是要徹底做好對會員們：

1. 給予更大、更多的優惠與折扣回饋。
2. 給予更尊榮、更尊寵、更客製化的服務、禮遇及招待。

達成100分會員經營滿意度的兩大方向

達成100分會員經營滿意度！

十一、各部門必須全力支援會員經營部、會員經營戰略委員會工作的推動

公司全體部門，包括：營業部、門市部、各館、各店、資訊部、人資部、財會部、法務部、行銷企劃部、客服部、維修部、物流中心、第一線經銷商等，必須全力支援／協助會員經營部及推動委員會的工作事項，用團隊力量，真正做好、做強會員經營的終極任務。

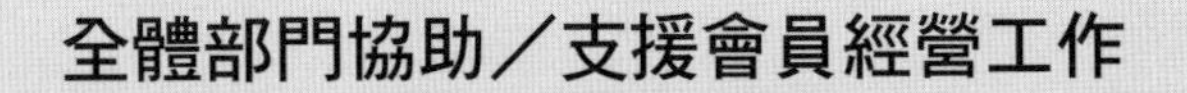

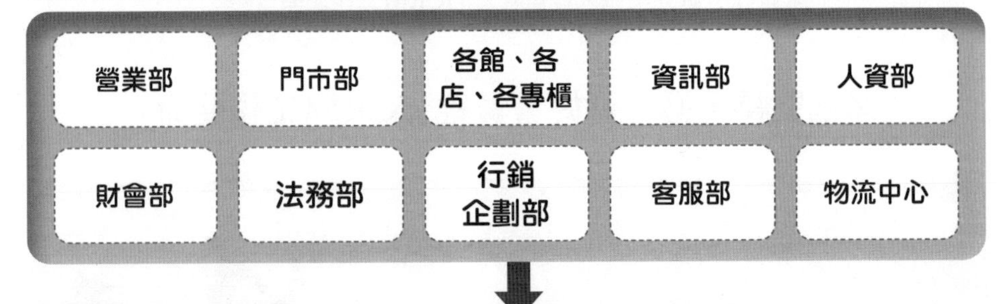

十二、每季及時獎勵會員經營部及相關部門，以激勵負責人員士氣

公司必須每季一次，對於會員經營工作推動具有成效、成績的相關部門及人員發給獎金，以激勵員工士氣，讓會員經營推動績效更進一步提升，並對公司最終的整體經營績效及財務報表，帶來更好看、更大的進步。

十三、堅持不斷調整、不斷創新、不斷進步、不斷達成目標的工作心態及精神

「會員經營戰略推動委員會」的全體部門及全體人員，必須堅持下列的工作心態及精神：

1. 堅持不斷調整。
2. 堅持不斷創新。
3. 堅持不斷進步。
4. 堅持不斷達成目標。

如此就能徹底做好、做強、做大會員經營的CRM工作使命。

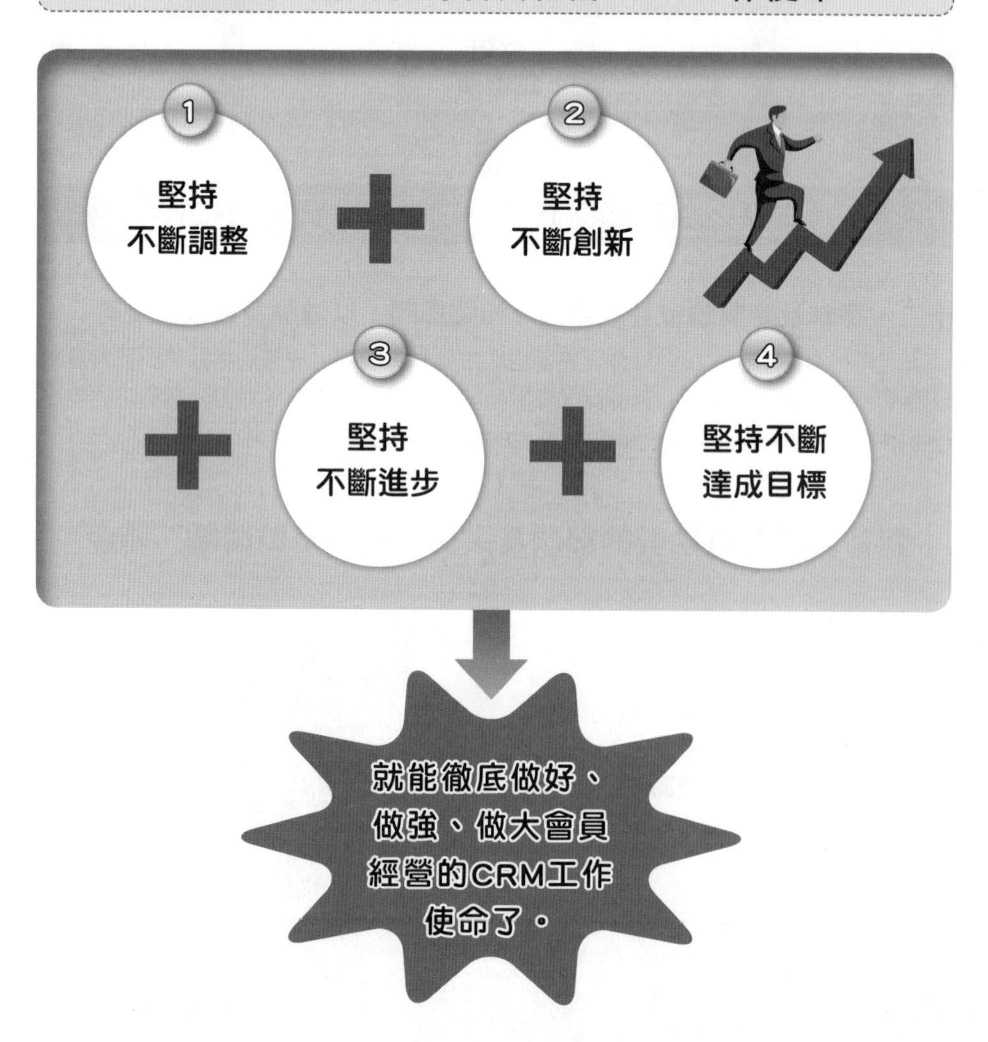

從全方位看——如何做好「深耕會員」的十三個核心重點工作

1.
全員建立以會員為「核心」，為會員創造更多「價值」與「美好生活」的根本經營理念

2.
從最高階管理團隊重視及推動做起，並提升為公司戰略議題

3.
提升會員經營組織層級，從會員經營部提升到跨部門的「會員經營戰略推動委員會」之高層級

4.
強化會員經營部的組織配置人員素質及能力

5.
定期召開CRM推動報告檢討會議

6.
每年底，會員經營部應提報次年度整個會員經營的年度工作計畫報告

7.
每年底做一次「會員滿意度」及「會員未來需求」調查

8.
引進或自己公司建置必要的會員經營資訊系統，完善IT運用工具

9.
整合集團資源，強化會員經營的更多價值出來，形成點數生態圈

10.
徹底做好對會員們的優惠、折扣、禮遇、尊榮及服務，讓會員們感動、讚美、信賴及支持

11.
各部門必須全力支援會員經營部及戰略委員會工作之推動

12.
每季及時獎勵會員經營部及相關部門，以激勵負責人員士氣

13.
堅持不斷調整、不斷創新、不斷進步、不斷達成目標的工作心態及精神

全方位有效推動「深耕會員」的具體成效出來！

Unit 1-5 做好會員經營經常採用的優惠及服務做法、項目與內容

企業界在會員經營方面，經常做的具體做法，主要分為三類型：

1. 行銷、促銷的優惠與折扣。
2. 精緻、快速、貼心的服務。
3. 舉辦各種藝文、娛樂、旅遊、餐飲活動。

會員經營的三大類做法

1. 提供
行銷、促銷的優惠與折扣

2. 提供
精緻、快速、貼心的服務

3. 提供
舉辦各種藝文、娛樂、餐飲、旅遊活動

一、「一般會員」的做法項目，茲圖示如下：

給予

1. 每次購物金額千分之三到百分之一的紅利點數累積，可以折抵現金或換贈品
2. 定期在某些商品的折扣或優惠回饋
3. 生日或重大節慶有更多倍數的紅利點數
4. 限時、限量的特別優惠價格回饋
5. 舉辦一般會員的見面會或晚會活動
6. 每次購物的折價券贈送，可在下次抵用

二、「VIP貴賓會員」的10種尊榮做法項目，茲圖示如右：

「VIP貴賓會員」的十種尊榮做法項目

1. 在百貨公司設立「VIP貴賓室」，有專人招待服務，並提供咖啡、茶水、點心、書報、電視及特別選購品。
2. 對VIP貴賓寄送生日賀卡及生日贈禮

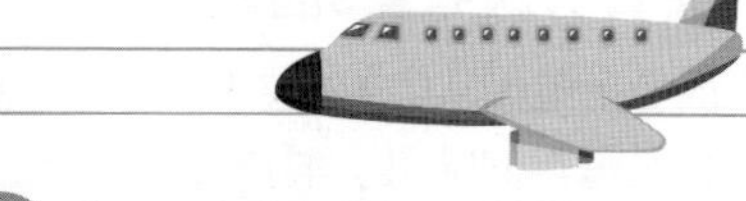

3. 邀VIP貴客每年一次在五星級大飯店聚餐及娛樂節目
4. 邀VIP貴賓免費出國旅遊及出國參觀歐洲名牌精品公司
5. 全球限時、限量新品的優先選購權
6. 專人服務提袋到家及專車接送頂級服務
7. 邀VIP貴賓出席專屬的封館秀活動晚會及優惠採購
8. 提供VIP貴客享受特別護膚、按摩及SPA服務
9. 邀請VIP貴賓參加特別藝文講座及電影觀賞
10. 提供VIP貴賓專屬祕書電話服務，包括：訂機票、訂國外大飯店、訂米其林餐廳、機場接送等

Unit 1-6 會員經營分級考量因素及分多少級

一、會員分級考量3因素

很多企業經常會對會員的年度貢獻給予分級、這些貢獻主要包括3項指標：

1. 是每年的購買、消費總金額多少。
2. 是每年的購買總次數。
3. 是持續多少年都有來購買、消費。

二、會員分級區分為3個等級

實務上，一般會將會員區分為3個等級，如右頁圖示。

三、會員分級常見的行業

茲列示在實務上，經常看到下列行業有對會員加以分級及區隔，依照不同等級而給予不同的優惠，包括：

1. 高檔彩妝保養品業。
2. 百貨公司業。
3. 銀行信用卡業。
4. 名牌精品業。
5. 五星級大飯店業。
6. 美妝／藥妝連鎖業。
7. 書店連鎖業。
8. 量販店連鎖業。
9. 餐飲業。
10. 電商業。

會員經營分級

「會員分級」的考量三項因素

1. 每年購買、消費總金額
2. 每年的購買、消費總次數
3. 連續多少年都有來消費

會員三個等級區分

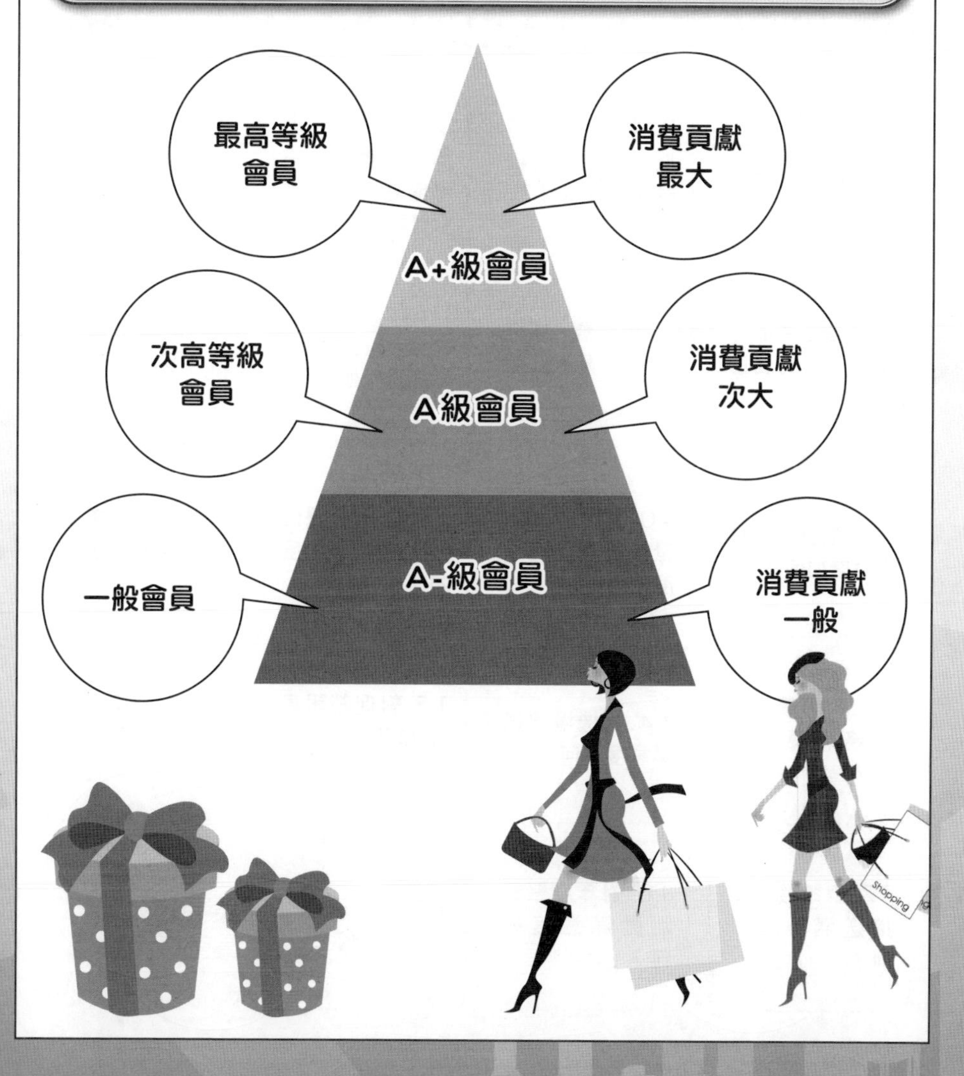

Unit 1-7 每年一次會員滿意度調查、了解、改善及加強

每年一次的「一般會員」或「VIP會員」滿意度調查，是非常重要的。

如果滿意度（很滿意+還算滿意）在90%以上，算是成效不錯的；如果滿意度低於80%，就表示會員經營及會員服務的工作，還有很大改善空間，必須再加強努力及革新，以滿足顧客。

「會員滿意度調查」的具體項目，可以包括如下圖示：

會員滿意度調查的19個完整項目（含一般會員及VIP會員）

1. 對優惠、折扣幅度的滿意度如何？	2. 對紅利積點可以折抵現金的幅度滿意度如何？	3. 對門市店、專櫃、專賣店、現場服務人員的滿意度如何？	4. 對優惠、折扣的頻率／次數滿意度如何？
5. 對客服中心、維修中心的滿意度如何？	6. 對晚會、娛樂活動的滿意度如何？	7. 對會員見面活動滿意度如何？	8. 對國內外旅遊、參觀滿意度如何？
9. 對封館秀活動滿意度如何？	10. 對限時／限量優先選購滿意度如何？	11. 對週年慶優先選購的滿意度如何？	12. 對VIP貴賓室服務滿意度如何？
13. 對專屬祕書服務滿意度如何？	14. 對機場接送滿意度如何？	15. 對促銷訊息告知滿意度如何？	16. 對藝文、彩妝講座滿意度如何？
17. 對購物專車接送滿意度如何？	18. 對年度聚餐活動滿意度如何？	19. 對生日贈禮滿意度如何？	

Unit 1-8 會員經營的績效評估有哪十項重要指標？

對於會員經營，在每年底的績效評估，主要計有10項重要指標可以作為參考，如下圖所示：

會員經營績效的十個指標項目

1. 每年會員人數增加多少？比去年成長多少？成長率是多少？

2. 每年會員的消費總金額是多少？比去年度成長多少？

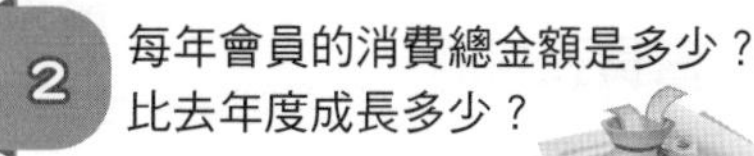

3. 每年會員的平均消費次數是多少？比去年成長多少？

4. 今年會員消費總金額占全部營業額的占比是多少？比去年成長多少？

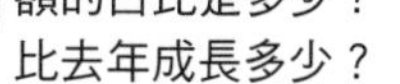

5. 會員升級人數是多少？比去年成長多少？

6. 今年會員顧客滿意度是多少？比去年成長多少？

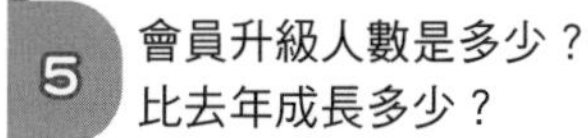

7. 今年會員客訴人數是多少？比去年成長多少？

8. 今年會員平均回購率是多少？比去年增加多少？

9. 持續五年、十年、十五年來消費的會員占比是多少？比去年增加多少？

10. 會員對我們的信賴度、好感度、忠誠度增加多少？

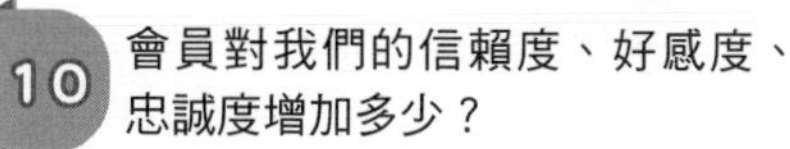

Unit 1-9 會員經營部組織的分工單位名稱及功能

公司「會員經營部」組織的功能及配置，大致可以劃分為以下七個分工單位，如下圖所示：

會員經營部的七個分工組織單位

1. 會員資料課
2. 會員行銷／促銷規劃課
3. 會員營運數據分析課
4. 會員活動舉辦課
5. 會員服務課
6. VIP貴賓特別課
7. 會員IT資訊建置維運課

Unit 1-10 每年底舉辦一次「會員經營年度總檢討會議」的事項與目的

企業每年底（12月底）應舉辦一次「會員經營年度總檢討會議」，作為一年來相關工作的總檢討及策勵未來工作。此會議主要的具體事項，如下圖所示：

每年底「會員經營年度總檢討會議」四大事項與目的

1. 檢討與反省

聽取各單位一年的工作報告，以做檢討與反省。

2. 改善與精進

針對今年的缺失及弱點，提出明年改善與精進的方向及做法。

3. 策訂明年作為

策訂明年度會員經營的重要方向、重要策略、重要目標、重要做法、重要組織人力等。

4. 獎勵有功人員

獎勵今年內有功、有高績效的部門及承辦人員。

Unit 1-11 成立「VIP」及「VVIP」貴賓特別經營小組

有些行業還將會員中的顧客，再區分成最重要業績貢獻的「VIP」及「VVIP」貴賓級會員，並成立「貴賓級會員特別經營小組」，專責服務這些非常重要的貴客。

例如：

(一) 臺北101百貨

擁有4,000多人，年消費金額超過101萬元的超級貴賓。

(二) SOGO百貨

擁有3,000多人，年消費金額超過30萬元的VIP貴賓。

(三) 臺北晶華大飯店精品街

擁有1,000多人，年消費金額超過1,000萬元的VVIP貴客。

成立VIP及VVIP貴賓特別經營小組

1 VIP貴客 ＋ 2 VVIP貴客

↓

專業服務對公司業績具有特別貢獻的極重要貴客

↓

業績貢獻第一！

Unit 1-12 負責推動CRM（會員經營）單位的可能名稱

企業界推動CRM之工作單位的可能名稱，有下面四種常見者，如圖示：

負責推動CRM單位的4種可能名稱

1. 會員經營部

2. 顧客關係管理部

負責具體推動CRM工作及任務

3. 會員經營推動戰略委員會

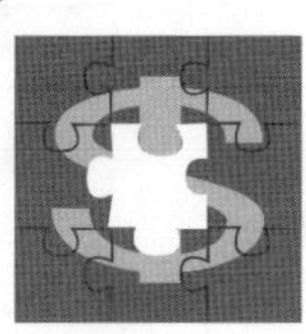

4. 行銷部（底下的會員行銷課）

Unit 1-13 成功推動CRM（會員經營）的十二大要素祕訣

根據各項企業實務顯示，要成功推動CRM（會員經營）工作及任務，必須要兼具下列圖示的十二大要素才行。

成功推動CRM（會員經營）的十二大要素

1 最高階支持

要獲得最高階（總裁、董事長、總經理、執行長）的支持／親自推動／鼓勵要求

2 戰略

要放在公司戰略層級的重要性去推動，而不是戰術層級

3 專責單位及專責人員

要組建專責單位及專責人員，負責規劃及執行工作，全權負責

4 資訊IT工具

要正確導入、建置及運用好的IT資訊工具及系統

5 行銷

要做出有效果、能吸引會員的行銷優惠、折扣、好處回饋及辦好各項會員活動

6 服務

要提供會員盡可能的尊榮、頂級、親切、專業、迅速、完美、有溫度的服務

7 獎勵與激勵

要定期對推動CRM有功部門、單位及人員，加以獎金激勵及口頭讚美

8 會議檢討

要定期每週、每月、每季、每年進行相關CRM工作推動的檢討會議，以追蹤工作推動狀況

9 績效導向

每年要對CRM推動狀況及負責單位與人員，加以考核績效狀況

10 創新與進步

每年CRM工作的推動，要兼具不斷創新與進步，以求成功帶領會員們一起向前走

11 會員至上！會員第一！

要建立全體員工及全體幹部會員至上、會員第一的信念與組織文化

12 全方位工作搭配

要成功推動CRM，不是只有CRM自身的工作要做好而已；另外，在公司的產品、定價、物流、宣傳推廣、研發、製造、品管、門市、客服等單位，也要一起做好他們的工作才可以。這就是全方位CRM工作團隊的觀念

成功推動CRM（會員經營）的十二大要素

1. 最高階支持
2. 戰略層級
3. 專責單位及專責人員
4. 資訊IT工具
5. 行銷
6. 服務
7. 獎勵與激勵
8. 會議檢討
9. 績效導向
10. 創新與進步
11. 會員至上 會員第一
12. 全方位工作搭配

↓

真正成功做好CRM工作的推動！

Unit 1-14 會員分群（Group）的要素

有一些大企業還將會員資料加以「分群化」（Grouping），然後針對不同的分群，施以不同的行銷作為，以求更精準的打中各分群TA（客群）之需求及期待，並產生更好效果的促進銷售。茲列舉會員分群化的要素如下圖示：

Unit 1-15 會員經營（CRM）資訊系統建置的兩種方式

要推動CRM（會員經營）制度，在工具上要仰賴IT資訊系統，才比較有效率可言。而要建置CRM資訊系統，主要有兩種方式：

1. 購買市場上現有的CRM資訊系統軟體。這通常是中小企業，會員系統不複雜，會員人數不多，會員行銷作為簡單；比較適合用購買現有CRM軟體即可。
2. 由自己公司資訊部門自己花人力、財力，建置適合自己的CRM軟體系統。這比較適用在大型企業，會員人數多、會員行銷操作多、會員分析多的狀況下。

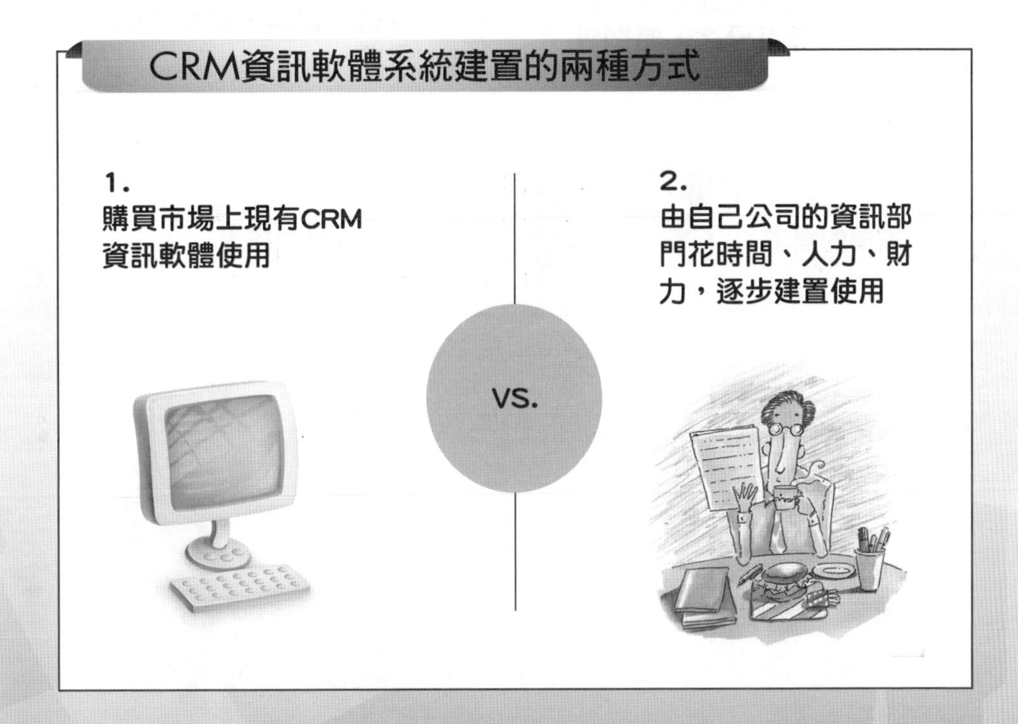

Unit 1-16 會員潛在需求與期待市調的五大面向

會員市調方面，除了顧客滿意度之外，還有一個就是：「會員潛在需求與期待」的市調。透過此調查，才能真正有效掌握到會員內心真正對會員經營的潛在性需求及期待，也才能提高下一次的會員滿意度。

而此市調內容，計有5個面向可考慮，如下圖所示：

會員潛在需求及期待市調的五個面向

1. 紅利點數運用的方式、內容、回饋百分比、時間等需求
2. 行銷、促銷、優惠活動的需求
3. 宣傳的需求
4. 服務措施的需求
5. 會員聚會活動舉辦的需求

Unit 1-17 會員行銷與活動的訊息，如何通知會員的九種方式

會員行銷、會員服務、會員活動的訊息，如何通知會員知道呢？主要可透過以下9種方式，如下圖所示：

Unit 1-18 集團資源整合的「點數生態圈」與「會員經營成功」的四個案例

茲列舉實務上，在集團資源整合的點數生態圈推動與會員經營成功的國內外4個案例（日本樂天集團、統一超商集團、遠東集團、富邦集團），如下述：

一、日本樂天點數生態圈

「日本樂天」是全球經營點數生態圈及會員經營最成功的第一名企業集團。目前：

・全球有14億的會員人數。

・在30個國家。

・有30多種的多樣化服務專業。

而在日本樂天所含括的紅利點數應用生態圈，計有下列集團事業，包括：

1. 電商網購。
2. 旅行社。
3. 行動電信。
4. 信用卡。
5. 證券。
6. 保險。
7. 電子書。
8. 職棒。

二、統一超商集團點數生態圈

統一超商集團的OPEN POINT紅利點數生態圈，可以適用在集團內十多個公司使用集點、累點、使用兌換、使用折抵等功能，包括下列各種零售公司：

1. 統一超商（7-11）（全臺6,800店）。
2. 康是美藥妝店（全臺400店）。
3. 星巴克（全臺400店）。
4. 統一時代百貨公司（全臺兩個館）。
5. 統一夢時代購物中心（高雄）。
6. 聖德科斯有機店（200店）。
7. 聖娜麵包店（100店）。
8. 統一21風味館。
9. 多拿滋圈店。
10. Cold Stone酷聖石冰品店。
11. 博客來購物網。

12. Smile加油站。
13. 佳佳SPA。
14. 家樂福量販店。

統一超商集團的OPEN POINT會員人數已超過1,700多萬，是全臺最大的點數生態圈。這1,700多萬名會員的每年消費總金額，已占全年總營收1,800億元的六成之多。

三、遠東集團HAPPYGO卡點數生態圈

遠東集團HAPPYGO卡點數生態圈的使用，計有下列公司：
1. SOGO百貨公司（全臺8個館）。
2. 遠東百貨公司（全臺12個館）。
3. 新竹遠東巨城購物中心。
4. city'super高級超市。
5. 遠企中心。
6. 遠傳電信。
7. 其他：異業結盟對象。

HAPPYGO卡會員總人數已超過1,000萬人。

四、富邦集團momo幣點數生態圈

富邦集團momo幣點數生態圈，計有下列可使用公司：
1. momo購物網（1,100萬會員，年營收1,000億元）。
2. 台灣大哥大電信（600萬會員）。
3. 凱擘有線電視（100萬戶）。

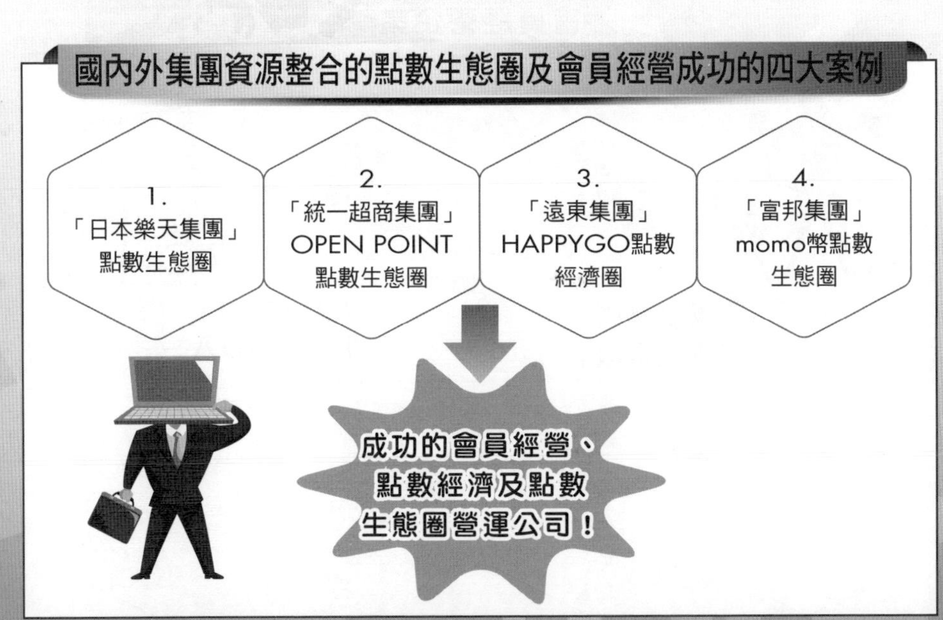

Unit 1-19 把會員經營放在「企業戰略」位置上看待、執行及營運

企業推動CRM（會員經營），首要工作就是要把CRM的思維及視野，從「戰術層次」拉高到「戰略層次」，才能真正、有效、全面性的做好對CRM的推動及營運。

所謂「戰略層次」，就是要把對CRM的推動：

1. 拉高層次。
2. 擴大視野。
3. 拉長眼光。
4. 全方位注視。
5. 以十年為期、二十年為願景，設定目標，努力以赴。
6. 動員全體部門、全體員工，大家都有責任。

提升會員經營到企業「戰略層級」

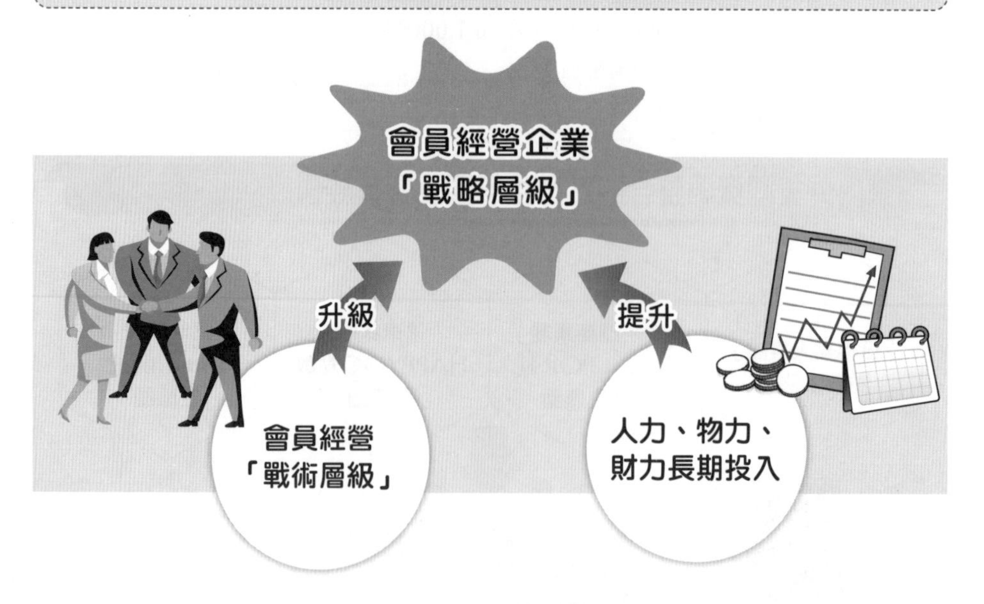

Unit 1-20 從實體會員卡延伸轉型到行動App發展

過去，很多企業均以發行實體會員卡作為會員經營的身分工具，但現在由於行動手機的普及與應用方便，因此，大型企業均把實體會員卡轉型到行動App上，形成「會員行動卡」；而且，在App上，增加了更多的功能及好處，提升了會員卡的更多附加價值。

近幾年來，王品餐飲集團、新光三越百貨、SOGO百貨、統一超商、全家超商、全聯超市、家樂福、好市多、屈臣氏、寶雅等，均已轉型成行動App會員卡型態。

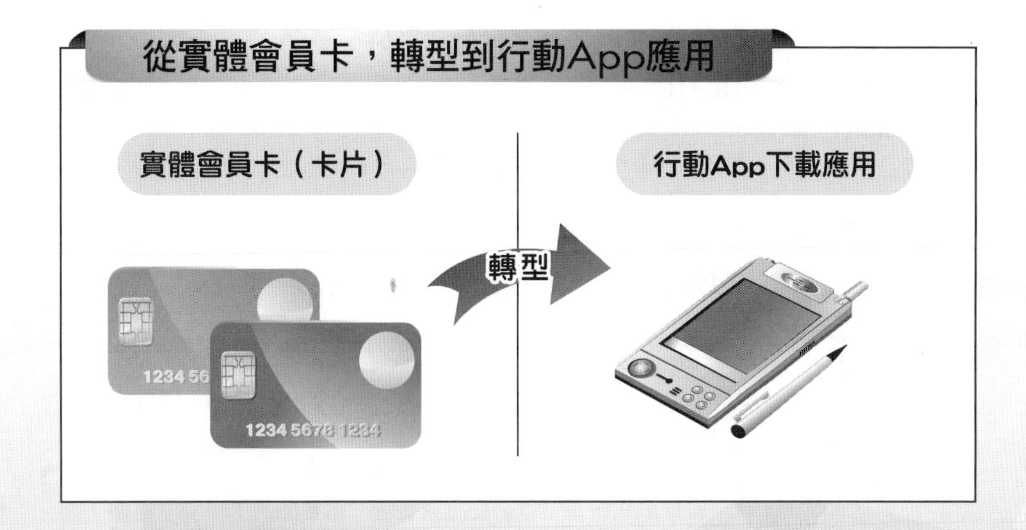

Unit 1-21 擴大思維：做好會員經營必須同步做好七件事，即行銷4P／1S／1B／1C

企業推動CRM（會員經營）時，不要忘了你的競爭對手也同時在推動，例如：統一超商在推OPEN POINT，競爭對手全家也推出fami-point；全聯超市在推點數經濟，家樂福也在推。

那麼，會員們可能同時擁有好多張的會員卡或下載很多家的App使用，那要如何爭取到會員們比較喜歡、比較習慣、比較常到我們的門市店裡呢？這就要看兩件事情：

一、要看哪一家的紅利點數

1. 有更高的價值感；2. 更多的優惠與好處；3. 有更多的使用方便性等3要項。

二、要看哪一家的行銷4P／1S／1B／1C做得更好、更優

所謂的4P／1S／1B／1C，如下：

(一) Product：產品力

產品組合、產品品項、產品多元化／多樣化、產品品質，產品推陳出新程度，產品差異化特色等條件。

(二) Price：定價力

即產品定價是否有CP值感、高物超所值感、彈性機動應對感。

(三) Place：通路力

即產品上架是否普及、是否做到OMO（電商線上＋實體線下店面）兼具、是否相當方便，是否據點很多、是否主流零售據點均可找到商品、是否門市店裝潢及空間很有吸引力及好的體驗感（具高EP值）。

(四) Promotion：推廣宣傳力

即產品及門市店是否有足夠的廣告、足夠的媒體宣傳、足夠的藝人代言、足夠的網紅推薦、足夠的人員銷售團隊、足夠的促銷檔期、足夠的賣場廣告物等。

(五) Service：服務力

即售前、售中及售後的服務是否做到：有溫度的、頂級的、快速的、能解決問題的、維修成本不高的、專業能力的、有高素質的、溫馨的、有禮貌的、親切的、有笑容的服務展現。

(六) Branding：品牌力

即產品或零售百貨業者、服務業者、餐飲業者們，必須打造出強大的、值得信賴的、有好感度的、有忠誠度的、有高知名度、有高黏著度、有高情感度的真正「品牌力」。

(七) CSR：善盡企業社會責任力

即企業必須同時做好：大企業對社會關懷、社會弱勢贊助、環境保護、公司治理等

優良的企業形象。若能同步做好：CSR＋ESG，那就是一個值得信賴、支持與肯定的優質好企業及好企業集團。

在面臨多種會員經營（會員卡）及點數競爭中，如何加強我們競爭力的兩大努力方向

如何爭取會員們更多使用我們的會員卡及行動App的兩大方向

方向1

徹底做好、做強我們的紅利點數行銷、活動及服務的高附加價值

方向2

全方位努力做好、做強我們的：行銷4P／1S／1B／1C7件大事的競爭力

做好、做強會員經營紅利點數的三個努力要點

1. 做出我們的紅利點數：有更高價值感
2. 做出我們的紅利點數：有更多的優惠、好處、回饋、折抵／折扣可拿
3. 做出我們的紅利點數：有更多的使用方便性

全方位做好、做強行銷4P/1S/1B/1C的搭配工作

光只做好會員紅利點數經濟，只是做好會員經營的一半工作

另一半工作

全方位做好、做強我們的行銷4P／1S／1B／1C7件大事：

1. 產品力（Product）
2. 定價力（Price）
3. 通路力（Place）
4. 推廣力（Promotion）
5. 服務力（Service）
6. 品牌力（Branding）
7. 企業社會責任力（CSR＋ESG）

真正做到：100分的會員經營使命！

第2章

顧客關係管理的定義、要素及效益

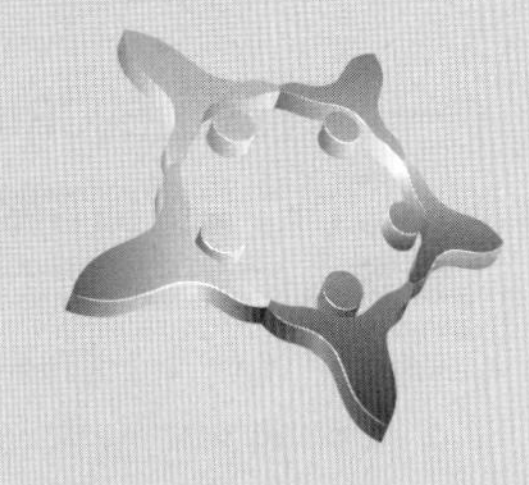

章節體系架構 

Unit 2-1 顧客關係管理（CRM）的意義

顧客關係管理（CRM）的英文全名是Customer Relationship Management，其在理論與實務上的運用有以下兩種詮釋。

一、理論上的CRM

(一) 做好顧客服務品質，加強顧客滿意度，保持顧客忠誠度，增強顧客未來回購率與信任度：所謂「顧客關係管理」，依字面上的意思，是與顧客保持良好的關係，換言之就是：1.做好顧客服務品質；2.加強顧客滿意度（Customer Satisfaction）；3.保持顧客忠誠度（Customer Loyalty），以及4.增加顧客未來信任度（Future Intension）。因此，從初次了解顧客，到再次惠顧之顧客，進而推及於終生顧客，這個概念逐漸形成。目的是經由有意義的溝通（communications）、了解及影響顧客行為，去改善顧客的獲取（acquisition）、保留（retention）、忠誠度（loyalty）和利潤（profitability），以長期維繫忠心的顧客，因此，顧客關係管理（Customer Relationship Management, CRM）已然成為重要的課題，並藉由資訊科技技術的運用注入新的契機。

(二) 擷取顧客資料，掌握顧客需求：顧客關係管理可提供顧客優良的服務品質，且更有效率地獲取、開發並留住企業最重要的資產、潛在客源——顧客。所以如能擷取顧客每一階段「接觸點」（touch point）的資料，把顧客的「使用習慣型樣」（usage pattern）儲存起來並加以分析，就能了解我們的顧客需要的是什麼？期待的是什麼？最在乎的是什麼？在和顧客接觸的過程中，我們想要跟顧客建立什麼關係？如何促進互動與共同合作？並針對個別的差異提供和其需求一致的服務，都是企業獲致成功的關鍵。

二、實務上的CRM

關於CRM實務上的定義，分別有在管理顧問界享有盛名的麥肯錫公司（McKinsey & Co.）與主管商業活動的經濟部商業司做出以下的詮釋。

前者認為CRM就是「持續性的關係行銷」；該公司董事John Ott認為，所謂的顧客關係管理，應該是「持續性關係行銷」（Continuous Relationship Marketing, CRM）。其強調的重點是，尋找對企業最有價值的顧客，以微型區隔（Micro-Segmentation）的概念，界定出不同價值的顧客群。企業以不同的產品、不同的通路，滿足不同區隔顧客的個別需求，並在關鍵時刻持續與不同層次的顧客溝通，強化顧客的價值貢獻。同時還必須持續進行反覆測試，進而隨著顧客消費行為的改變調整銷售策略，甚至是更動組織結構。而後者經濟部商業司的定義因版面因素說明如右。

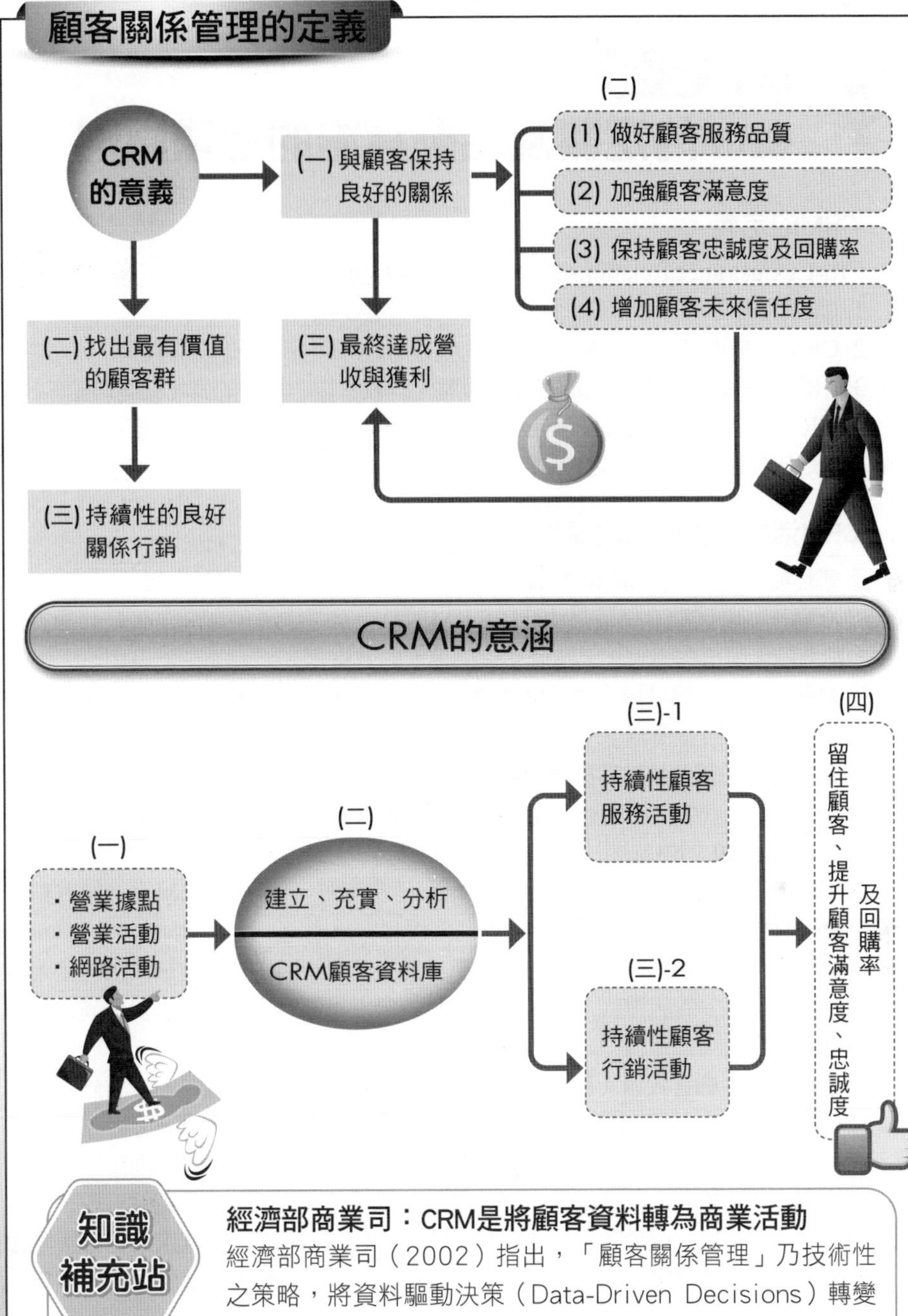

知識補充站

經濟部商業司：CRM是將顧客資料轉為商業活動

經濟部商業司（2002）指出，「顧客關係管理」乃技術性之策略，將資料驅動決策（Data-Driven Decisions）轉變為商業行動，以回應並期待實際的顧客行為。從技術觀點來看，CRM代表必要的系統與基礎架構，以擷取、分析與共享所有企業與顧客間的關係。從策略的角度來看，CRM代表一個過程，用來評估分配組織的資源，給那些能帶來最大利益的顧客關係活動。

Unit 2-2 CRM的定義及活動實施的七項原則

一、CRM的定義

CRM（Customer Relationship Management）的定義為何？有如下幾種：

1. CRM即是對顧客價值最大化創造的一種經營手法。

2. CRM即是建立一種能夠維持長期性收益之良好顧客關係的經營戰略。

3. CRM即是建構一貫性的顧客資料履歷，以及扎根一貫性的良好顧客體驗。

4. CRM即是企業透過提供最佳的產品服務，並立基於顧客的終生價值上，建立與顧客堅定信賴夥伴的一種重要經營手法。

二、CRM活動實施的七項原則

下列七項原則是在推動CRM活動實施時，必須重視的七項經營手法：

〈原則一〉創造顧客價值最大化：CRM即是企業透過提供產品及服務給顧客，並從中創造顧客價值的最大化，為公司帶來最大的效益化。

所謂顧客價值，即是指「顧客生涯價值」（Life Time Value, LTV），企業必須努力做到在「顧客生涯價值」中，都能提供長期最佳的價值與顧客長期性的滿足。

〈原則二〉必須考量顧客與個別顧客：企業提供產品與服務給顧客時，不要忘記企業應盡可能滿足「個別顧客」的需求，它與「大眾顧客」需求是不一樣的。

〈原則三〉20：80法則（二八法則）：CRM的推動，應該掌握二八法則，意即：20%的重要顧客，可能會創造80%營收業績的來源。因此，CRM推動的重點，更應重視如何給這20%重要顧客特別的服務、優惠與重視。

〈原則四〉開拓顧客來店消費的占有率：顧客消費東西，可能會來我們的店，但也可能會去競爭對手的店裡買，如何爭取顧客多次來我們的店，並且消費更高比例的金額，也是CRM推動的重點。

〈原則五〉對顧客資料（Data）的重視：CRM的推動，應重視顧客的分類、顧客屬性及購入資料為中心的顧客資料。以此作為分析基礎，並加入顧客來店頻率、購入金額、喜好商品等細節，將此類資料把握好，並展開相對應的促銷活動。

〈原則六〉新舊顧客花費成本1：5的原則：根據各種實際估算，花錢獲取一位新顧客的成本，是維繫一位舊顧客（老顧客）成本的5倍之高。因此，CRM在維繫老顧客、既有會員上，更應重視與具體作為。如果都是想獲得新顧客，那麼行銷成本會花費很高。

〈原則七〉顧客忠誠度的形成：對「優良顧客」而言，他們是可以為企業創造更大的利益。所謂優良顧客，即是指具有高忠誠度的顧客，他們的回購率、回店率，比一般顧客有更高的表現。因此，CRM的推動，更應以高忠誠度顧客為對象，或是推出能夠提升顧客忠誠度的行銷做法。

CRM的定義內涵

1. 對顧客價值最大化創造的一種經營手法

2. 創造顧客高忠誠度及高回購率的一種經營戰略與行銷手段

CRM活動實施的七項原則

1. 創造顧客價值最大化

2. 必須考量顧客與個客

3. 20%：80%法則（二八法則）

4. 開拓顧客來店消費的占有率

5. 對顧客資料（data）的重視

6. 新舊顧客花費成本1：5的原則

7. 顧客忠誠度的形成

Unit 2-3 實踐顧客主義的顧客關係管理主義

起源於美國的顧客關係管理，是以資訊科技（IT）工具來實現「顧客主義」的目標，但有其一定的實踐過程。

一、CRM的實踐過程

美國顧客關係管理之背景是從行銷理論的角度，把「顧客主義」轉化為一對一行銷。從大量生產賣給多數大眾的大眾行銷，演化到鎖定市場的目標對象行銷，接著更細分顧客區隔的利基行銷。對每一位顧客而言，無論是一個人或一家公司，實踐這種一對一行銷是由所謂的顧客關係管理系統來執行，這也是過去的顧客關係管理之定義，是屬於資訊科技業界的邏輯與策略，CRM也成為繼企業資源規劃之後的熱門資訊科技軟體。但今後的顧客關係管理則不同，顧客關係管理已逐漸變成不只是資訊科技軟體界銷售的商品，而是漸漸昇華為企業經營的思想。

總結來說，我們提出如下的結語：

二、CRM≠資訊技術

顧客關係管理的先驅迪克・李（Dick Lee），在其著作《顧客關係管理規劃手冊》（*The Customer Relationship Management Planning Guide*）中指出，如果純以科技的觀點來推動顧客關係管理，它就很難會成功。

該書甚至認為，一些資訊科技廠商為了銷售相關軟硬體，而刻意讓一些企業認為顧客關係管理就是一種技術。這些企業因而只導入科技，卻忽略設計全新的策略與作業流程，因此釀成投資的災難。在只引進資訊科技的顧客關係管理個案中，有80%的投資是所費不貲又毫無成效的。

因此，需要切記的是，資訊科技只是CRM的環節之一，是一種工具性功能，但絕非是最核心的本質與操作目標。不過，資訊科技可以幫助CRM實現它的策略及目標，這是毫無疑問的。

實踐顧客主義

實踐CRM

=

實踐顧客主義

=

實踐顧客導向

以IT技術為工具　　實踐一對一的優良顧客主義

從農本主義、資本主義到顧客主義

核心要素	1.農本主義	2.資本主義	3.顧客主義
	農業技術	金融技術	顧客關係管理技術
生產構造	農業生產	工業生產	知識產業生產
生產基礎	土地	資金與設備	企業模式
行銷	……	大眾行銷	一對一行銷

時代毫無疑問地走向「顧客主義」，此時的關鍵就是顧客關係管理！

CRM目的在獲得新顧客及維繫既有顧客

CRM

忠誠顧客

正式顧客

潛在顧客

顧客價值最大化

（一對一行銷）

（大眾行銷）

Unit 2-4 CRM的三大真理與重要工作

一、CRM的三大真理

(一) 銷售不等於關係：銷售只是企業與顧客關係的開始，這是一種猶如婚姻般的關係，而不只是一夜情而已。

(二) 關心的對象不只是買家：亦指企業不應只關心買東西付錢或刷卡的那個人，企業必須考慮接觸到本身產品或服務的每一個人或組織。

(三) 行銷、銷售與顧客服務必須同在一條船上：長久以來專業分工的結果，在企業體中行銷、銷售與顧客服務，一般都分屬三個不同部門，但在顧客關係管理思維下，這三個部門最好對顧客有一致的看法與做法。

二、企業無處不CRM

(一) 80／20法則：此法則可做以下解釋，即：1.在企業的營運中，20%的顧客往往能創造80%的營業額或是80%的利潤；2.如何找尋出企業中那20%的菁英顧客，增加他們的交易次數，創造更高的企業營運效能，是企業主最關心的課題。

(二)《哈佛商業評論》的論點：此論點提出，當顧客流失率降低5%，平均每位顧客的價值就能增加25%至100%以上。

(三) 傳統的行銷模式：在傳統的行銷模式中，企業的各式促銷活動，都是以「交易」為核心。

(四) CRM執行重點：執行顧客關係管理的企業是以「顧客」為中心。

三、CRM重要工作

(一) 蒐集資料：蒐集顧客資料、消費偏好、交易歷史資料及消費行為等，儲存到顧客資料庫中，而且公司的不同部門所擁有的顧客資料，也應整合到單一的顧客資料庫中。

(二) 分類與建立模式：將顧客依各種不同變數分類，如此可預測在各種行銷活動情況下，各類顧客的反應。

(三) 規劃與設計行銷活動：根據第二步驟來設計適合的服務或行銷活動。

(四) 例行活動測試、執行與整合：利用網站造訪人次、電話頻率等方式來監控行銷活動的成效，並能即時做調整。

(五) 實行績效的分析與衡量：透過各種行銷活動、顧客服務與支援資料等分析，建立一套標準化的績效衡量模式，如右圖所示。

CRM的三大真理

1. 有銷售不等於有關係
2. 關心的對象不只是買家
3. 行銷、銷售及顧客服務必須在同一條船上，同舟共濟

CRM是以「顧客」為中心

80/20法則

- 20%的核心優良顧客創造出80%的營收或獲利額

CRM功用

- 找出那20%的菁英顧客，增加他們的購物次數與頻率
- 降低顧客流失率
- 以「顧客」為中心點

CRM的重要工作

1. 資料蒐集
2. 分類與建立模式
3. 規劃與設計行銷活動
4. 例行活動測試
5. 實行績效的分析與衡量

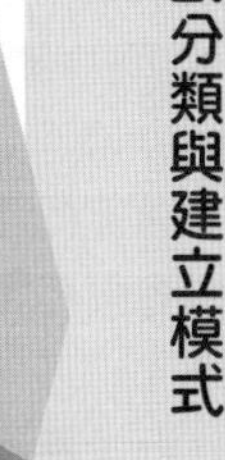

Unit 2-5 CRM的目的、架構及循環

CRM的目的是把顧客價值最大化，而如何將顧客價值最大化有其一定步驟、架構及其循環。

一、CRM的實踐步驟

以溝通的角度來看，顧客關係管理的實踐步驟如下，即：

1.透過溝通，形成顧客關係。

2.透過顧客關係深化，形成顧客忠誠度。

3.透過顧客忠誠化深度，形成顧客價值。

4.進一步深化顧客價值，形成顧客終生價值最大化。

顧客關係管理的目的是「顧客終生價值最大化」，但是若不知道如何衡量顧客價值，也就無法把它最大化。

二、CRM的基本架構

簡單來說，CRM就是包括商品銷售管道及客服管道、資料倉儲、資料採礦，以及行銷策略制訂等四個內容的簡化架構，如右圖所示。

三、CRM的循環

(一) CRM循環觀點之一：

1.顧客關係管理的最終目的是，讓企業與顧客互動的每一個接觸點隨時都能接收完整的顧客資訊。

2.並且讓每一個接觸點都能主動與其他顧客接觸，分享完整的顧客情報。

3.若執行正確，則能大大降低顧客流失率。

(二) CRM循環觀點之二：顧客關係管理是一種反覆的過程，不斷地將新的、即時的顧客資訊轉化為顧客關係。

1.知識發現：指的是分析顧客資訊，以確認特定的市場商機與投資策略。

2.市場規劃：指的是定義特定的產品、提供通路（溝通管道與接觸點）、時程，以及從屬關係。

3.顧客互動：指的是運用相關且即時的資訊和產品，透過各種互動管理和辦公室前端應用軟體（包括行銷自動化軟體、業務自動化軟體、顧客服務與支援應用軟體和顧客互動應用軟體等），以執行與管理企業和顧客之間的溝通。

4.分析與修正：係指利用來自顧客互動的資料，加以分析並持續學習，也就是以分析結果為基礎，持續修正顧客關係互動與管理的手法。

CRM目的——把顧客價值最大化

1. 溝通	顧客關係形成
2. 顧客關係深化	顧客忠誠度形成
3. 顧客忠誠度深化	顧客價值最大化
4. 顧客價值最大化深化	顧客終生價值最大化

CRM的基本架構

顧客

↕

1. 商品銷售管道／客服管道

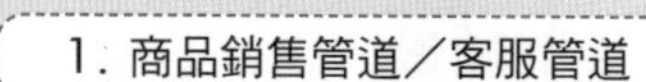

2. 資料倉儲

3. 資料採礦

4. 行銷策略制訂

企業 ↔ 企業夥伴

CRM的循環系統

1. 顧客情報
- ◆蒐集顧客資料
- ◆資料倉儲
- ◆資料超市
- ◆資料採礦
- ◆事件偵測機制

→ 分析 →

2. 顧客互動平臺
- ◆接觸點
- ◆溝通管道
- ◆行銷
- ◆銷售
- ◆顧客服務與支援

→ 採用 →

3. 顧客

CRM的三層結構

創造顧客價值的戰略

體制與流程（Process）

資訊情報技術

Unit 2-6 CRM的七大步驟

企業在執行顧客關係管理時有以下七大步驟，茲分別說明之。

一、分析顧客關係管理的環境

其主要分析的環境有以下三點：

(一) 總體環境：政治／法律、經濟、社會／文化、科技、人口統計等。

(二) 產業環境：顧客、競爭者、供應商、替代品、潛在進入者等。

(三) 內部環境：公司本身的優勢與劣勢。

二、建構顧客關係管理的願景

建構顧客關係管理的願景主要可分為：1.重新界定事業領域；2.檢討顧客關係管理願景的選項，以及3.完成顧客關係管理的願景、使命、目標與目的。

三、制訂顧客關係管理的策略

制訂顧客關係管理的策略主要可分為以下兩點：

(一) 活動顧客分析工具：如顧客滿意度調查、忠誠度調查等。

(二) 制訂顧客關係管理的策略體系：主要工作有經營模式、策略模式、策略選擇、操作模式、效益評估模式。

四、展開顧客關係管理與企業流程再造

當顧客關係管理的策略制訂完成後要展開推行，企業勢必進行企業流程重整以配合策略的推展。

五、建置顧客關係管理的系統

建置顧客關係管理的系統主要可分為以下三點：1.顧客關係管理資訊科技工具的檢討、評估與選擇；2.以顧客關係管理資訊科技雛形進行模擬，以及3.以顧客關係管理資訊科技正式運轉。

六、運用顧客關係管理的資料、資訊、知識

主要工作包括三點，即：1.分析既有顧客；2.分析潛在顧客與舊顧客，以及3.建立資料倉儲，並利用資料採礦工具來規則化與回饋化。

七、利用顧客關係管理的知識來形成完整的執行週期

主要工作包括三點，即：1.建立顧客關係管理的合作架構；2.建構與活用顧客知識，以及3.建立以顧客關係管理為基礎的人力資源管理與發展體系。

CRM的七大步驟

CRM的7大步驟

步驟 ①  分析顧客關係管理環境

步驟 ②  建構CRM的願景

步驟 ③ 制訂CRM的策略

步驟 ④   展開CRM與企業流程再造

步驟 ⑤   建置CRM的IT系統

步驟 ⑥   運用CRM的資料、資訊及知識

步驟 ⑦   利用CRM的知識來形成完整的執行週期

CRM的願景

CRM的願景

1. 重新界定事業領域
2. 檢討CRM願景的選項
3. 完成CRM的願景、使命、目標及目的

Unit 2-7 CRM的五大核心要素

CRM的五大構成核心要素包括顧客、CRM的接觸管道及其資訊科技工具、資料庫以及合作關係等，以下說明之。

一、顧客關係管理的主要相關者

主要指的是顧客，包括：

(一) 外部顧客：最終顧客及企業夥伴。

(二) 內部顧客：企業員工，有滿意的員工，才會有滿意的顧客。

二、顧客關係管理的接觸管道

等於是企業與顧客聯繫的窗口，可分為三大主軸：

(一) 利用的工具：如電話、傳真、郵寄、E-mail、簡訊、LINE等。

(二) 利用的媒體：如類比式（像人聲、書寫等）、數位式（像聲音、影像等）。

(三) 利用的模式：如完全自動化、半自動化等。

三、顧客關係管理的資訊科技工具

顧客關係管理的資訊科技工具包括以下幾種：

1.電話客服中心。
2.電腦電話整合。
3.行動自動化。
4.銷售力自動化。
5.商務網站。
6.資料庫、資料倉儲、資料超市。
7.資料採礦與知識管理。

四、顧客關係管理的一對一資料庫

顧客關係管理在不斷地擴充化與系統化之下，現今顧客關係管理不只是工具的集合體，而是象徵制訂一對一行銷的資訊科技解決方案。

不論是資料庫、資料倉儲或資料超市，都是為了「了解個別顧客」而存在。

五、顧客關係管理的合作關係

顧客關係管理的合作關係包括以下三個模式：

(一) 顧客對企業：如諮詢、商量、要求、抱怨等。

(二) 企業對顧客：如行銷研究、行銷、銷售、顧客服務等。

(三) 顧客之間：如網路社群、同好社團、會員專區等。

CRM的五大要素

CRM要素

1. 顧客
2. CRM的接觸管道
3. CRM的資訊科技工具
4. CRM的資料庫
5. CRM的合作關係

CRM的IT資訊科技工具

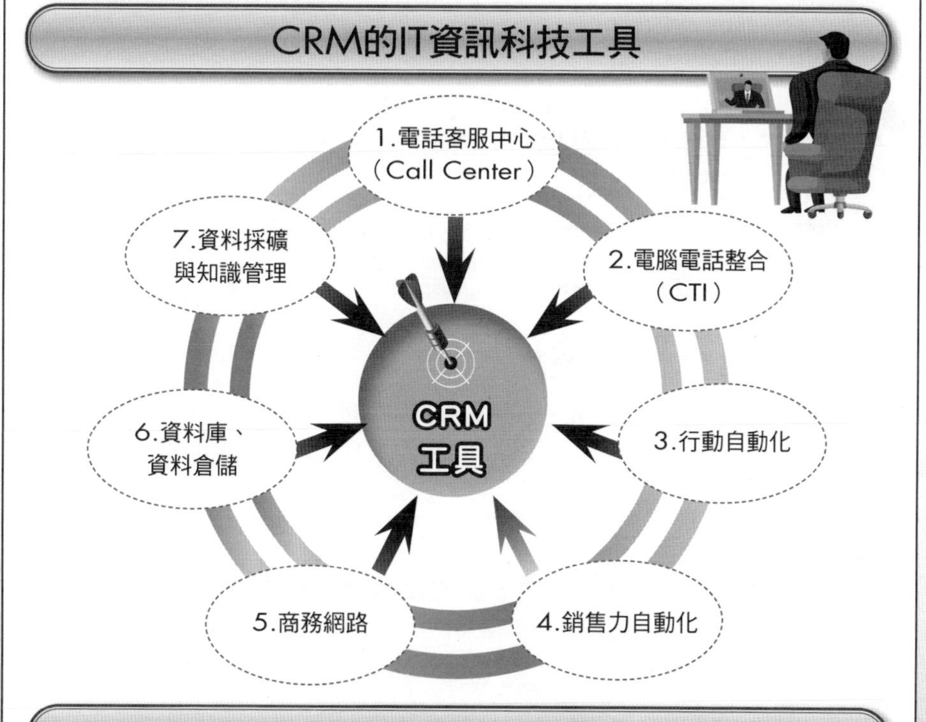

CRM戰略三要素

（註：LTV指Life Time Value）

Unit 2-8 CRM的應用資訊科技及其迷思

有關CRM資訊科技的使用工具，茲整理如右圖所示；而在規劃推動CRM時，通常都會面對下列六項迷思，茲分別說明之。

迷思一：誤以為顧客關係管理只是一套系統或軟體

顧客關係管理的思考重點不應該是系統與技術的建構，其真實涵義應該是「透過企業與顧客間持續的互動學習，建立起具有價值的互利關係」。

迷思二：顧客關係管理是大企業的專利，小企業是沒有能力負擔的

「顧客關係管理系統」不一定是電腦系統。一本簡單的筆記本上記錄顧客的電話、住址和喜好等，也能算是一個顧客關係管理系統。

迷思三：各部門各自為政

顧客關係管理包含行銷、銷售、顧客服務與支援等，如果任由各部門與各階層的組織成員各自為政，結果不同型態的顧客關係管理技術與工具的出現，會導致理念無法整合為一。

迷思四：策略、組織結構、流程及科技未能同步進行適度調整

1.電子化與合理化應該如影隨形。

2.最怕的是導入顧客關係管理是一回事，企業的策略、組織結構及流程又是另一回事，彼此之間毫無關係與連動。

迷思五：只看有形的量化指標，對於無形的質性事務毫不在意

沒有策略就沒有目標，沒有目標就很難設定明確的關鍵績效指標，沒有正確的衡量指標，顧客關係管理要成功可說是緣木求魚。

迷思六：只考慮到系統的功能及初始建置成本

顧客關係管理系統功能的強大與否並不是重點，不要以為買進國際知名的系統就能保證成功，要思考的是功能是否符合企業現階段的需求，同時又能具備親和性、穩定性和擴充性三大要件。

CRM的資料處理步驟及其所應用之資訊科技

顧客關係管理（CRM）資料處理步驟	所應用之資訊科技
1. 資料、資訊的蒐集 	**資料蒐集（Data Collection）** ・銷售時點系統（POS） ・企業資源規劃（ERP）系統 ・電話客服中心（Call Center） ・電子訂貨系統（EOS）、電子資料交換（EDI） ・信用卡核發（Card Issue） ・市場調查與統計 ・網誌（Web Log） ・資訊亭（Kiosk） ・傳真自動處理系統（Fax Server）
2. 資料、資訊的儲存與累積 	**資料儲存（Data Storage）** ・資料庫（Database） ・資料倉儲（Data Warehouse） ・資料超市（Data Mart） ・知識庫（Knowledge Base） ・模型庫（Model Base）
3. 資料、資訊的分析與整理 	**資料採礦（Data Mining）** ・線上即時分析處理（OLAP） ・統計（Statistics） ・機器學習（Machine Learning） ・決策樹（Decision Tree）
4. 資料、資訊的展現與應用 	**資料的展現（Data Visualization）** ・主管資訊系統（EIS） ・報表系統（Reporting） ・查詢（Ad Hoc Query） ・決策支援系統（DSS） ・策略資訊系統（SIS）

Unit 2-9 CRM蒐集消費者資訊的管道及分析資訊的方式

CRM的技術種類，包括前端的電話客服中心（Call Center）、後端的資料倉儲（Data Warehouse）、資料採礦（Data Mining）及線上分析處理（OLAP）。透過這些技術，企業才得以蒐集資訊以及分析。

一、CRM蒐集消費者資訊的管道

(一) 電話客服中心（Call Center）：初期的Call Center系統，僅是電話系統，透過一條專線由專人接聽，以解決客戶的問題；接著就是080免付費專業服務的出現，同樣由專人接線，消費者不需支付任何電話費用。

(二) 電腦輔助電話系統客服中心（CTI-Based Call Center）：當客戶撥電話至客服中心，先經由自動話務分配系統轉接至語音查詢系統。

語音查詢系統設置的目的是希望客戶能在這一階段就自助式解決較為常見的問題，以節省昂貴的人力。

若客戶問題無法在語音查詢系統獲得解決，在經由自動話務分配系統轉接至客服人員的同時，CTI會將客戶資料及欲查詢的問題，呈現在值機人員的電腦上。同時螢幕亦會呈現客戶的消費特性、查詢項目所設計的話術用語，值機人員可以很迅速地解決客戶的問題。

(三) 網路回應中心（Internet Call Center）：Internet Call Center扮演著網路消費者與各行業業主的溝通橋梁。在Web的環境介面上可直接提供消費者各種互動型態，包括語音交談、文字交談、電話回覆、語音留言、電子郵件及網頁互動等。

此外，透過Internet Call Center可提供更即時、更多元的管道，而非只能透過電話或傳真等傳統管道，以滿足顧客需求或解決問題。

二、分析消費者資訊的方式

透過資料倉儲來儲存與分析資料的意義，並透過趨勢分析、市場分析和競爭分析等應用程式來協助經理人制訂業務決策。

(一) 資料倉儲：一種存取方便的整合性資料儲存體，這些資料經由各種不同的源頭匯集在一起，經過轉換成有意義的主題或資訊群組，以作為查詢、報告、分配資源、決策制訂以及思考的輔助工具。

(二) 資料採礦（Data Mining）：從大量的資料庫中找出相關的模式（Relevant Patterns），並自動萃取出可預測的資訊，讓企業能夠預測消費者的行為。

最後，還有線上分析處理（On Line Analytical Processing, OLAP）工具及決策支援系統（Decision Support System, DSS），這些系統從資料倉儲中，隨時可獲得即時且動態的高價值資訊。

CRM蒐集消費者資訊的管道

1. Call Center
（客服中心）

2. CTI-Base Call Center
（電腦輔助電話系統）

3. Internet Call Center
（Web Center）
（網路回應中心）

CRM分析消費者資訊的方式

資料倉儲
（Data Warehouse）

資料採礦
（Data Mining）

分析消費者資訊
並加以應用

Unit 2-10 CRM對企業的經營效益之一

一、觀點之一：CRM對企業經營效益——長期維繫住顧客忠誠度

「顧客關係管理」是指企業為了贏取新顧客、鞏固既有顧客以及增進顧客利潤貢獻度，而透過不斷地溝通，以了解並影響顧客行為的方法。

藉由良好的顧客關係管理系統，企業可以與顧客建立起更長久的雙向關係，這點對企業來說非常重要。因為對企業而言，長期的忠誠顧客比在乎價格的短期顧客更有利可圖。因為「長期顧客」具有以下特性：

1.更容易挽留（Easy Stay）。

2.每年買得更多（Buy Frequency）。

3.每次買得更多（Buy More Many Amount）。

4.買較高價位的東西（Buy More Price）。

5.服務成本比新顧客低（Low Cost Maintain）。

6.會為公司免費宣傳，介紹新的顧客給公司（Introduce New Customers）。

因此，「顧客關係管理」所能提供給企業的最大效益，顯然就是「長期維繫顧客忠誠度」，這也使得全世界的公司開始試圖藉由顧客關係管理以建立顧客終生價值與獲取利潤。因此我們可以如此說，顧客關係管理是讓企業透過適當的管道（Right Channel），在適當的時機（Right Time），以適當的產品（Right Offer）與適當的顧客做溝通。

二、觀點之二：顧客關係管理的五項益處

企業為什麼需要顧客關係管理呢？元智大學資管系教授邱昭彰、楊順昌、林國偉（2005）等人認為，CRM會帶來下列各項好處：

(一) 鼓勵忠誠顧客消費：企業不用浪費過多的行銷成本在開發新客戶上，只要鼓勵忠誠顧客持續消費，就能達成增加獲利的目標。

(二) 維持忠誠度：維持穩固顧客的忠誠度，使得競爭對手要對公司現有的顧客群進行挖角，必須投入更多的資本以造成挖角上的困難。

(三) 選擇為企業帶來利潤的顧客：了解能為企業帶來利潤的是哪一類型的顧客，使得行銷資源的運用能投注在此類顧客身上，而不至於造成資源上的浪費。

(四) 找到真正有效的顧客：一旦了解真正的目標客戶在哪裡，將更容易促銷新產品給市場上的顧客，而不至於投入過多的人力與物力在尋找客戶上。

(五) 創造顧客終生價值：藉由顧客終生價值的累積來幫助企業達成長期獲利，並能達到扼殺競爭對手成長空間的目標。

CRM效益——長期維繫住顧客忠誠度

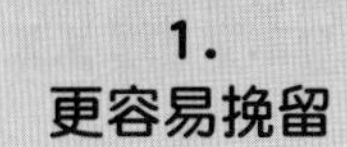

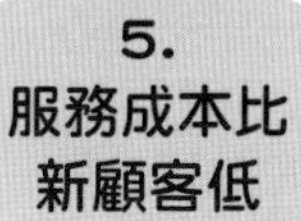

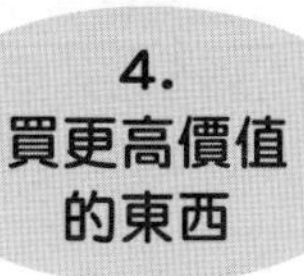

CRM帶來的益處

1. 鼓勵忠誠顧客消費

2. 可以維持忠誠度

3. 好企業帶來具有利潤的顧客

4. 可找到真正有效的顧客

5. 可創造顧客終生價值

Unit 2-11 CRM對企業的經營效益之二

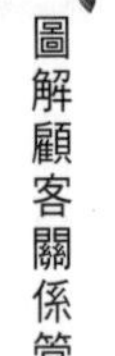

三、觀點之三：Swift專家觀點

美國CRM專家Ronald S. Swift（2005）依據他多年的研究指出，顧客關係管理有如下幾個好處：

(一) 降低開發新顧客的成本：節省行銷、郵寄、聯繫、追蹤、滿足以及服務等費用。

(二) 不需去開發太多新顧客，以維持穩定的企業交易量：特別是在企業對企業的行銷環境裡。

(三) 降低銷售成本：通常現有顧客是較有反應者。對通路或經銷商有更好的知識，將使關係更為有效；顧客關係管理也減少促銷活動成本和提供更高的行銷及顧客溝通投資報酬率。

(四) 更高的顧客利潤：包括更高的顧客荷包占有率、更多的追蹤銷售、更多從顧客滿意和服務而來的介紹名單，以及從現有購買做交叉銷售和向上銷售的能力。

(五) 提高顧客存留率及忠誠度：顧客留得愈久，買得愈多，會為了他們的需求（這增加了聯繫關係）和你接觸，且顧客購買得更頻繁，顧客關係管理也因此增加實際終生價值的機會和成就。

(六) 顧客獲利的評估：知道哪些顧客是真的有貢獻？哪些顧客應該透過交叉銷售／向上銷售提升其貢獻？哪些顧客可能永遠不具利潤貢獻度？哪些顧客應被外部通路管理？哪些顧客可以帶來未來的商機？

四、觀點之四：顧客關係管理的效益目標——Jill Dyche專家的看法

吉爾・岱許（Jill Dyche）是美國CRM的顧問專家，蒐集美國各大行業對CRM的最終效益，提出如下看法：

(一) 中型市場財務機構的看法：我們希望徹底了解顧客的需求，甚至比顧客本身更早發現。

(二) 市場電信服務商的看法：提高顧客滿意度來降低他們更換公司的機會。

(三) 線上保險公司的看法：刺激顧客先和公司接觸並進一步帶來利潤。

(四) 郵購公司的看法：提高顧客給予「正面回應」的可能性。

(五) 資料服務公司的看法：使用科技改善顧客服務並提高顧客區隔度，達到和顧客間更個人化的互動。

(六) 線上零售商的看法：希望透過更加個人化的溝通來吸引更多新顧客，留住舊顧客。

CRM 六大好處

CRM的好處

1. 降低開發新顧客的成本
2. 不需去開發太多新顧客即可穩定營收額
3. 可降低銷售成本
4. 可創造更高的顧客利潤
5. 可提高顧客存留率及忠誠度
6. 可做好顧客獲利的評估

CRM策略的績效衡量指標

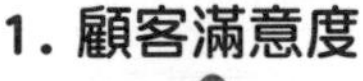

1. 顧客滿意度

2. 顧客忠誠度

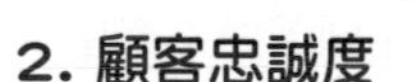

3. 顧客利潤貢獻度

4. 顧客終生價值

5. 顧客保留率／流失率

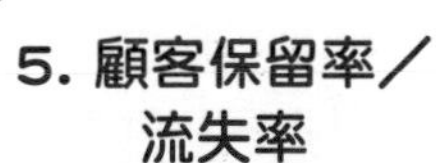

CRM策略績效衡量指標

CRM導入三大優點

CRM導入3大優點

1.顧客滿意度提升及顧客忠誠度上升
2.有助品牌化打造
3.行銷ROI（投資報酬率）提升

Unit 2-12 全球CRM加速推動的四項背景分析之一

國內CRM專家黃有權（2005）曾對全球CRM的趨勢背景，做了一個完整的分析，頗為精闢，茲分兩單元說明之。

一、顧客愈來愈聰明，要求愈來愈高，選擇愈來愈多

(一) 大量資訊：資訊來自不同的媒體（電視、報紙、廣告文宣、電子郵件、手機簡訊、手機App），消費者愈受重視，權益自然也更加提高。網路的盛行，使得許多小公司無須花費鉅額經費打廣告，也能夠傳遞訊息給消費者，促使小公司的競爭力提升，消費者也擁有更多公開資訊以及不同選擇的機會。

(二) 更多選擇：消費者資訊充足後，選擇空間自然加大。消費者不再只是單方面接受產品，多樣化的選擇讓消費者對產品、服務的要求日益提高。

(三) 客製化之商品：當各廠商競爭激烈到相當程度時，產品、價格和服務等各項目的差異都因競爭而壓縮到極小的程度，此時客製化（Customized）、個人化（Personalized）的產品或服務就更形重要。像手機殼的顏色，幾年前只有黑或灰等標準色，但現在注重個人偏好差異，消費者希望手機能反映個人特色，就出現五彩繽紛的不同選擇；商品如是，服務亦然。若航空公司在常客訂票時，就已經知道他是否喜歡靠窗的座位、是否吃素、較喜歡何種機上購物提供的商品，從而為其事先準備，此即為CRM功能彰顯的寫照。

(四) 顧客難以取悅，忠誠度降低：各種產品競爭益形激烈時，消費者可選擇、比較的空間擴大，無形中忠誠度下降許多。一旦商家服務不周時，除了承受失去該顧客的風險外，尤甚者，還可能被顧客一狀告到消基會，聲譽、形象的損失更加可觀。

(五) 顧客跳槽，成本降低：根據上述推論，足可得知現在顧客更容易在不同的供應商或店家間遊走，以謀求自身的最大利益。在網路世界裡，此一現象更為明顯。

二、巨觀的商業與市場環境

(一) 新經濟型態與新科技出現：以高科技為基礎，使得許多龐大資料庫的資料處理及數字運算更加容易，也更加有效率。商家競爭愈來愈激烈，消費者的要求也跟著提高。

(二) 多型態通路出現：網路時代使得各式通路（Distribution Channels）更加多元化。以日本的光通信為例，即強調消費者可於線上訂貨，至住家附近的7-11便利商店取貨並付款的機制。

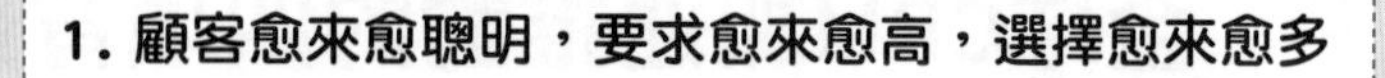

全球CRM加速推動的四項背景分析

1. 顧客愈來愈聰明，要求愈來愈高，選擇愈來愈多

(1) 大量資訊
(2) 更多選擇
(3) 客製化之商品
(4) 顧客難以取悅，忠誠度降低
(5) 顧客跳槽，成本降低

2. 巨觀的商業與市場環境

(1) 新經濟型態與新科技出現
(2) 多型態通路出現
(3) 網際網路無遠弗屆
(4) 營運範圍擴大
(5) 與客戶實際互動不夠多

3. 細部商業環境

(1) 以客戶為中心的經營策略
(2) 客戶維持率是努力重點
(3) 將客戶分為不同層級，採取不同的對待
(4) 多元化銷售管道

4. 顧客忠誠度保持不易

(1) 顧客喜新厭舊
(2) 顧客使用習慣改變
(3) 競爭對手低價競爭
(4) 商品無創新

Unit 2-13 全球CRM加速推動的四項背景分析之二

全球CRM之所以會加速推動，在專家分析後有四項發展背景，除前文所提「顧客有愈來愈聰明，要求愈來愈高，選擇愈來愈多的趨勢」外，還有三項背景。

二、巨觀的商業與市場環境（續）

(三) 網際網路無遠弗屆：網路使得交易無疆域之限制，亦無國界之區隔。從前商家數目不多，可提供消費者選擇的空間不大，故客戶的流動率不高。但現在廠商得多花心力在維持既有的客戶群才行。

(四) 將客戶分為不同層級，採取不同對待：根據80／20法則，廠商八成的利潤、交易量來自兩成的大客戶，所以商家的資源必須重新分配，將最多、最好的資源留給交易量較大的常客，提供他們最完善的享受；至於其他八成的客戶則無須提供那麼周全的服務，讓公司的資源分配到最適宜的客戶身上。舉例而言，許多信用卡都將客戶分級，銀行自然會對持有頂級卡的客戶做最完善的服務與照顧。

(五) 多元化銷售管道：高度競爭壓縮了店家的獲利空間，使得廠商少有暴利可圖的機會，因此店家生財管道必須更多元化。例如：利用資料採礦後的提升銷售及交叉銷售。

三、細部商業環境

從細部商業環境來看全球CRM加速推動的背景分析，主要有下列四項因素：

1.以客戶為中心的企業經營策略。

2.客戶維持率是努力重點。

3.將客戶分為不同層級，採取不同的對待。

4.多元化銷售管道。

四、顧客忠誠度保持不易

根據《哈佛商業評論》（*Harvard Business Review*）研究指出，平均每一家公司每年流失10%的既有客戶。如此一來，十年後每個廠商、店家的顧客資料庫將與今日完全不同！

顧客的忠誠度隨著時間而降低，呈現明顯的反向關係。其原因大抵有下列幾點：

1.產品或服務的瑕疵。

2.低價格競爭。

3.商品或服務並無給予顧客明顯差異。

4.顧客喜新厭舊或使用習慣改變。

顧客忠誠度保持不易四原因

1.顧客喜新厭舊

2.面對競爭對手低價搶客

顧客忠誠度維持不易之原因

3.商品或服務並無差異化特性

4.既有產品品質不夠好

全球CRM加速推動背景：細部商業環境

1.以客戶為中心的企業經營策略

2.客戶維持率是努力重點

3.將客戶分為不同層級，採取不同對待

4.多元化的銷售管道

Unit 2-14 CRM活動與PDCA循環

一、CRM活動與PDCA應用

CRM活動的推動，也可以使用管理學上的 PDCA 循環來加以應用說明如下：

(一) P（Plan）：有關依據資料分析所策訂的改善案，以及反映在銷售方針、目標及銷售計畫的訂定規劃。

(二) D（Do）：在執行階段，有關銷售計畫的實行，以及銷售實績資料的蒐集等事項。

(三) C（Check）：有關對銷售實績的詳細分析及對銷售目標的評價等。

(四) A（Action）：有關對實績與目標差異的分析及改善案之訂定。

CRM之P-D-C-A循環，如下圖所示：

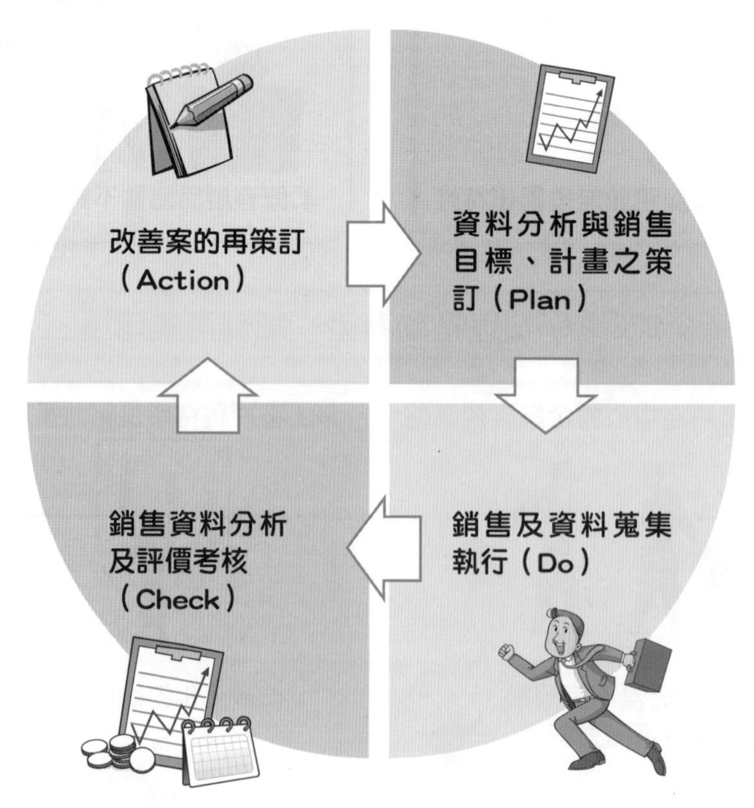

二、CRM活動的成熟度

整個CRM的推動，它的成熟度大致有5個階段可加以區別，如右頁圖所示。

CRM的五個階段發展

成熟度

階段5

最高層次CRM的達成

階段4

大幅推展CRM活動，且對銷售提升及顧客滿足有很大助益

階段3

已展開CRM活動的P-D-C-A管理循環

階段2

有CRM的方針，而且有推動執行中

階段1

有CRM活動方針，但尚未展開執行

階段0

完全沒有CRM活動

時間

Unit 2-15 CRM活動的效果及其他應留意重點

一、CRM活動可帶來的效果

(一) 可以有效提高顧客忠誠度

CRM的推動，可有效帶動顧客的滿意度，在高滿意度下，又可以提高顧客的回購率、回店率、再購率。因此，最終會提高顧客的忠誠度及黏著度，並且增強顧客對我們企業與品牌的信賴度，這是最根本的。

(二) 可以有效提高銷售業績

CRM的極致推動，可以防止既有顧客的離開，又能獲得某些新顧客。因此，在新舊顧客均能獲得的狀況下，自然能夠使銷售業績進步成長與提升。

(三) 可以削減銷售管理費用

CRM的推動，將使無效率、無效果的銷售管理費用得到削減與節約，亦即CRM的推動，將可更精確的使用銷售管理費用的支出，減少浪費。

(四) 可以拓展新商機的機會

CRM的全面推動，將使顧客提供他們想要的產品及服務需求，這將使公司有機會洞察出潛在的新商機，並且引發出更創新的商品與服務。

二、CRM活動的注意要點

在導入CRM的時候，公司應注意下列各點：

(一) IT成本的必然增加

CRM的導入，必然會添購一些CRM的軟體及硬體，投資支出增加是必然的，企業應把它們當成是必要的投資支出，而不是當成成本與費用，最終這些投資是會有回報及效益產生的。因此，眼光必須放遠些。

(二) 不要忘了新產品及新服務的企劃與開發

CRM推動的同時，不要只專注在既有產品上，更應持續企劃及開發出新產品及新服務，如此才能滿足新舊顧客的最新需求，藉以提高創新的業績收入。

(三) 定期顧客滿意度的調查

CRM的推動，一定要持續推動對新舊顧客的定期滿意度調查，期使CRM的所有作為，都是對顧客有益處的，也對公司是好的。

CRM活動可帶來的效果

- 可有效提高顧客的忠誠度及黏著度

- 可有效提升銷售業績（營收）

- 可有效減少銷售管理費用支出

- 可擴大產生新的生意商機

CRM活動的留意要點

要點1　IT資訊成本會增加支出

要點2　不要忘了對新商品及新服務的企劃與開發

要點3　要定期調查顧客的滿意度狀況如何

第3章

CRM策略性5W/1H分析與企業的顧客戰略

章節體系架構 

Unit 3-1 企業為何要推動CRM的原因及其目的

沒有顧客哪來的企業，這也是企業要積極推動CRM最重要而且至高無上的原因了！至於推動CRM的目的，當然是鞏固企業立於不墜之地了！

一、企業推動CRM的原因

(一) 從本質面看：顧客是企業存在的理由，企業的目的就在於創造顧客，顧客是企業營收與獲利的唯一來源。（註：此為彼得・杜拉克名言。）

(二) 從競爭面看：市場競爭者眾，各行各業已處在高度激烈競爭環境中，每個競爭對手都在進步、都在創新、都在使出刺激手段搶顧客及瓜分市場。

(三) 從顧客面看：顧客也在不斷地進步，顧客的需求不斷變化，要求的水準也愈來愈高。企業必須以顧客為中心，隨時不斷地滿足顧客高水準的需求。

(四) 從IT資訊科技面看：現代化資訊軟硬體功能不斷地革新及進步，成為可以有效運用的工具。

(五) 從公司自身面看：公司亦強烈體會到，唯有不斷地強化及提升自身以顧客為中心的行銷核心競爭能力，才能在競爭者中突出領先而致勝。

二、CRM的目的／目標何在？

(一) 不斷提升「精準行銷」之目標：在行銷成本支出最合理之下，達成最精準與最有效果的行銷企劃活動。

(二) 不斷提升「顧客滿意度」之目標：顧客永遠不會100%的滿意，也不斷在改變他的滿意度及內涵。透過CRM機制，將可持續提升顧客的滿意度，並對企業產生好口碑及好評價。滿意度的進步是永無止境的。

(三) 不斷提升「品牌忠誠度」之目標：顧客滿意度並不完全等同顧客忠誠度，有時顧客雖滿意，但不會在行為上、再購率上及心理上展現高忠誠度。因此，運用CRM機制，亦希望能夠力求提升顧客對品牌完全的忠誠度，而不會成為品牌的移轉者。

(四) 不斷提升「行銷績效」之目標：CRM的數據化效益目標，當然也要呈現在營收、獲利、市占率和市場領導品牌等可量化的績效目標上才可以。這些亦應適度地加以評量、衡量及計算，然後才能跟CRM的投入成本做分析比較。

(五) 不斷提升「企業形象」之目標：企業形象與企業聲譽是企業生命的根本力量，CRM亦希望創造更多忠誠的顧客，對企業有好的形象評價。

(六) 不斷鞏固既有顧客並開發新顧客之目標：CRM一方面要鞏固（Solid）及留住（Retention）既有顧客，盡量使流失比例降到最低，另一方面也要開發更多的新顧客，使企業成長，不斷刷新紀錄創新高。

為何要推動CRM之五大面向

1.從本質面看

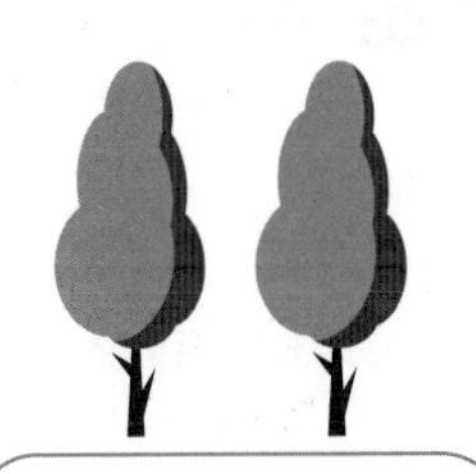

5.從公司自身面看

為何要推動CRM？

2.從競爭面看

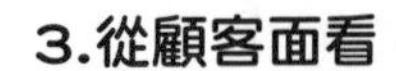

4.從IT資訊面看

3.從顧客面看

CRM推動的目的或目標

⑥ 不斷鞏固既有顧客並開發新顧客之目標

⑤ 不斷提升「企業形象」之目標

④ 不斷提升「行銷績效」之目標

③ 不斷提升「品牌忠誠度」之目標

② 不斷提升「顧客滿意度」之目標

① 不斷提升「精準行銷」之目標

Unit 3-2 CRM的全面性做法方向概述

CRM必須從右圖的四個大面向思考相關的具體做法、細節與計畫。這要依據各行各業而有不同的重點，各公司也有不同的狀況。但是，唯有思慮周密地「同時」考慮到這四個方向，採取有效的做法及方案，才會產生出最完美的CRM成效。以下概述CRM執行應掌握的原則。

一、CRM四大行銷原則之掌握

不管是CRM也好，行銷活動也好，都必須在下列四個行銷原則上滿足顧客：

(一) 尊榮行銷原則：讓顧客感受到更高的尊榮感。

(二) 價值行銷原則：讓顧客感受到更多的物超所值感。

(三) 服務行銷原則：讓顧客感受到更美好的服務感。

(四) 感動行銷原則：讓顧客感受到更多驚奇與感動。

二、對誰做CRM？

(一) 分類：CRM的對象，基本上可區分為兩種：一是B2C，二是B2B。一般來說，以B2C（公司對一般消費者；Business to Customer）應用狀況比較常見。

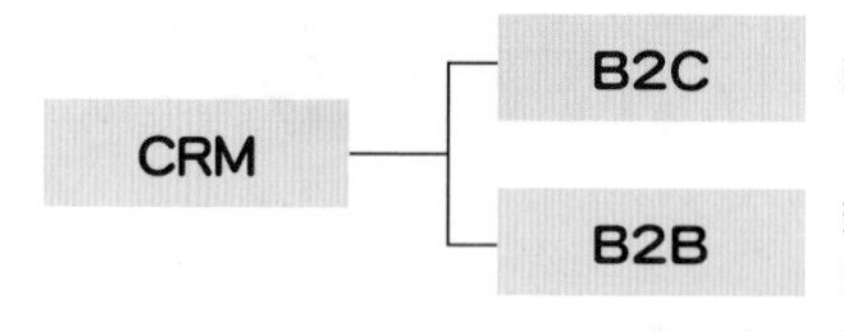

針對一般消費大眾

針對企業型顧客（例如：IBM、HP、微軟、Intel、Dell、銀行融資、華碩、鴻海、大藥廠、食品飲料廠等）

(二) 對哪些行業較適用：凡是顧客人數眾多的消費性行業及服務性行業，比較適合導入CRM系統，包括下述行業：1.金控銀行業（信用卡）；2.人壽保險業；3.電信業（行動電話）；4.百貨公司業；5.電視購物業；6.直銷（傳銷）業；7.大飯店業；8.超市業；9.餐飲連鎖業；10.書店連鎖業；11.藥妝店連鎖業；12.休閒娛樂業；13.量販店業；14.購物中心業；15.名牌精品業，以及16.其他服務業。

三、誰負責CRM？

實務上會有幾個部門共同涉及到CRM機制的操作及應用，包括：1.CRM資訊部；2.CRM經營分析部；3.業務部；4.會員經營部；5.行銷企劃部；6.經營企劃部，以及7.客服中心部。

CRM的操作並非某個部門單獨負責的，而是要仰賴相關的幾個部門通力合作而成。因此，舉凡資訊技術、業務部、行銷企劃部、會員部和客服中心等，均是CRM共同執行單位的一環。

CRM執行四大面向

CRM執行的四大面向

1.IT技術面

(1) Data Collecting（資料蒐集）
(2) Data Warehouse（資料倉儲）
(3) Data Mining（資料採礦）

2. 行銷企劃與業務銷售面

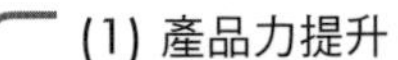

(1) 產品力提升
(2) 品牌力提升
(3) 價值力提升
(4) 業務力提升
(5) 促銷力提升
(6) 人員銷售力提升
(7) 作業流程力提升
(8) 服務力提升（客服中心）
(9) 媒體公關力提升
(10) 活動行銷力提升
(11) 網路行銷力提升
(12) 實體環境力提升

3.會員經營面

(1) 會員卡
(2) 聯名卡
(3) 會員分級經營
(4) 會員服務經營
(5) 會員行銷經營

4.經營策略面

(1) 顧客導向策略
(2) 顧客滿意策略
(3) 顧客意識策略
(4) 企業形象策略

CRM四大行銷原則

Unit 3-3 顧客導向經濟學與顧客資本

一、顧客導向經濟學

(一) 舊經濟與顧客經濟之差異比較：顧客關係管理是企業有效地「管理」其與「顧客」之間的長期良好互動「關係」。

(二) 顧客經濟學的內涵：所謂的顧客經濟學，是以顧客關係的數量及品質為觀點所做的企業價值分析。

企業應該要認知到顧客是股東價值唯一且最終實質的源頭，並以事實為依據，才能發展出具有實質效用的策略。

(三) 顧客經濟學可以分成三個部分：

1.顧客關係價值：利用「顧客淨值」的概念，從顧客群大小、利潤、關係持續期間和購買可能性等方面，計算出企業可能的收益及是否值得投資於該顧客關係。

2.顧客關係價值的分配：有助於企業選擇目標市場及對獲取顧客知識的投資。

3.顧客組合的管理：針對不同區隔，有效分配企業資源，建構適當的行銷策略。

二、顧客資本

(一) 何謂顧客資本（Customer Capital）？

1.組織與其往來的個人或組織（包括顧客與供應商）之間關係的價值。

2.顧客會一直和我們做生意的可能性。

3.顧客關係的價值以及此價值對於組織未來成長的貢獻，包括支持顧客資本成長的程序、工具及技術。

4.我們經銷權的深度（滲透力）、廣度（涵蓋面），以及黏度（忠誠度）。

5.臺灣智慧資本研究中心：「組織在發展並維持有利、忠誠的顧客關係過程中，所產生得以提升組織競爭力之相關知識、技能或價值。」

(二) 顧客資本為何重要？

1.因為大多數的市場面臨毛利減少、產品生命週期縮短、競爭激烈，以及高行銷成本等四項難題。

2.顧客忠誠度提高之利益驚人。

3.顧客流失率降低的效果顯著。

4.維持舊顧客之成本遠低於爭取新顧客。

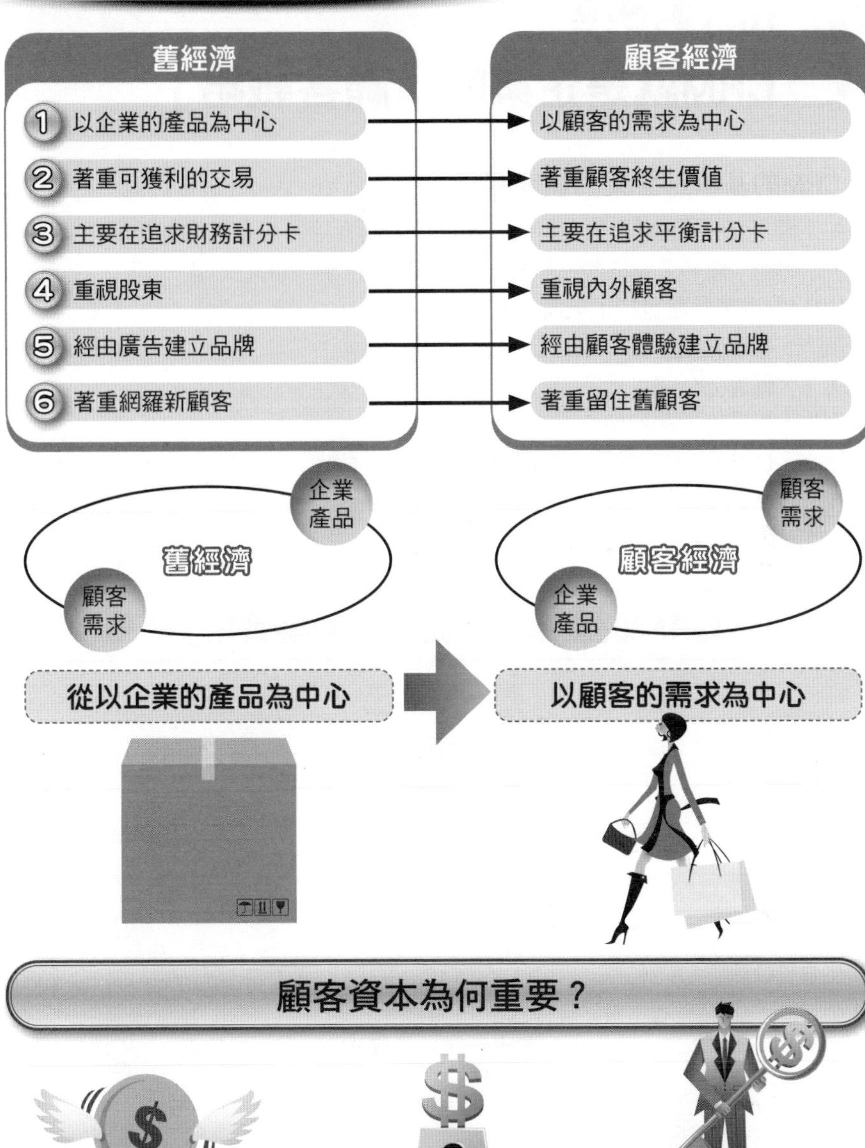

顧客資本為何重要？

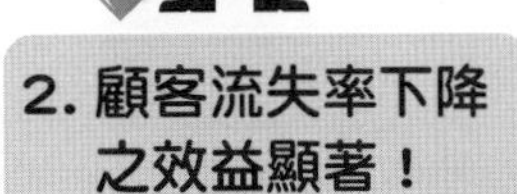

1. 顧客忠誠度提高之利益很大！

2. 顧客流失率下降之效益顯著！

3. 維持舊顧客之成本遠低於爭取新客人！

4. 企業面臨競爭者激烈搶客之行動！

Unit 3-4 CRM就是企業的「顧客戰略」

一、CRM的基本是企業的顧客戰略

如下圖所示，CRM的基本可用一句簡單的話含括，那就是如何做好企業的顧客戰略，亦即把「顧客」當成是「戰略」觀點及戰略對象來用心經營。

CRM的顧客戰略包括了三大件事，亦即：

第一，顧客是誰？

第二，顧客要什麼？

第三，對顧客要如何做？

總之，CRM的顧客戰略是要回到顧客對應的原點上來考量及執行。CRM不能脫離顧客，CRM不能不了解顧客，CRM要即時、細緻與圓滿地滿足顧客的各種需求與欲望，完全以「顧客」為唯一的核心對待點。

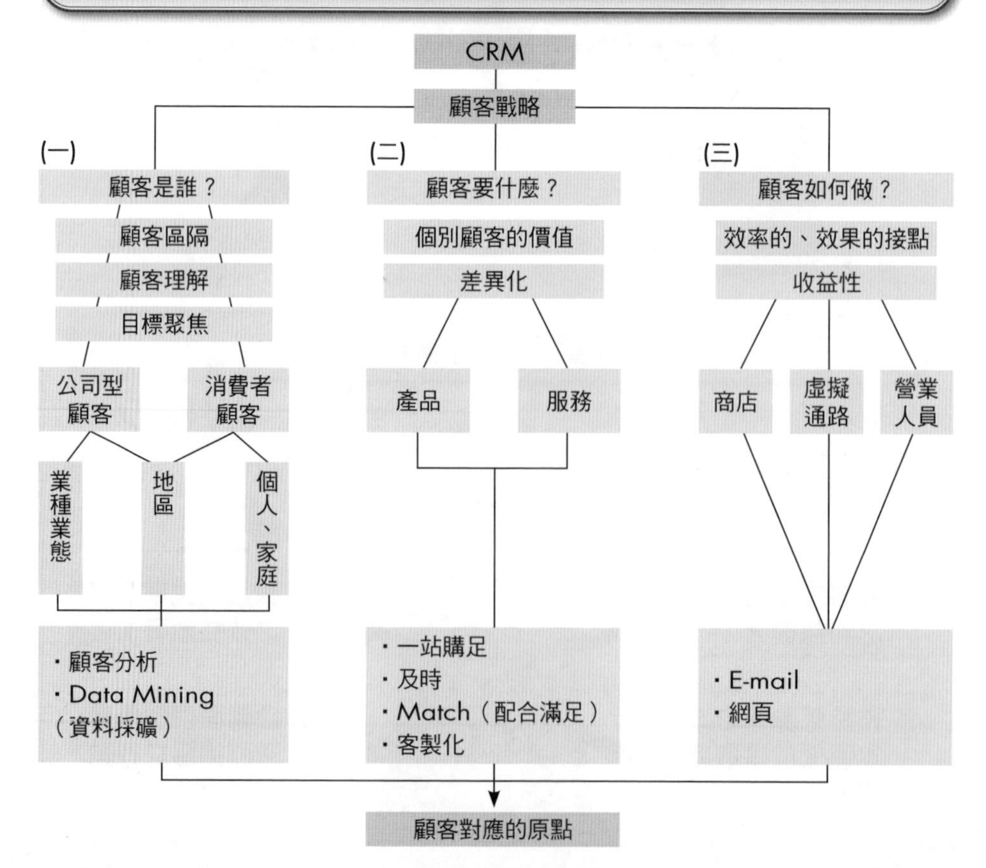

二、CRM實踐的四個層次——CRM的起源即是「顧客戰略」

如下圖所示，CRM從企業實務上來看，大致可以區分為四個層次，包括：

第一層（最上層）：屬戰略層級，即公司對待顧客戰略是什麼。

第二層：屬知識層，即對顧客的輪廓（Profile）是否能夠認識清楚及掌握。

第三層：屬企業營運的流程（Process）、組織、行銷及營業等，公司希望CRM能夠充分支援及協助營業與行銷的拓展事宜。

第四層：屬於現在工作表及資訊科技操作工作的支援事宜，也就是CRM的基礎建設工程。

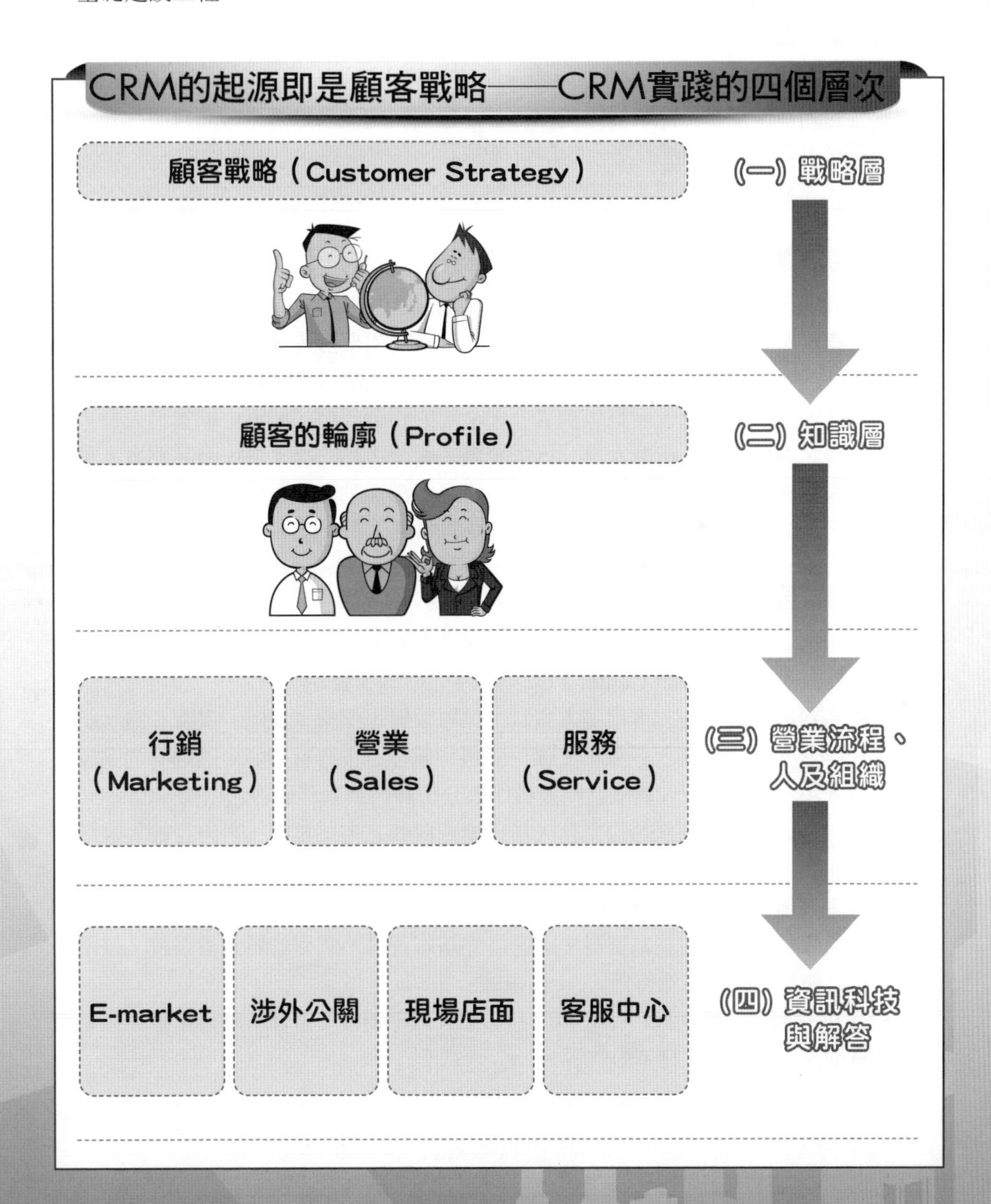

Unit 3-5 從「顧客」到「個客」

CRM的一個簡要定義，即是如何從一大群顧客中，抽離出個別性的或客製化的「個人顧客」，讓顧客享受到尊榮化的個人對待服務，即是從「顧客」到「個客」（From Customer to Personal Customer）的一個客製化服務過程。

一、掌握「個客」需求的變化，並加以滿足的本質

如右圖所示，企業應該從資料庫中，明確掌握他們個人生活型態（Life Style）與消費型態的任何變化，然後從這些變化中掌握他們的需求是否也因而有所改變。接著，企業應思考如何在商品及服務的創新提供上，有何積極的對策與做法。

因此，掌握「個客」需求的變化與趨勢，是CRM行銷作業中的重要工作之一。

二、個別顧客資料庫的統合是CRM的基本

CRM的基本，指的當然就是顧客資料庫，即是由一個個的個別顧客所累積與形成的顧客資料庫。這些顧客資料庫，首先可以在公司內部形成共有化、共同分享及共同使用；其次，這些顧客資料庫會被不斷地輸入（Input）最新資料，而這些Input來源，不只是一個部門而已，而是包括了公司全部的相關部門，即第一線業務人員、門市銷售人員、專櫃人員、市調人員、行銷企劃人員、後勤支援人員、商品開發人員、產業分析人員與策略規劃人員等；最後則是透過行銷活動、業務活動的操作及執行，終於使公司能夠與個別顧客維持較長期及忠誠的關係。

三、案例：國泰人壽公司的顧客資料內容

國泰人壽在資料倉儲的資料來源是以企業內部資料為主，來源主要是：1.公司內部的銷售人員；2.e-Contact Center（e化客服中心）；3.公司網站。

內部資料的範圍可分為客戶個人資料、保單資料、保全、理賠、保費、電話紀錄等。自2004年起，更根據已經蒐集之保戶資料，開發行銷專區功能，透過篩選完成的目標市場分類，幫助分析人員或業務人員作為分析評估或服務顧客之依據。

至於外部資料，主要是透過業務人員以填寫問卷之方式蒐集，再自行輸入電腦，其範圍包括個人基本資料和活動管理資料等兩大部分。

(一) 基本資料：包括學歷、婚姻狀況、職業類別、職位、子女配偶相關資料等，不同於內部資料中保戶的基本資料。透過這些基本資料，利用資料倉儲系統，以不同的人口統計變數來篩選目標客戶。

(二) 財務狀況：包括保戶個人年收入、個人月平均投資金額、理財工具、住屋情況、房貸情況、是否投保特定附約等。

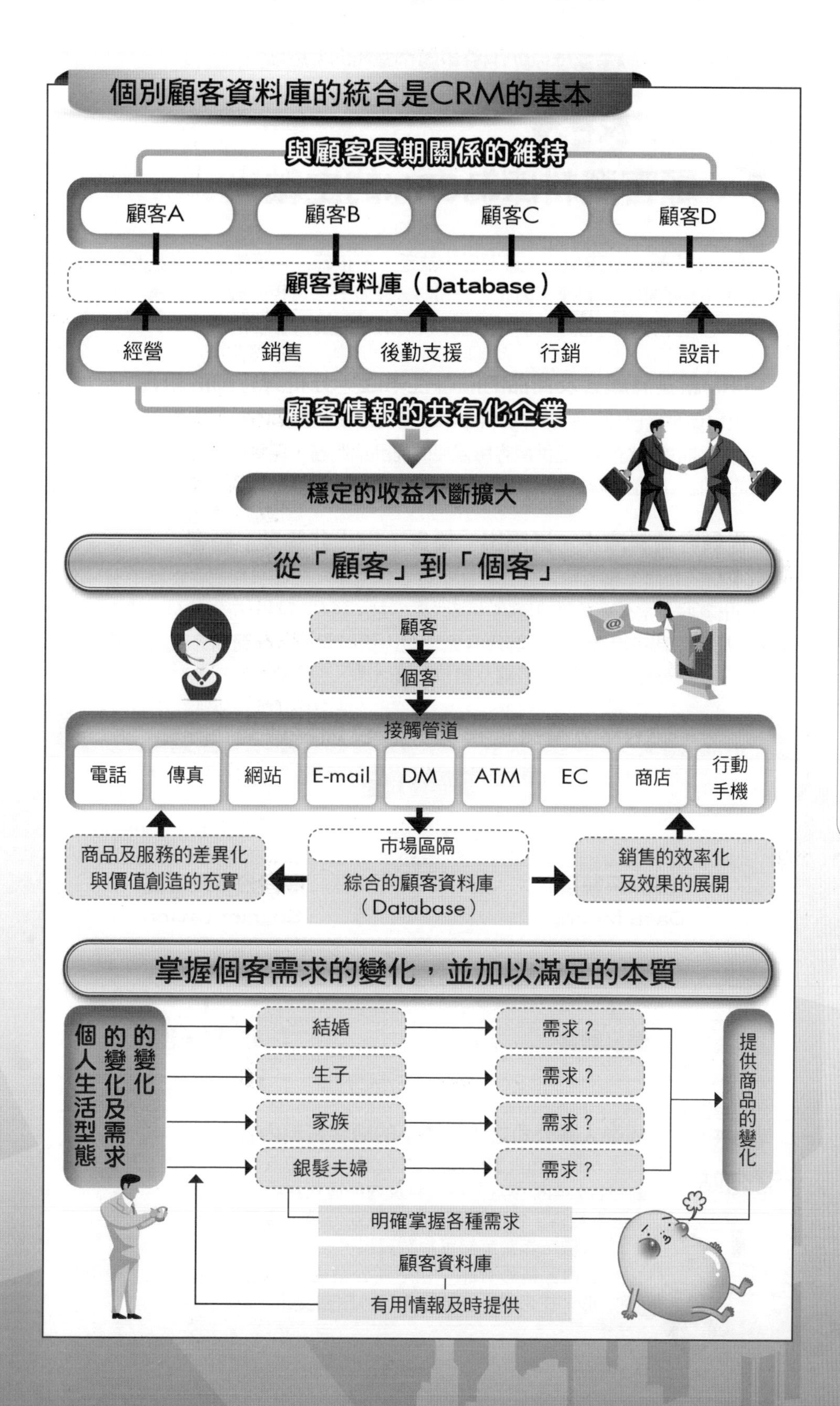
個別顧客資料庫的統合是CRM的基本
與顧客長期關係的維持
顧客A
顧客B
顧客C
顧客D
顧客資料庫（Database）
經營
銷售
後勤支援
行銷
設計
顧客情報的共有化企業
穩定的收益不斷擴大
從「顧客」到「個客」
顧客
個客
接觸管道
電話
傳真
網站
E-mail
DM
ATM
EC
商店
行動手機
商品及服務的差異化與價值創造的充實
市場區隔
綜合的顧客資料庫（Database）
銷售的效率化及效果的展開
掌握個客需求的變化，並加以滿足的本質
個人生活型態的變化及需求的變化
結婚
生子
家族
銀髮夫婦
需求？
需求？
需求？
需求？
提供商品的變化
明確掌握各種需求
顧客資料庫
有用情報及時提供

Unit 3-6 顧客資料庫為CRM的主軸

顧客資料庫確為CRM的主軸要點，缺乏、不正確、未更新或不完整的顧客資料庫，就是不好的顧客資料庫。因此，公司必須建置五大目標的顧客資料庫，包括它是完整的、它是正確的、它是更新的、它是及時的，以及它是多元的。

一、CRM就是將顧客及商品的關聯性串起、分析與行動的組合

CRM就是從已建置的顧客資料庫中，抽取出某些特定的行銷活動所需的資料情報，然後展開實際行動，提供個客所需要的商品或服務，達到每一個個客的滿足。而CRM的功能，即在串聯這種組合性的工作任務。

二、從顧客資料庫中，區隔出「優良」與「非優良」顧客

CRM的功能作用之一，就是要從顧客資料庫中，依據各種消費數據指標，準確地區隔出哪些人是公司的優良顧客，哪些人不是。這種區隔對待當然是必要的，就好像乘坐飛機分為三等級，第一等級為頭等艙，第二等級為商務艙，第三等級為經濟艙。這三個等級有不同的收費依據及對待服務水準。

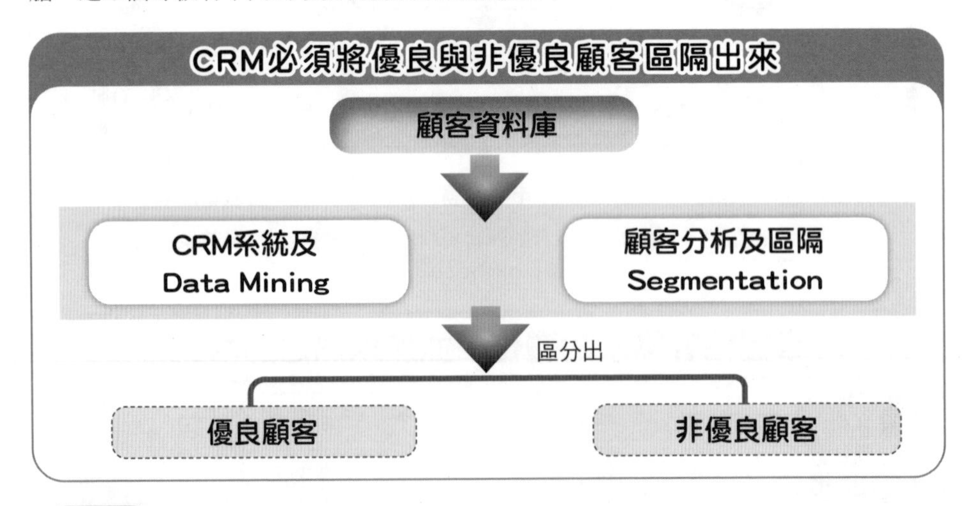

知識補充站

國泰人壽公司之「職團」的顧客資料內容

國泰人壽公司針對職團（公司與學校）也設計不同問卷，其資料範圍包含公司職團之基本資料及內部情報資訊等兩大部分。

1.基本資料：包括職團名稱、職團分類、負責人、資本額、員工總人數、年營業額等相關資料。

2.內部情報資訊：包括辦公室或廠房之自有或承租、貸款情形、往來銀行、團險內容等相關資訊。

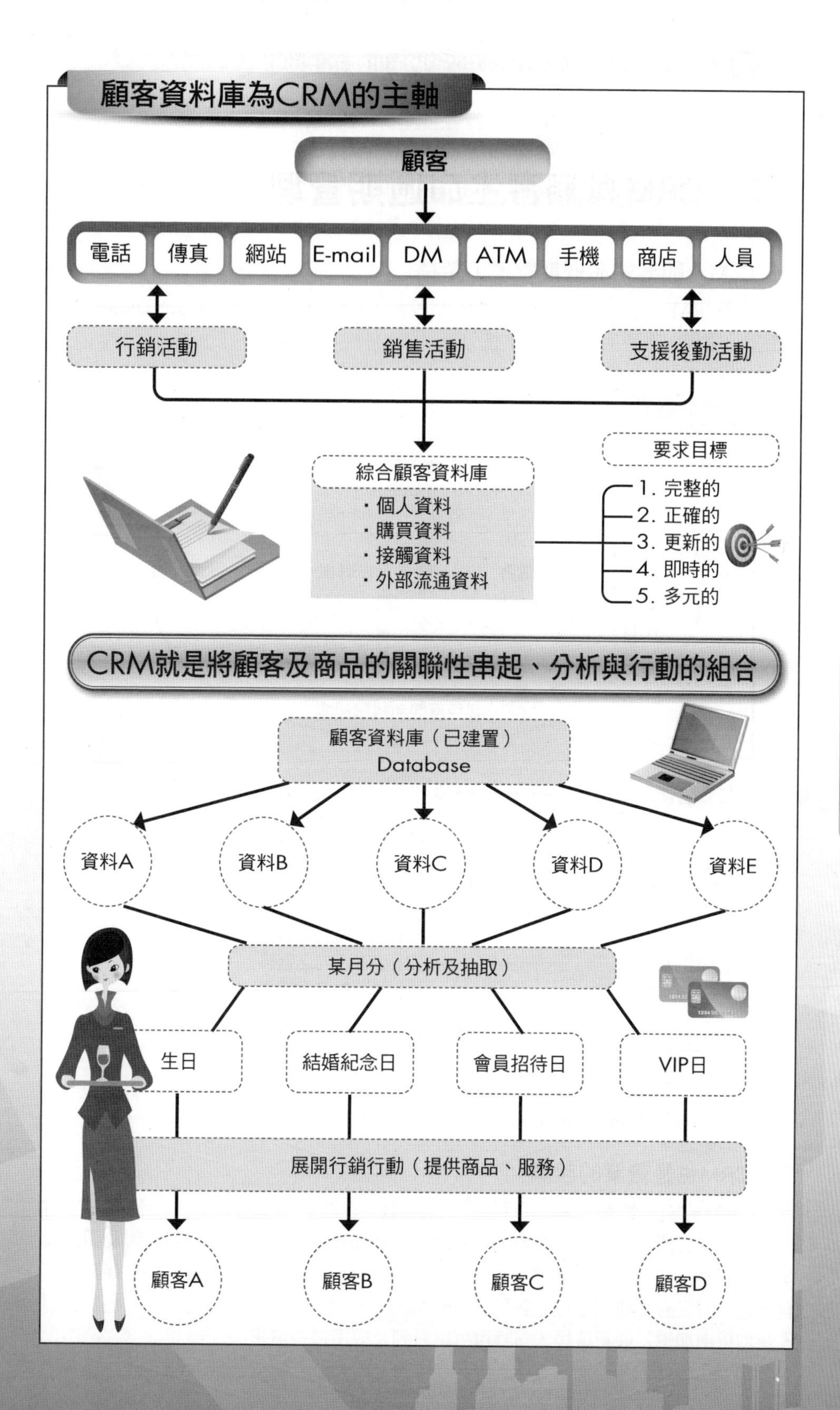

顧客資料庫為CRM的主軸
顧客
電話
傳真
網站
E-mail
DM
ATM
手機
商店
人員
行銷活動
銷售活動
支援後勤活動
綜合顧客資料庫
・個人資料
・購買資料
・接觸資料
・外部流通資料
要求目標
1. 完整的
2. 正確的
3. 更新的
4. 即時的
5. 多元的
CRM就是將顧客及商品的關聯性串起、分析與行動的組合
顧客資料庫（已建置）
Database
資料A
資料B
資料C
資料D
資料E
某月分（分析及抽取）
生日
結婚紀念日
會員招待日
VIP日
展開行銷行動（提供商品、服務）
顧客A
顧客B
顧客C
顧客D

Unit 3-7 CRM與顧客生命週期管理

一、CLM（顧客生命週期管理）架構

透過CRM中的CLM（顧客生命週期管理）之方法，從大數據（Big Data）中獲取價值，運用一系列項目來提供支持。

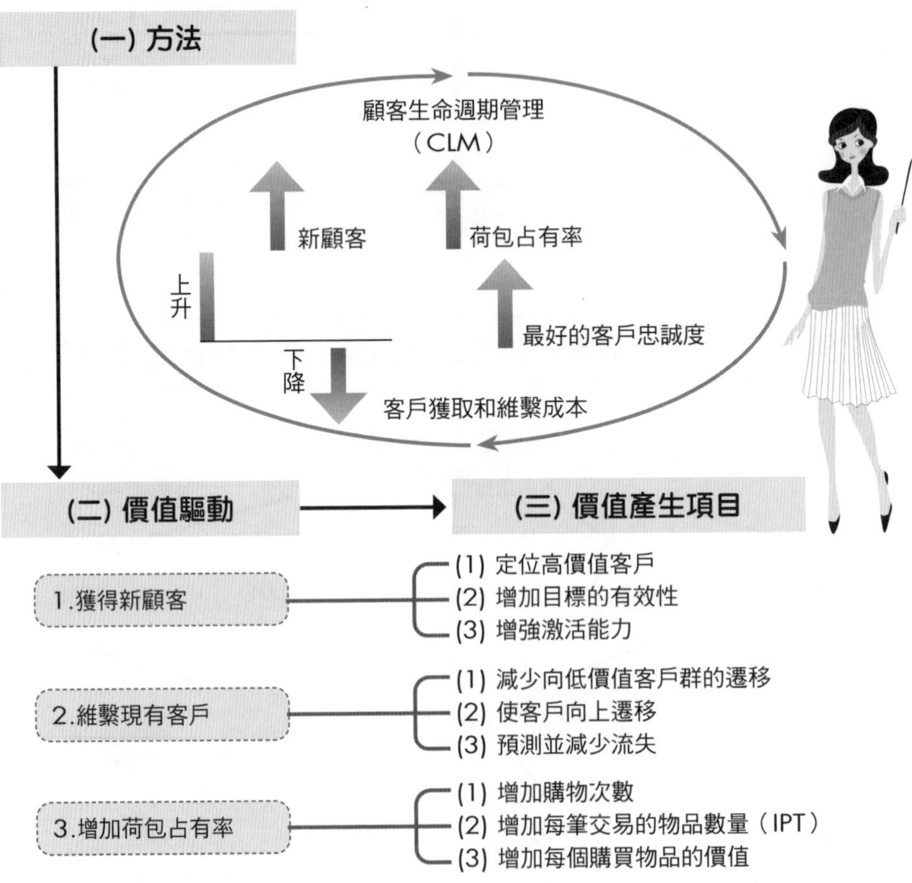

（註：CLM, Customer Lifetime Management）

二、CRM也是營業的起動

CRM的顧客情報共有化資料庫，對B2B（企業對企業型顧客）的營業人員而言，是非常必要且重要的。來自公司各部門人員所輸入的各種公司內部情報及顧客情報，這些都形成營業人員拓展業務的重要訊息來源。而CRM的功能，即是有系統、有計畫和有步驟地建置這種顧客情報資料庫的共有化。所謂「共有化」，意指各部門人員均可增加輸入最新情報，同時也可以看到及取用這些情報。

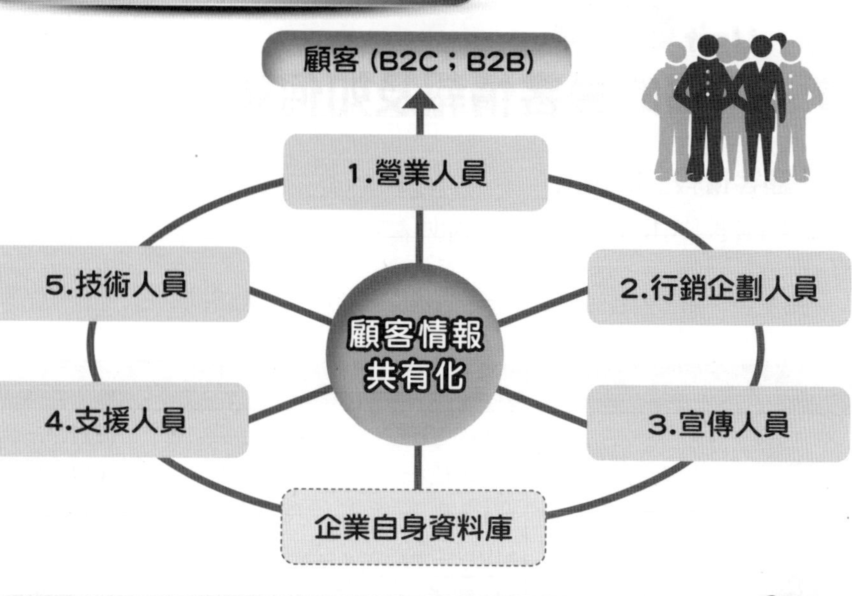

CLM循環與步驟圖示

目標

優化客戶價值和市場營銷活動的效率（ROI）

- 對於一個給定的產品，讓現有的客戶群提供更好的響應。
- 對於一個給定的客戶群，利用量身訂製的活動優化總回報。

① 建立分析見解基礎

對數據資源進行集成，以獲得360度視角，用於對客戶群進行細分、建模和評分。

② 建立預測模型

選擇和建立預測模型，以確定為誰提供什麼，以及如何提供。

③ 測試客戶在現實中的反應如何

採用隨機區組設計，進行嚴謹的、可擴展的、並且是連續的「測試和學習」。

④ 建立持續的能力

嵌入到組織和決策過程，包括IT和一線員工。

客戶終生價值（CLV.）

新顧客

荷包占有率

最好的客戶忠誠度

客戶獲取和維繫成本

學習週期

Unit 3-8 基礎的顧客情報及如何蒐集

一、「顧客情報」的體系

在建置並推動CRM專案計畫中，如何蒐集到足夠的具體顧客資訊情報，是很關鍵的。

一般來說，顧客的資訊情報內容，包括下列圖示的六大項目：

顧客情報項目		詳細內容		
(一)基礎的顧客情報	1. 人口統計變數情報	(1) 顧客ID (4) 地位 (7) 入會日 (10) 所得	(2) 姓名 (5) 電話 (8) 網址	(3) 性別 (6) 出生日 (9) 學歷
	2. 個人情報	(1) 興趣 (4) 行動領域	(2) 價值觀	(3) 消費行為
	3. 其他情報	(1) 職業	(2) 家庭構成	
(二)與顧客相連結的顧客情報	4. 購買情報	(1) 購買日 (4) 下單方式	(2) 購買金額 (5) 支付方式	(3) 商品代號 (6) 商品項目
	5. 商品	(1) 商品型式	(2) 銷售價格	(3) 在庫量
	6. 促銷情報	(1) 促銷代號 (4) 使用媒體	(2) 促銷成本 (5) 促銷數量	(3) 實施期間

二、顧客情報的蒐集

一般來說，顧客情報的蒐集，大致有下列方法：

1. POS系統蒐集方法。
2. 網路蒐集方法。
3. 行動電話蒐集方法。
4. 客訴蒐集方法。
5. 客服蒐集方法。
6. 市調蒐集方法。

顧客情報的蒐集

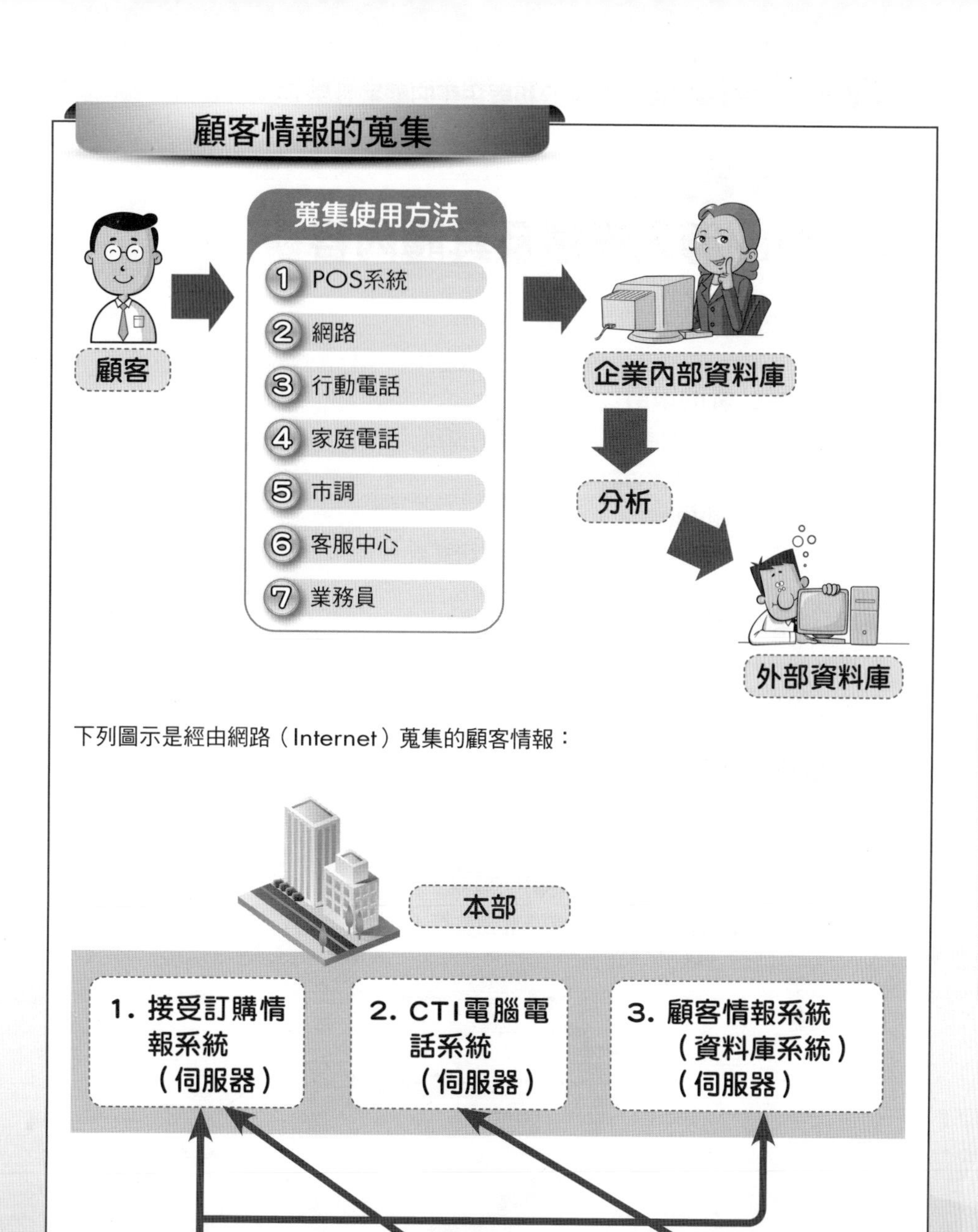

下列圖示是經由網路（Internet）蒐集的顧客情報：

Unit 3-9 CRM導入程序及具體內容

CRM導入的四大程序：

一、CRM全體計畫的策訂

1. CRM活動目的的明確化及經營目標的達成。
2. 業務課題的抽出及改善對策的立案。
3. CRM活動體制的檢討。
4. 公司內部的啟蒙活動及員工的教育訓練實施。

二、顧客情報的蒐集及分析的實施

1. 顧客情報及購買情報的蒐集實施。
2. 情報的活用目的與分析。

三、具體的對策評價及檢討

1. 針對施策店面或部門的評價及檢討。

四、公司業務的展開及業務循環的確立

1. 公司業務展開的施行計畫及實際推動執行。

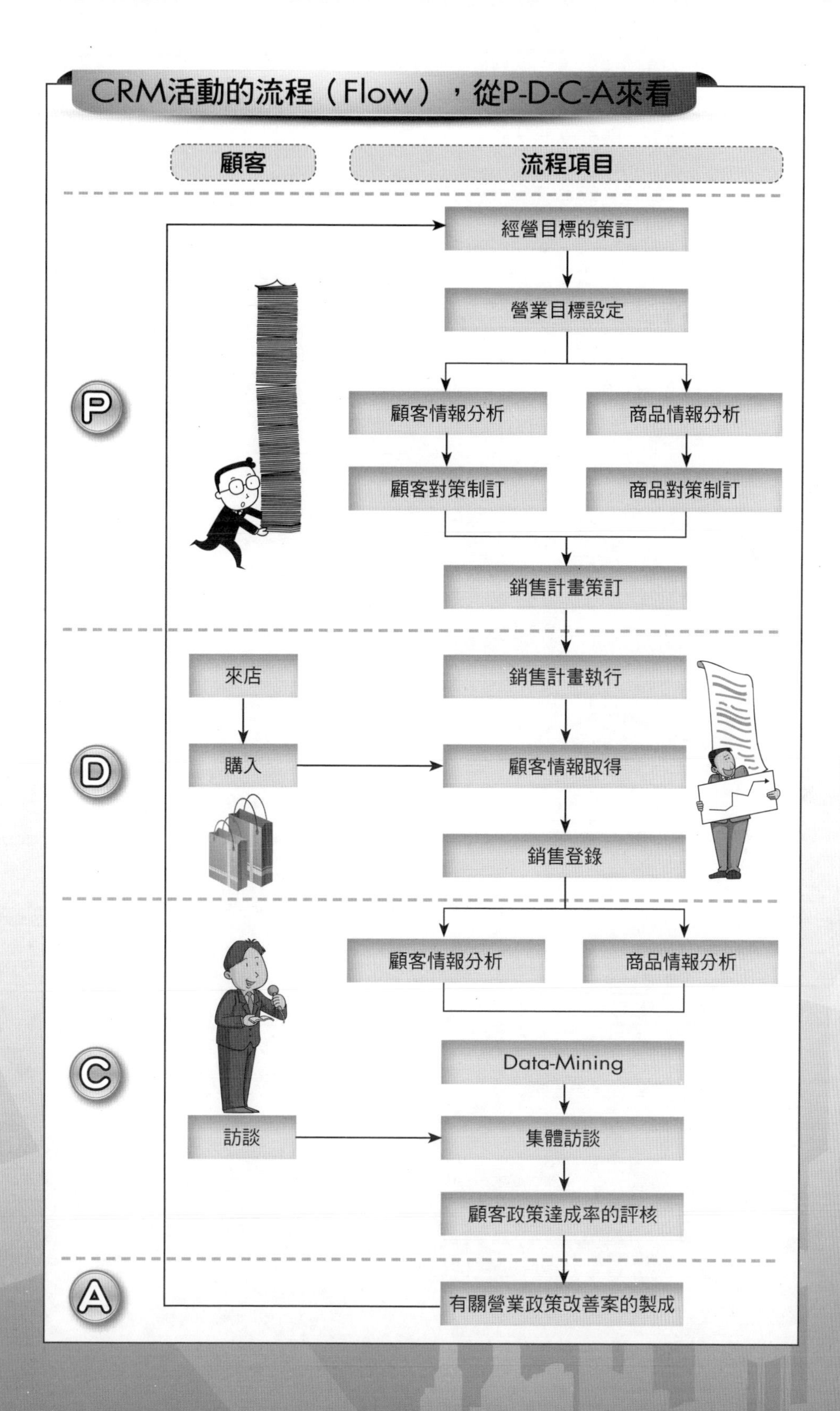
CRM活動的流程（Flow），從P-D-C-A來看
顧客
流程項目
經營目標的策訂
營業目標設定
顧客情報分析
商品情報分析
顧客對策制訂
商品對策制訂
銷售計畫策訂
P
來店
銷售計畫執行
購入
顧客情報取得
銷售登錄
D
顧客情報分析
商品情報分析
Data-Mining
訪談
集體訪談
顧客政策達成率的評核
C
A
有關營業政策改善案的製成

第 4 章

CRM之架構體系暨IT應用在CRM上的範疇

章節體系架構 

Unit 4-1 CRM策略架構項目與成功實施的四大構面

一、CRM策略架構的四個項目

CRM的學術文獻或是在企業實務操作上，基本上其內容大致如右圖所示，亦即包括了四大部分：

(一) 顧客管理系統：包括如何提升顧客忠誠度及創造顧客的價值。

(二) 資訊科技系統：包括如何建立顧客資料庫、資料倉儲及展開資料採礦／探勘等行動。

(三) 知識管理系統：包括如何將CRM的操作知識加以建置及管理。

(四) 行銷管理系統：包括如何對顧客展開關係行銷及一對一行銷，做好長久維繫顧客的目標。

二、CRM有效成功實施的四大構面

企業實施完整而有效的顧客關係管理，應該包括下圖所示的四個構面：

(一) CRM的策略、願景與目標：CRM的主軸策略是什麼？願景是什麼？目標是什麼？方法手段是什麼？

(二) CRM的作業流程：CRM的標準作業流程是什麼？各部門是否做好良好的串聯及接續？這些流程是否已合理化？

(三) CRM的員工及組織：CRM的執行組織及員工是哪些？公司全員是否已有這些意識及訓練？

(四) CRM的資訊科技工具系統：CRM的資訊軟硬體工具有哪些？優先順序導入哪些？員工是否已會應用？IT是否已能活化？

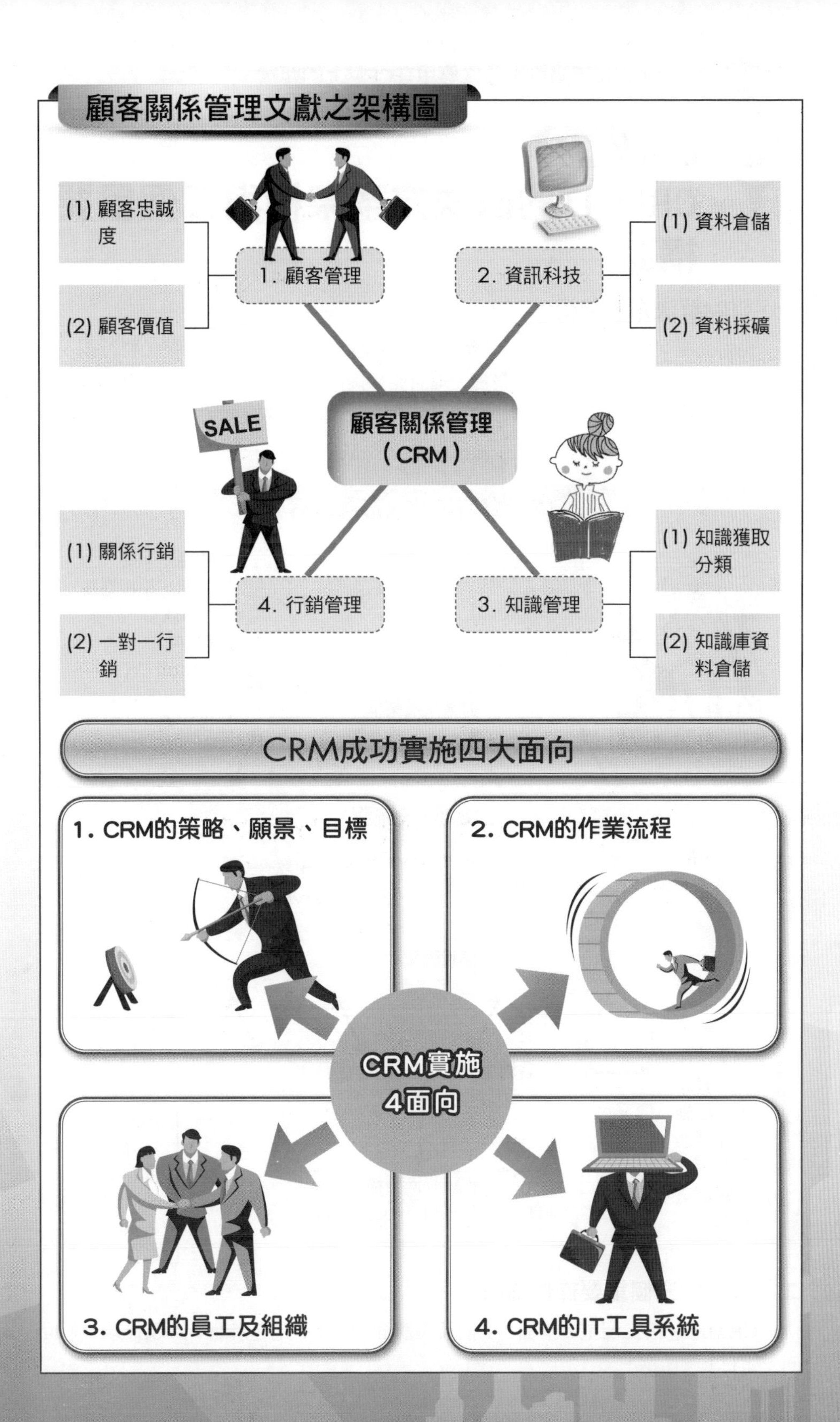
顧客關係管理文獻之架構圖
(1) 顧客忠誠度
(2) 顧客價值
1. 顧客管理
2. 資訊科技
(1) 資料倉儲
(2) 資料採礦
SALE
顧客關係管理（CRM）
(1) 關係行銷
(2) 一對一行銷
4. 行銷管理
3. 知識管理
(1) 知識獲取分類
(2) 知識庫資料倉儲
CRM成功實施四大面向
1. CRM的策略、願景、目標
2. CRM的作業流程
CRM實施4面向
3. CRM的員工及組織
4. CRM的IT工具系統

Unit 4-2 CRM IT的解決方案架構與三個重要構面

一、CRM解決方案架構

經由上述文獻的統整，如下圖所示，將CRM界定為透過資訊科技，將行銷、銷售、顧客服務等系統與流程加以整合，進而能夠提供為顧客量身訂製的服務，並且提高顧客服務品質，以提升顧客滿意度與忠誠度，最後以達成增加企業經營效益為主要目的。

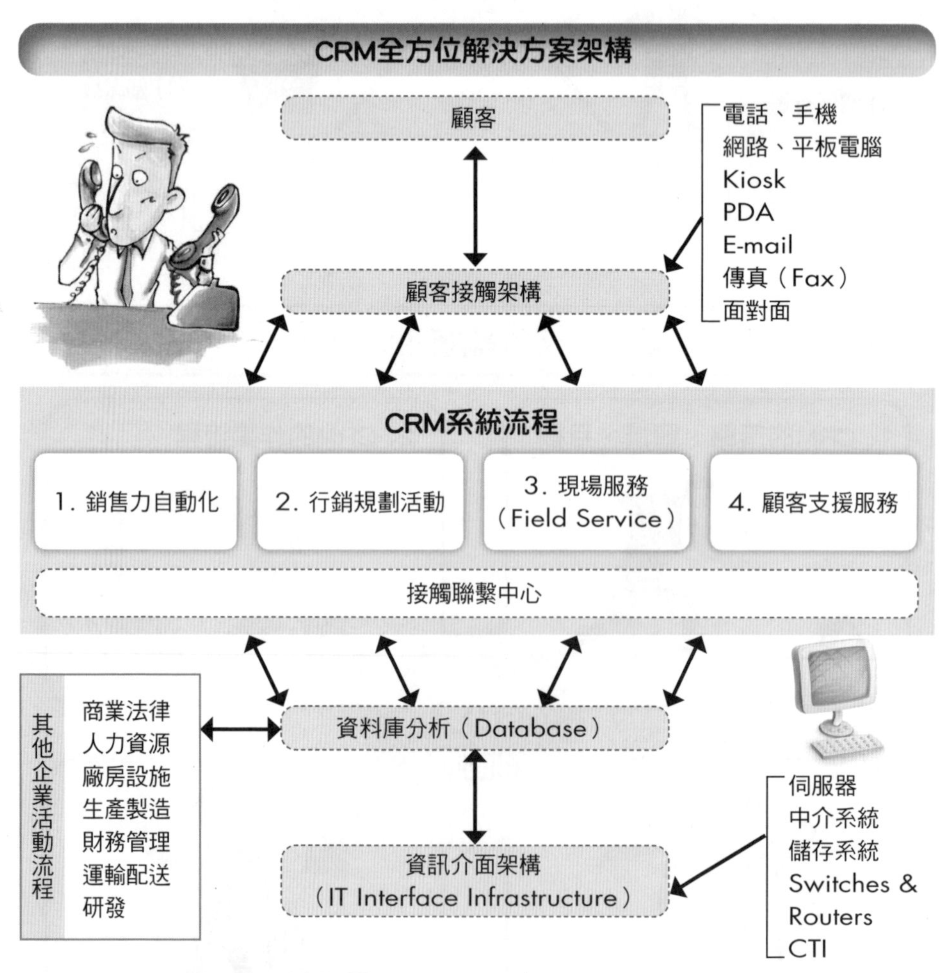

二、CRM的三個重要操作構面

CRM應包括三個重要構面：1.前端接觸面向；2.核心運作面向；3.後端分析面向，如右上圖所示。

CRM的三個重要構面

前端接觸（Communication CRM）

- CTI
- Net Banking
- e-Commerce

核心運作（Operational CRM）

- 顧客管理
- 行銷管理
- 銷售管理
- 服務管理

後端分析（Analytical CRM）

- Data Mining
- OLAP
- EIS

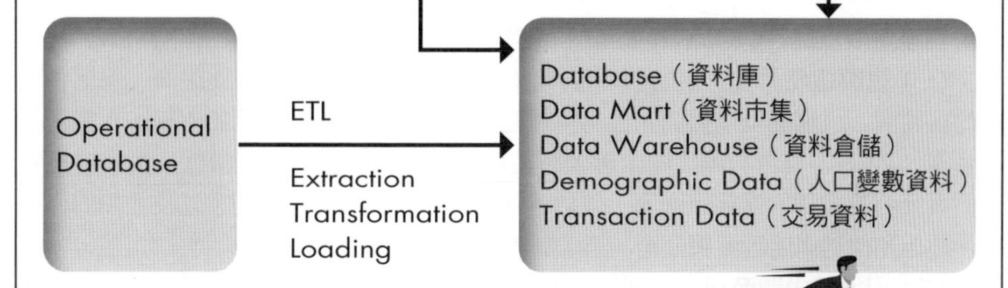

CRM的解決方案架構

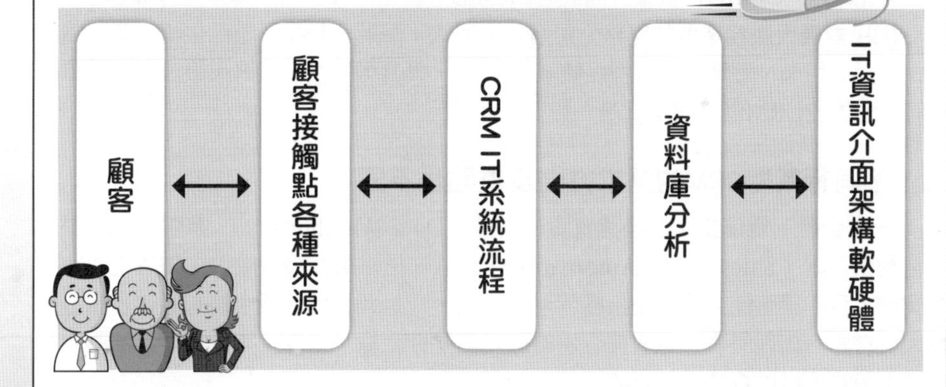

CRM的三個重要先後順序操作構面

1. 前端接觸來源及管道

2. 核心運作系統各式管理

3. 後端分析系統與輸出表單

Unit 4-3 從產業價值鏈看CRM的對象

其實顧客關係管理的對象，在實務上並不是只針對最終端的消費者而已，因為產業的價值鏈中，各階層都有他們所謂的顧客，而這些顧客，有些並非是消費者，而是通路中間商，包括各地區經銷商、代理商、零售商、大賣場及連鎖店等。

一、產業價值鏈下的CRM四種對象

從產業價值鏈看CRM的對象有以下四種：

(一) 對製造商而言：他的CRM對象主要是幫他們銷售產品的通路商，包括各地區的經銷商、代理商及中盤商，也有可能是大型的連鎖零售商。例如：統一企業、金車企業、P&G、聯合利華、味全等大製造廠，他們的顧客其實有兩種，第一層是幫他們賣東西及進貨的通路中間商，包括各縣市食品、日用品經銷商，以及連鎖的大賣場、超市和便利商店等零售公司。第二層才是最終的消費者。

(二) 對通路中間商而言：例如：大型的經銷商或代理商，他們的CRM顧客就是下游通路的零售商。

(三) 對通路最下游的零售商而言：例如：統一超商、家樂福、愛買、大潤發、全聯、新光三越、SOGO百貨等，他們的CRM顧客就是一般消費大眾或目標顧客。

(四) 對廣大服務業型的服務公司而言：例如：華航、長榮、王品牛排、威秀電影城、銀行信用卡、遊樂區、各種媒體業、KTV、麥當勞速食、人壽保險公司、汽車銷售等，他們的CRM顧客對象就是一般消費大眾。

二、不同行業對CRM的需求方向及重點也不同

(一) 金融、電信業：已經建置資料倉儲（Data Warehouse）、客服中心、銷售力自動化系統（Sales Force Automation，SFA，通常用在製藥業）。SFA主要在強化業務人員的銷售能力。這是接觸管理的一環，凡是與客戶接觸中的有意義資訊都要輸入資料庫，如理財專員每次與客戶的談話都要做紀錄、文件化等，公司為了強制要求留下紀錄，可以將其列為考績。

(二) 製造業：製造業分為代工（OEM）與自有品牌（Brand）兩種，需求不盡相同。代工業者通常只服務少數幾個主要客戶（Key Account），客戶數只有個位數，但是，其中牽涉的流程和部門卻相當複雜，因此重視的是透明度和效率。品牌業者則除了做B2B（企業對企業），還要做B2C（企業對個人），有直接面對消費者的需求。

(三) 零售業：資料倉儲、模式分析、顧客忠誠度計畫（Loyalty Program）、行銷活動管理（Campaign Management）及資料採礦。

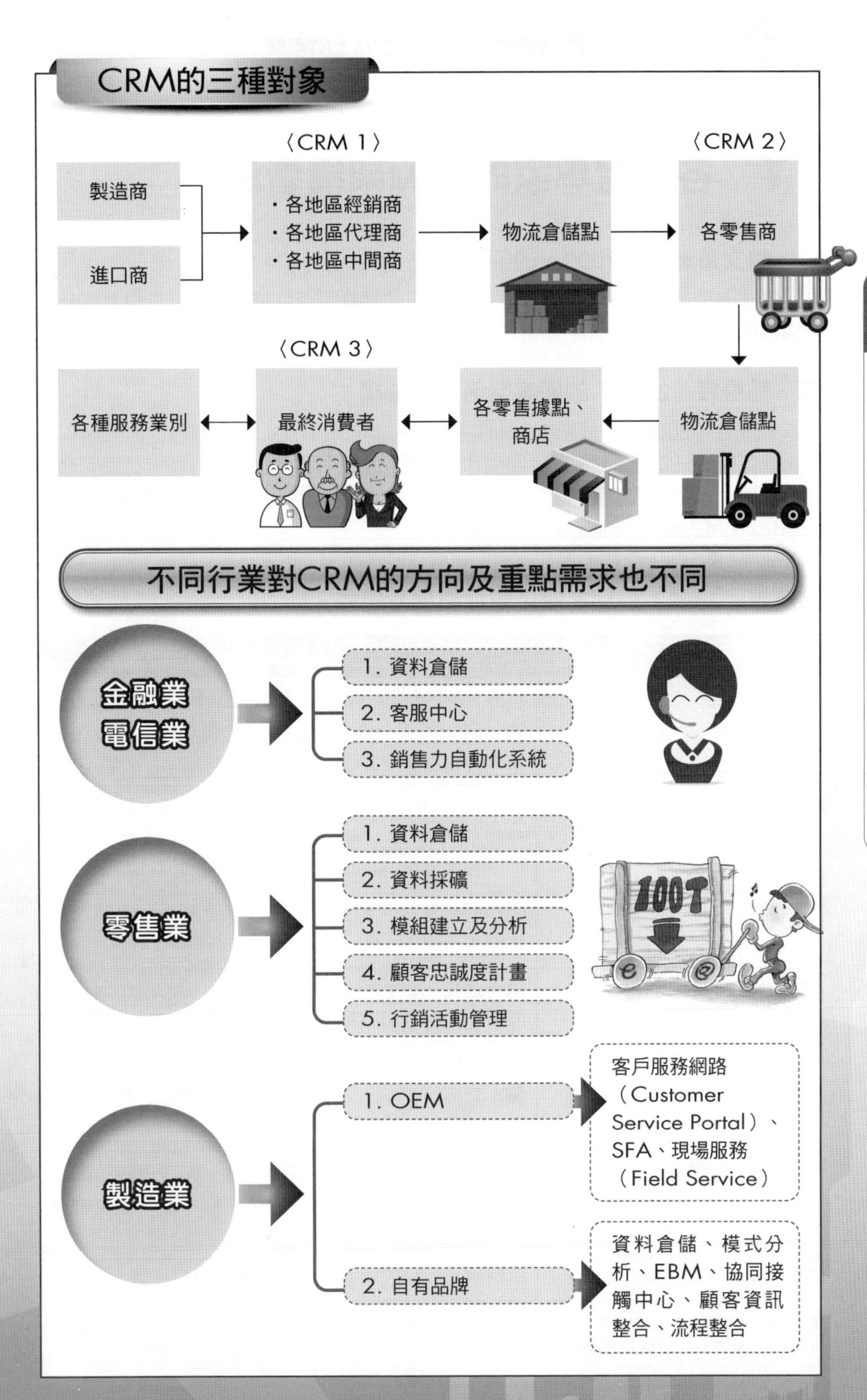
CRM的三種對象
〈CRM 1〉
〈CRM 2〉
製造商
進口商
・各地區經銷商
・各地區代理商
・各地區中間商
物流倉儲點
各零售商
〈CRM 3〉
各種服務業別
最終消費者
各零售據點、商店
物流倉儲點
不同行業對CRM的方向及重點需求也不同
金融業
電信業
1. 資料倉儲
2. 客服中心
3. 銷售力自動化系統
零售業
1. 資料倉儲
2. 資料採礦
3. 模組建立及分析
4. 顧客忠誠度計畫
5. 行銷活動管理
100T
製造業
1. OEM
客戶服務網路（Customer Service Portal）、SFA、現場服務（Field Service）
2. 自有品牌
資料倉儲、模式分析、EBM、協同接觸中心、顧客資訊整合、流程整合

Unit 4-4 各學者專家的CRM架構看法

一、陳文華教授（2000）的架構看法

陳文華教授（2000）提出維繫客戶關係的平臺與客戶知識獲取平臺兩大部分來定義CRM的完整架構，如右圖所示。

二、鐘慶霖（2003）的顧客關係管理架構

鐘慶霖（2003）依據Kalakota及Robinson（2001）的顧客關係管理架構為基礎，進而提出一個較完整的顧客關係管理系統架構，內容包含銷售管理、行銷管理、服務管理、合作夥伴關係管理、接觸管理、整合功能模組，以及決策支援功能模式等七項核心作業功能及組成元件，如下表所示。

鐘慶霖（2003）的顧客關係管理架構及組成元件

顧客關係管理基本功能架構	基本功能架構下之組成元件
1. 銷售管理	新產品／服務開發功能、電話銷售功能、交叉銷售、向上銷售、客服中心對外銷售功能、顧客往來基本資料維護、查詢。
2. 行銷管理	市場研究分析調查功能、支援促銷功能、顧客分類分級評等作業、客戶個人資料分析、消費行為分析、客戶價值分析與分級、顧客貢獻度分析。
3. 服務管理	服務體系建立、售後服務與滿意度調查、服務績效管理等。
4.合作夥伴關係管理	銷售通路、供應鏈、通路貢獻度分析、信用額度管理、往來付款帳務管理、歷史資訊查詢等。
5. 接觸管理	包括與顧客互動及接觸的管理，如傳統面對面的接觸、電話、語音、客服中心、電子郵件、ICQ、透過通路夥伴的間接聯繫等。
6. 整合功能模組	必須能達成以下五種有效的整合：顧客內容、顧客接觸資訊、端點對端點的經營流程、延伸的企業或夥伴、系統。
7. 決策支援功能模組	包括傳統的MIS報表、資料倉儲與資料採礦。

資料來源：鐘慶霖（2003），〈顧客關係管理系統建置之研究——以金融控股公司為例〉，國立臺灣大學資訊管理研究所碩士論文。

CRM架構圖

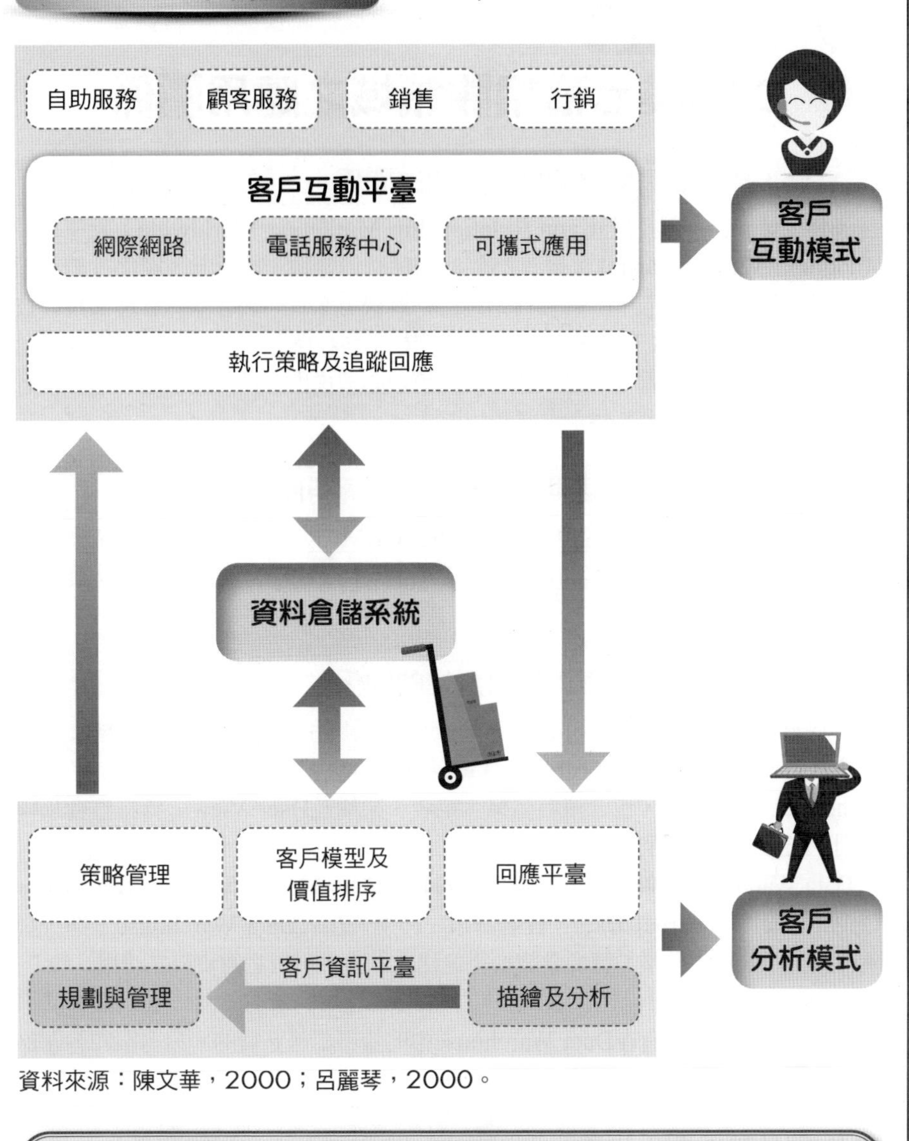

資料來源：陳文華，2000；呂麗琴，2000。

CRM架構及組成元件

1. 銷售管理
2. 行銷管理
3. 服務管理
4. 合作夥伴關係管理
5. 接觸管理
6. 整合功能模組
7. 決策支援功能模組

Unit 4-5 CRM與七種相關領域之應用關係

一、顧客關係管理與關係行銷的關係

麥肯全球關係行銷（MaCann Relationship Marketing Worldwide）營運長潘拉瑞（Pamela Maphis Larrick）擁有25年的關係行銷經驗，她認為，關係行銷和顧客關係管理有著極大的不同。「關係行銷是行銷解決方案，而顧客關係管理卻是科技解決方案，它的基礎在於CRM Software，我們相信科技讓顧客和關係管理這兩項元素能真正結合在一起。最重要的是，顧客關係管理必須提供客戶最具策略、最有創意的解決方案，而它也改變了某些企業經營的形式。」

二、顧客關係管理與一對一行銷或資料庫行銷的關係

「一對一行銷」是運用客戶資料庫來實踐CRM的方法之一。其實，產業界早已注意到顧客需求與資料庫行銷的重要，只是拜Internet的風行與普及，更助長了這個趨勢。

三、顧客關係管理與資料倉儲的關係

資料倉儲（Data Warehousing）將來自不同應用系統之資料，彙整成個數不多但資料量極大之Database Table，且資料將定期性累增。利用Metadata定義Data Warehouse之資料內容，包含資料名稱、定義、架構及User View、資料整合及轉換的規則、紀錄更新及重整之歷史等。

Data Warehousing解決不同來源、不同時期之資料格式及定義不一致之問題。讀取Operational與External Data，經過篩選、轉換、存入Data Warehouse，進行必要之資料整合，一致化及預先轉換彙總模組之建立，方便使用者對資料之使用。

Data Warehouse可能儲存了適於被拿來分析運用的所有資料，但以顧客關係管理的應用而言，並非所有在Data Warehouse中的資料都是必需的，只需跟顧客關係管理有關的資料即足夠。

四、顧客關係管理與資料採礦（Data Mining）的關係

資料採礦（Data Mining）之目的在於對已存在的資料找出有用但未被發掘的模式，並基於過去的活動，藉由建立模型來預測未來，以作為決策支援之用（MIT Press, 1991；defined by William Frawley and Gregory Piatetsky-Shapiro）。

Data Mining可應用於研究檢驗、投資回收、預算規劃及活動執行。由於廣告及行銷部門常花費相當多的金錢對潛在顧客辦活動，為達最好的效果，可使用Data Mining的方法，協助分析行銷對象。

Data Mining提供資料分類（Classification）、資料串聯及分群（Clustering／Segmentation）、資料聯繫（Association）以及次序（Sequencing）等分析技術。藉由挖掘Data Warehouse之大量資料，來發覺採購行為與顧客資料彼此

CRM與七種領域之應用關係

間之相關性，提供回顧追溯分析及預測分析。惟在做Mining時，資料的質與量對於結果的成功比率有相當影響，必須非常注意。

五、顧客關係管理與企業資源規劃（ERP）的關係

分別被稱為前端辦公室應用系統及後端辦公室應用系統的CRM與ERP（Enterprise Resources Planning, ERP），有著非常緊密卻又完全不同目的之合作關係。ERP的重點在於節省成本並將流程自動化，至於CRM整個重點轉移到業績管理、顧客忠誠度及貢獻度分析，帶著企業體朝向更積極面前進。

六、顧客關係管理與企業營運（Enterprise）的關係

有效的資訊系統為不斷突破、成長之必要條件。相信藉由CRM系統之導入及使用，可更有效率地擴充業務版圖，提高顧客忠誠度，以促成企業營運之成功。透過CRM系統，期望能協助企業體以最小成本創造最大價值的客戶滿意。

七、顧客關係管理與電子化企業（e-Business）的關係

從Ravi Kalakata、Marcia Robinson與Don Tapscott的著作《*e-Business: Roadmap for Success*》對e-Business的定義可得知，CRM是其中重要的組成，與ERP站在相對的位置上，為企業內部的資訊應用撐起最扎實的骨幹。

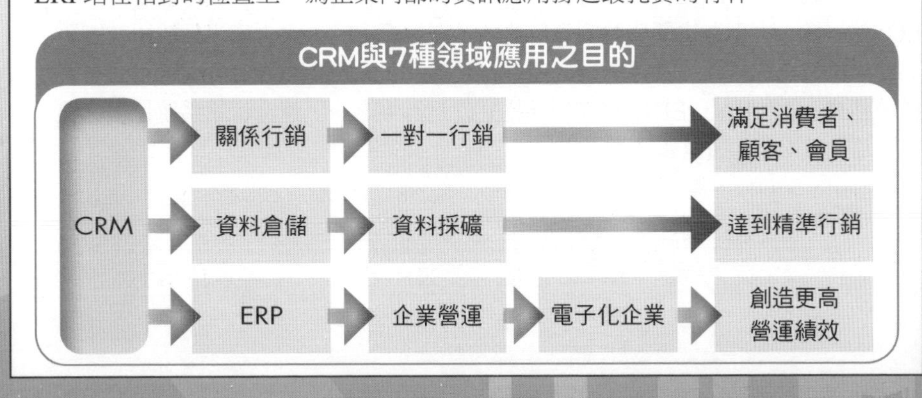

Unit 4-6 IT應用在CRM上的八項範疇之一

安迅資訊系統公司（2005）歸納出他們長期所熟知的CRM工作領域，認為IT應用在企業CRM上，可廣義含括八項範疇，以協助企業發展。

一、銷售點管理系統（POS）

在商品販賣的環節當中，從上游的製造業，到中游的批發物流業，再到下游的零售業，其中與顧客關係最密切且最直接的當屬零售業，而零售業最常用來蒐集顧客資料的資訊技術便是銷售點管理系統（POS）。

所謂POS，是利用電腦處理資料登錄、數據統計和傳送資料的功能，在商品銷售的同時，一方面提供便利的收銀方式，另一方面提供即時資訊蒐集的功能，以便提供後續情報的處理。

以零售業為例，POS會把後臺商品檔的貨號、售價和折扣促銷資料，經由傳輸線路傳給收銀設備，在銷售點則利用掃描設備，自動算出正確的結帳金額，並自動顯示在收銀設備上，做單據列印的動作。

POS系統的後勤支援管理功能若與帳務系統結合，則具有自動結帳的功能。如果與顧客資料結合，便可以做顧客消費能力與消費喜好分析。如果整合銷售資料，亦可以做銷售資料分析與行銷建議。如果與庫存資料結合，也可達到自動訂貨的功能。

二、電子訂貨系統（EOS）／電子資料交換（EDI）

以往在電腦網路不普及的時期，下游的零售商要向上游的供應商訂貨時，最常使用三種方式：一是電話叫貨，由供應商自行登錄訂單；二是零售商以手稿抄寫的方式，或者由供應商業務員抄單的方式，將訂單傳遞到供應商總公司登錄；三是零售商以傳真方式向供應商訂貨；這些方式容易造成如右圖所示的四個缺點。

基於上述因素，在商業自動化的革新風潮中，EOS與EDI便被用來解決這些問題。

所謂EOS／EDI，指的是一套依賴電子連線取代人力送單、取單或郵寄、傳真的即時性訂貨系統。EOS與EDI的差別，只在於是否有共同標準規範可資遵循。一般稱EOS的系統，上下游之間傳遞的資料格式是自行訂定的，適合資訊系統比較簡單、交易關係比較單純的貿易夥伴；至於EDI的系統，上下游之間傳遞的資料格式有公定的標準格式，比如UN／EDIFACT標準格式就是其中之一，適合資訊系統比較完整、交易關係比較複雜的貿易夥伴。

四個顧客關係管理的步驟表

管理顧客關係及相關知識資產的步驟	可以運用的資訊科技與方法
1. 資料、資訊的蒐集 	△資料蒐集（**Data Collection**） ・銷售點管理系統（POS） ・電子訂貨系統／電子資料交換（EOS／EDI） ・企業資源規劃（ERP） ・顧客電話服務中心（Call Center） ・信用卡核發（Card Issue） ・市場調查與統計 ・網際網路客戶行為蒐集（Web Log） ・傳真自動處理系統 ・櫃檯機（Kiosk）
2. 資料、資訊的儲存與累積 	△資料庫（**Data Base**） ・資料倉儲（Data Warehouse） ・資料超市（Data Mart） ・知識庫（Knowledge Base） ・模型庫（Model Base）
3. 資料、資訊的吸收與整理	△資料採礦（**Data Mining**） ・統計（Statistics） ・學習機制（Machine Learning） ・決策樹（Decision Tree）
4. 資料、資訊的展現與應用 	△資料的展現（**Data Visualization**） ・主管資訊系統（EIS） ・線上即時分析處理（OLAP） ・報表系統（Reporting） ・隨興查詢（Ad Hoc Query） ・決策支援系統（DSS） ・策略資訊系統（SIS） ・網路客戶互動服務（Web-based Customer Interaction）

資料來源：林義堡（2005），《運用IT推動CRM》，頁62。

知識補充站

電子訂貨未普及前的缺點

電腦網路不普及的時期，左文提到廠商訂貨方式容易造成四個缺點：1.手稿抄寫如果筆跡潦草不清楚，容易辨識錯誤，致使後續訂單處理作業也會發生錯誤；2.需要業務員線上即時處理的人工成本高，而且人工可同時處理的業務量也有限，故會造成業務成長不易；3.零售商與供應商都需要在自己的資訊系統裡登錄訂單，如此會造成雙方人力重複。如果雙方登錄內容不一致，更會影響後續的訂單處理與帳務稽核，以及4.因為雙方資料傳遞時間長，因此造成訂貨前置時間拉長，零售商也因而必須準備較大的安全庫存量。

Unit 4-7 IT應用在CRM上的八項範疇之二

三、企業資源規劃（ERP）

所謂ERP系統，就是將企業內部各個部門的資訊，包括財務、會計、銷售、客服、品管、業務、製造和人事薪資等，利用資訊技術整合、連結在一起。透過ERP系統，所有人只要有帳號與密碼，在一定權限範圍內，便可輕易從電腦上得知各部門的相關資料。例如：訂單及出貨的情形、顧客的接觸狀況與反應問題等，不僅可避免資源的重複浪費與不一致，而且顧客服務窗口還能利用這些資訊提供最佳的服務。此外，管理者也可以利用這些資訊做出最好的決策。

四、顧客服務電話中心（Call Center）

在許多企業當中，與顧客接觸最直接的單位之一是顧客電話服務中心。顧客電話服務中心是透過電話系統，以語音的方式接觸顧客、透過電腦的方式記錄顧客的資料，以及藉由傳真的方式接收或傳遞資料。但是這些服務方式也容易造成下列幾個問題：1.重複詢問顧客問題與基本資料，容易引起顧客的不耐與反感；2.無法掌握與顧客的交談紀錄；3.顧客反映的問題可能記錄不完整，造成事後追蹤不易；4.顧客電話服務中心的人員流動時，資料交接不易，新進人員招募訓練困難，以及5.資料無法充分應用於公司內部其他業務上。為了解決這些問題，因而產生所謂電腦電話整合（CTI）技術。至於什麼是CTI，茲說明如右圖所示。

五、企業智慧（BI）、資料倉儲、資料超市、線上即時分析處理（OLAP）

隨著資料的日益累積，以及商業運作需求的日益增加，傳統的管理資訊系統（Management Information System, MIS），已經面臨下列的問題與挑戰：1.由於一般公司的資訊系統通常是逐年階段式建置發展，因此多年來顧客資料可能存放於不同的系統中，結果是各種資料分布在不同的作業平臺，並且利用各種不同的資料格式存放，造成資料的整合不易；2.大量的重複資料，或者資料不完整的問題，皆造成資料的立即可用性降低；3.傳統MIS的開發技術通常是產生固定式的報表，但隨著日漸增多的商業運作需求，冗長的報表撰寫時程已經不符合公司的決策需求；4.主管的思考角度通常並不固定，會隨著所看到的資料內容而有不同的思考方向（Data Driven），因此需要提供多種角度（Multi-Dimension）的動態資料，作為決策支援的參考；5.有人稱網際網路時代為資料洪流的時代，現實世界的資訊總量，以每二十個月增加一倍的速度成長。以CRM相關的資料為例，它包括了商品、客戶和銷售相關的資訊，這些日積月累的資料資產，無法以傳統的資訊系統來提供快速、準確、詳盡的情報。

基於上列因素，因此自1990年代開始，資料倉儲與線上即時分析處理（OLAP）等相關的企業智慧技術開始蓬勃發展，而且開始運用到商業用途上。

ERP企業全方位資源整合系統

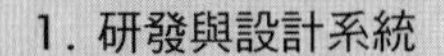

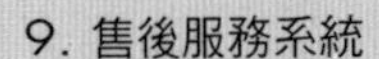

2. 零組件採購系統

3. 生產製造與組裝系統

4. 品管系統

5. 倉儲、出貨、物流系統

6. 銷售系統

7. 會計／財務系統

8. 人事、出勤、薪資系統

ERP全方位資訊系統

顧客客戶系統

CRM系統

BI商業智慧系統

ERP可以使得企業內部資訊的正確性、即時性做得比以前好。如果與供應鏈管理（Supply Chain Management, SCM）或B2B系統相結合，利用網路與系統的有效整合，可以達到真正的水平與垂直整合。

什麼是CTI？

所謂CTI（Computer Telephone Integration），就是將電腦、語音、傳真、通信、網路及資料庫等技術做整合運用的一種服務方式。CTI除了可以做自動話務分配、自動語音查詢和電話交易等電話業務，同時也整合了工作流程、傳真、電子郵件等工具，最重要的是其能與資料庫充分結合，使得所有與顧客關係管理相關的資料，皆能被完整地加以蒐集、累積、分析與應用。

CTI與資料庫結合之後，可以在通話時記錄顧客來電時間、來電次數、來電問題種類和來電對象，接著交由電腦做對談內容的交叉分析，以作為公司產品品質改善、顧客服務品質的稽核參考。同時透過自動外撥、自動語音市場調查的方式，一方面大量節省人工外撥的人力與時間，另一方面自動交由電腦記錄與分析，節省時間成本，也提供了完整的資訊，作為後續資料庫行銷的參考。

Unit 4-8 IT應用在CRM上的八項範疇之三

六、主管資訊系統（EIS）、策略資訊系統（SIS）、決策支援系統（DSS）、報表系統、隨興查詢

資料的最終價值是要被妥善應用，而資料在被應用之前，需先以某種形式呈現給最終使用者。如果依照資料呈現的方式與深度來區分，可以將系統區分成Ad Hoc Query、Reporting、EIS、SIS、DDS等層次。

關於隨興查詢（Ad Hoc Query），指的是利用資料庫查詢語言與資料庫查詢介面，直接對資料庫或資料倉儲做任意的、隨機的交談式查詢動作，這種介面比較適用於無現成系統可提供需求時的臨時性動作。而所謂報表系統（Reporting System），其核心功能是產生固定格式的報表，這種系統比較適用於需要長期性與固定性查看某些資料的情形。

主管資訊系統（EIS），顧名思義是提供給高階主管使用的。EIS的核心功能是要透過更簡單、更美觀的操作方式，協助主管掌握公司內部正確資訊。而策略資訊系統（SIS）則是參酌許多整體及市場環境諸多外部資訊，包括顧客、競爭者和市場等資訊，使企業主管除了能用滑鼠輕易查詢公司內部資訊外，亦能查到外部資訊，以便研擬策略性的決策。至於決策支援系統（DSS）的主要功能，則是將回顧性的歷史資料變為前瞻性的預測性資訊，或者主動提出建議性的資訊，比如銷售預測、市場需求預測和經濟預測等，都是DDS的例子。所以，DDS是策略資訊系統（SIS）的擴展與延伸，除了提供更精確的外部資訊之外，更提供了前瞻性的資訊。

七、資料採礦（Data Mining）

資料採礦又稱為資料庫知識發覺（Knowledge Discovery in Database, KDD），其目的為針對資料庫當中的資料做分析處理，然後找出尚未被發覺的知識。資料採礦有很多種方式，其運用方式茲說明如右。

八、網路客戶互動服務（WCI）

市場上出現以網路互動為核心的新興客戶關係管理產品，有人稱為「互動式網路客戶關係管理」，也有人稱為「網路客戶互動服務」。

WCI主要是提供企業與客戶在網站接觸時的整合服務，舉凡電子郵件回覆管理（E-mail Auto Reply）、線上交談服務、語音傳輸、同步網路瀏覽引導客戶線上消費（Web Collaboration）、自動化客戶服務系統、個人化服務、個人化資訊管理及問答集（FAQ）等機制的整合，都屬於WCI的範疇。WCI的目的主要是以最少的人力服務極大數量的客戶，並以網際網路來管理客戶，利用一連串的工具、系統與解決方案，與其客戶透過網際網路進行數位化互動。

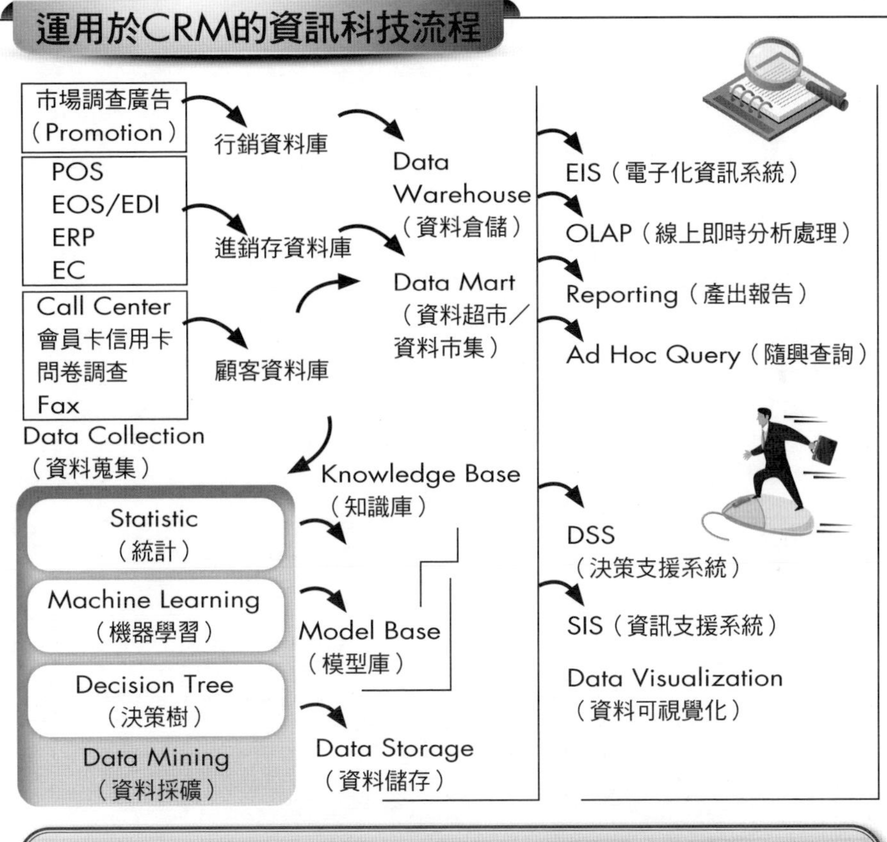

IT應用在CRM上的8項範疇

1. 銷售點管理系統（Point of Sale, POS）
2. 電子訂貨系統（Electronic Ordering System, EOS）／電子資料交換（Electronic Data Interchange, EDI）
3. 企業資源規劃（Enterprise Resource Planning, ERP）
4. 顧客服務電話中心（Call Center）
5. 企業智慧（Business Intelligence, BI）、資料倉儲（Data Warehouse）、資料超市（Data Mart）、線上即時分析處理（On Line Analytical Processing, OLAP）
6. 主管資訊系統（Executive Information System, EIS）、策略資訊系統（Strategic Information System, SIS）、決策支援系統（Decision Support System, DSS）、報表系統（Reporting）、隨興查詢（Ad Hoc Query）
7. 資料採礦（Data Mining）
8. 網路客戶互動服務（Web-based Customer Interaction, WCI）

資料採礦有很多種方式，如利用統計（Statistics）或人工智慧（Artificial Intelligence, AI）等方法，而其最終結果可以分成五大模型：分類（Classification）、預測（Forecasting, Predictive）、分群（Clustering, Segmentation）、關聯性分析（Association Analysis），以及順序分析（Sequential Modeling）等。

第 5 章

建立CRM的步驟、流程暨CRM成功與失敗因素

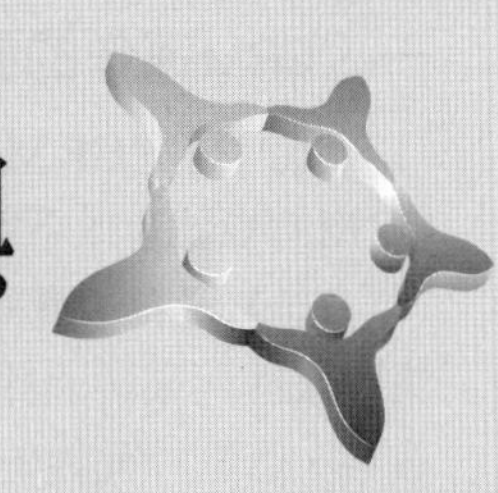

章節體系架構 

Unit 5-1 CRM運作四步驟與導入四大循環

CRM可從管理知識資產的角度及技術角度來說明其步驟與循環。

一、CRM運作的四個步驟

專門研究CRM的專家林義堡（2005）認為，若從管理知識資產的角度來看，CRM的步驟有以下四項：

(一) 資料、資訊的蒐集：知識是經由資料（Data）與資訊（Information）的蒐集與整理而來，因此，第一個重要的課題便是如何即時、全面和便利地蒐集顧客相關資料，否則片面性的資訊可能無法含括所有的服務需求。延遲的資訊可能延誤商機，不便利的資料蒐集方式也可能使成果大打折扣。

(二) 資料、資訊的儲存與累積：資料的儲存，關係到後續資料使用的便利性，因此，如何適當、安全地儲存也是個重要的步驟。適當的儲存方式能讓後續的資料處理速度加快，而安全的資料控管方式也才可保障商業的機密。

(三) 資料、資訊的吸收與整理：整理各種資料與資訊、萃取其中精華並且將其制度化，同時找出不易理解的隱藏知識等，皆是提升企業競爭力與提供主動關係行銷的重要課題。

(四) 資料、資訊的展現與應用：資料蒐集的最終目的是應用，因此，透過使用者親和性高（User Friendly）的介面，即時、安全與方便地將資訊與知識等整合性的資訊呈現給最終的使用者，是非常重要的環節，同時這個程序也影響到整個系統的成敗。

二、CRM導入四大循環——安迅資訊系統公司

NCR安迅資訊系統公司（2000）從技術角度出發，認為導入顧客關係管理有以下四大循環：

(一) 知識探掘（Knowledge Discovery）：擁有一個龐大且能隨時更新的客戶資料庫，盡可能地反映客戶的全貌，進而產生各種綜效，幫助決策者做出決定。

(二) 市場行銷計畫（Market Planning）：有了詳盡的顧客資料，即可用來設計新的行銷計畫，擬訂一個與客戶有效溝通的模式，再依客戶之反應，進一步設計出促銷活動的型態，並找出較有效的行銷管道與吸引顧客上門的誘因。

(三) 顧客互動（Customer Interaction）：執行行銷策略後，並以各種方式與客服或是業務應用之軟體，持續與顧客保持互動，讓顧客有受到重視的感覺；同時記錄顧客之反應或是更新其資料，以提高顧客的忠誠度。

(四) 分析與修正（Analysis & Refinement）：分析與顧客互動所得到的新資訊，並持續了解顧客的需求，然後根據該結論來修正先前所擬訂的行銷策略，尋求新的商機。

CRM運作的四項步驟

從管理知識資產角度來看

1. 對資料、資訊情報的蒐集
2. 對資料、資訊的儲存與累積
3. 對資料、資訊的吸收與整理
4. 對資料、資訊的展現與應用

顧客關係管理的四大循環

1. 知識探掘（Knowledge Discovery）
2. 市場行銷計畫（Market Planning）
3. 顧客互動（Customer Interaction）
4. 分析與修正（Analysis & Refinement）

持續學習 Learning

行動 Action

從技術角度來看

資料來源：安迅資訊系統公司（2000）。

Unit 5-2 CRM的運作循環——麥肯錫顧問觀點

依據麥肯錫顧問公司的建議，要做好顧客關係管理要有一組完整運作流程。

一、蒐集資料

利用新科技與多種管道蒐集顧客資料、消費偏好及交易歷史資料，儲存到顧客資料庫中，並將不同部門或分公司的顧客資料庫，整合至單一顧客資料庫中。

傳統上，企業內各部門或子公司都有自己的資料庫，以便管理。優利公司便指出，有些公司的不同部門甚至會要求公司的老客戶填新的顧客資料表，顧客當然會覺得被忽視。而將各部門的顧客資料庫整合後，有助於將不同部門產品銷售給顧客，也就是交叉銷售，不但可以擴大公司利潤、減少重複行政與行銷成本，更可以鞏固與顧客的長期關係。

二、分類與建立模式

藉由分析工具與程序，將顧客依各種不同的變數分類，勾勒每一類消費者的行為模式，可以預測在各種情況與行銷活動下，各類顧客的反應。例如：藉由分析可以知道，哪些顧客是一收到促銷郵件就毫不考慮地丟到垃圾桶，或是哪些顧客對哪一類的促銷活動有所偏好，甚至哪些潛在顧客已經不存在了。這些前置作業能夠有效地找到適當的行銷目標，管理行銷活動成本與效率。

三、規劃與設計行銷活動

依據上述模式，為客戶設計適切的服務與促銷活動。傳統上，企業對於顧客通常是一視同仁，而且定期推行顧客活動。但在顧客關係管理實務中，這是不符合經濟效益的。

四、例行活動測試、執行與整合

傳統上行銷活動一推出，通常無法即時監控活動反應，必須以銷售成績來斷定。然而顧客關係管理卻可依過去行銷活動資料進行分析，搭配電話作業與網路服務中心，即時進行活動調整。例如：在執行一項行銷活動後，透過打進來的電話頻率、網站拜訪人次，或是各種反映意見的統計，行銷與銷售部門可以即時增加或減少人力與資源的調配，以免顧客向隅徒生抱怨，或浪費資源。而透過電話或網路系統與資料庫的整合，更能即時進行交叉行銷，銷售滿足不同需求的不同產品。

五、實行績效的分析與衡量

顧客關係管理透過各種活動、銷售與顧客資料的總和分析，可建立一套標準化的衡量模式，衡量施行成效。

CRM運作流程的五個步驟（麥肯錫顧問公司）

1. 蒐集資料
2. 分類與建立模式
3. 規劃與設計行銷活動
4. 例行活動測試、執行與整合
5. 實行績效的分析與衡量

以上的各種程序必須環環相扣，形成一個不斷循環的作業流程。

「顧客關係管理」系統架構

「顧客關係管理」系統架構

1. 鞏固及保有現有顧客（Customer Retention）

＊購買通路喜好

＊運用傾向模型（Propensity Model）來減少顧客流失

＊生命週期內購買行為的變化

＊顧客終生價值

2. 贏取最新顧客（Customer Acquisition）

＊整合來自各獨立資料的詳細資料

＊針對新顧客購買行為建立傾向模型

＊確認顧客最可能購買的產品

＊知道顧客何時與某公司接觸，以及如何與他們溝通

3. 增進顧客利潤貢獻度（Customer Profitability）

＊確認獲利最豐的顧客區隔

＊發掘獲利最豐的顧客最可能購買哪些新產品

＊決定行銷經費的最佳分配方式

資料來源：安迅資訊系統公司（1999）。

Unit 5-3 CRM實施步驟及階段——陳文華教授的看法

陳文華（2000）認為顧客關係管理乃是應用資訊技術，大量蒐集且儲存有關客戶的所有資料，並加以分析，找出背後有用的知識，然後將這些資訊用來輔助決策及規劃相關的企業營運活動，並加以實行的一個完整程序。

一、CRM實施步驟

(一) 決定顧客關係管理的目標：企業首先要訂出顧客關係管理欲達成的目標，並予以量化，如增加獲利率、增加顧客數量和提升顧客再購率等明確目標。

(二) 了解改變行銷手法可能的障礙：顧客關係管理講求能在適當的時點，透過適當的通路，針對適當的顧客提供適當的產品，這樣的行銷方式比傳統的大量行銷、目標行銷更能滿足個別顧客之需求。所以，行銷思維從傳統的4P轉換到顧客導向，講求如何提供對個別顧客有價值的產品。

(三) 規劃調整組織及作業程序：在企業考慮調整外部行銷活動的同時，企業內組織的結構和作業程序也需要加以調整。

(四) 利用資訊技術分出顧客群：利用資料挖掘、線上分析處理及統計分析等方法，針對經過整合的資訊找出顧客類別。此方法不同於傳統以地域、人口統計變項方式所劃分的客戶群，而是一個全新且以多個屬性做區分標準的分群方式。

(五) 規劃銷售活動：在對顧客分群後，利用這些資料作為決策的基礎，決定哪些顧客需要加強關係，哪些需要減少，何者未來必須吸引以增加獲利。然後針對特定族群的屬性，規劃銷售活動。

(六) 執行銷售活動計畫：規劃好銷售活動後，應為適應新的行銷手法而調整組織和流程，配合新的銷售活動加以執行。

(七) 監督、控制、反饋：執行之後，必須監督和控制銷售活動的成效，將此次結果記錄下來並回饋給決策階層，作為下次目標制訂和調整的依據。

二、CRM實施階段

另外，陳文華教授（1999）也視顧客關係管理是一個不斷持續改善的過程，分為三大階段，如右圖之說明。

(一) 評估（Assess）：整合企業內、外部資料並針對目標客戶群發展一行為分析模式，同時這也是資訊科技最密集的階段。本階段是了解顧客的基礎及所有知識的來源，也是整個循環中最重要的一部分。

(二) 規劃（Plan）：依據所累積的知識，訂定實際付諸行動的策略。本階段重視規劃人員創意行銷、解決問題的能力。

(三) 執行（Execute）：良好有效率的顧客互動關係，即是計畫執行成功的關鍵因素。

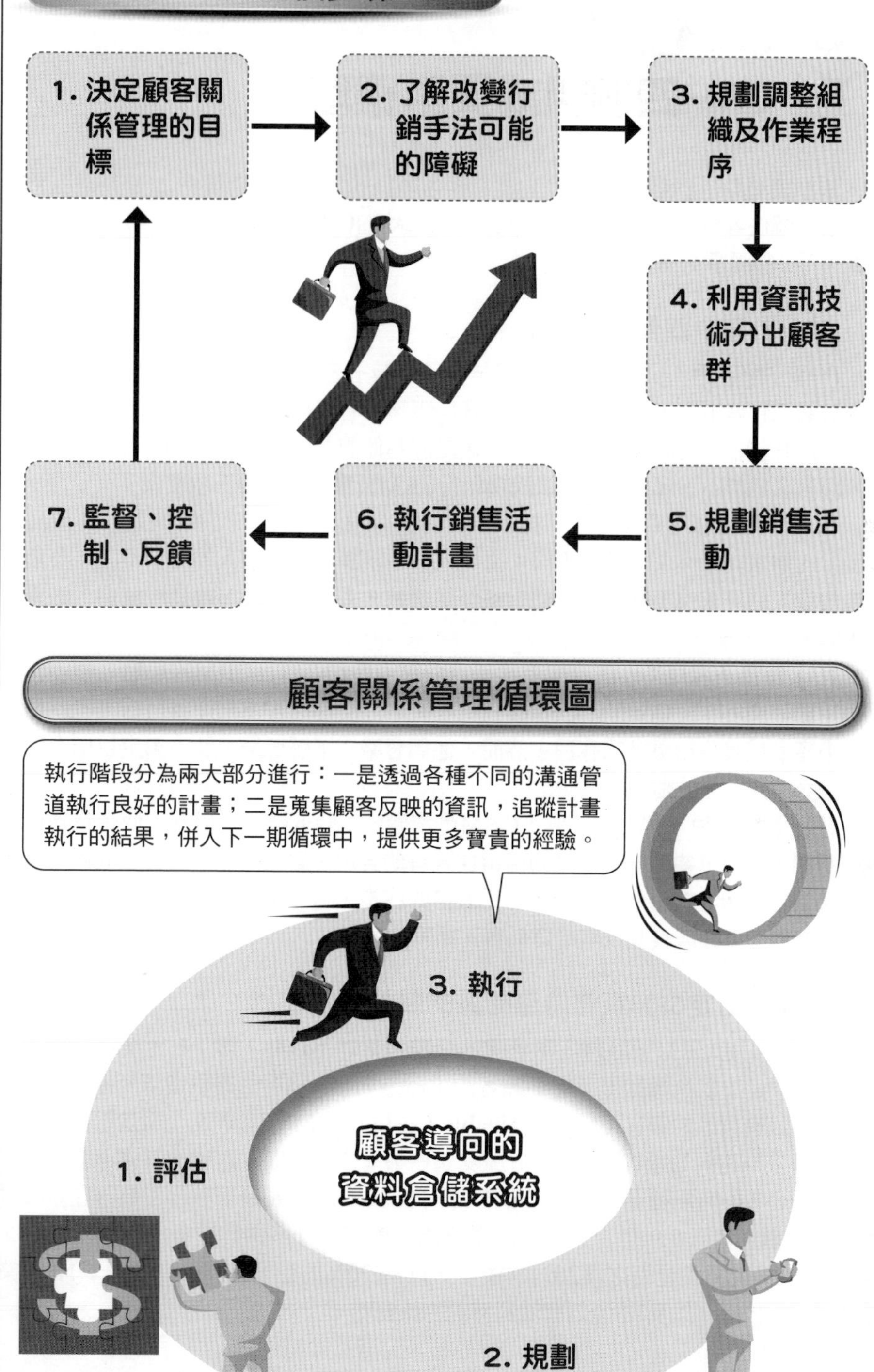
CRM的七個步驟
1. 決定顧客關係管理的目標
2. 了解改變行銷手法可能的障礙
3. 規劃調整組織及作業程序
4. 利用資訊技術分出顧客群
5. 規劃銷售活動
6. 執行銷售活動計畫
7. 監督、控制、反饋
顧客關係管理循環圖
執行階段分為兩大部分進行：一是透過各種不同的溝通管道執行良好的計畫；二是蒐集顧客反映的資訊，追蹤計畫執行的結果，併入下一期循環中，提供更多寶貴的經驗。
3. 執行
顧客導向的資料倉儲系統
1. 評估
2. 規劃

Unit 5-4 CRM四個組成要素循環

依序朝著以下四個階段進行：「了解客戶」、「鎖定目標客戶」、「銷售予客戶」及「留住客戶」，才能建立及維持一個成功的CRM計畫。而每當第一個循環完成後，下一個循環必須接著開始。

一、CRM計畫中四個組成要素

(一) 了解客戶：出乎意料地，這是一個常被遺忘的要素，因為大部分的企業對顧客群關係管理不甚了解，誤以為設立客戶服務中心就可以了。但是大部分的公司發現，客戶服務中心是非常耗損金錢的。這是因為他們並沒有經歷「了解客戶」這個階段，而對客戶群不了解，以致無法成功執行CRM計畫中的其餘三項要素。

(二) 鎖定目標客戶：這是只提供一套專為客戶個人需求所設計的服務與產品。「我」的需求與「你」的需求不同；臺灣人的需求與馬來西亞人的需求不同；泰國人與新加坡人的需求也不同。當我們對每個個體做一番了解之後，會發現每個人的需求皆不同。

(三) 銷售予客戶：大部分的企業都以取得客戶作為實行CRM的起點，他們希望藉由「聯繫中心」（Contact Center）、「網站」及其他管道來達到目的，也就是銷售更多產品或服務給更多的客戶。然而，他們忽略「了解客戶」及「鎖定目標客戶」是兩個必須先經歷的階段。

(四) 留住客戶：如上文所述，CRM是透過成本降低及收入提升，使企業獲得更多的利潤，其中重要的一項便是如何留住既有的客戶。對某些企業而言，取得一個新客戶必須付出相當於留住一個既有客戶五倍的成本，這也是為什麼留住既有客戶群，對於企業的營業額成長及成本的降低有正面幫助。

二、企業在訂定CRM策略時應考慮的問題

企業在訂定CRM策略時，應考慮的問題包括以下幾點，即：1.企業是否以顧客的需求為中心？2.企業是否考慮了顧客的生命週期？3.顧客的終生價值為多少？4.誰是您企業最有價值的顧客（Most Valuable Customer, MVC）？5.企業是否已建立了以顧客需求為導向的顧客關係？6.企業與這些最有價值的顧客之間的關係深度及廣度是否足夠？7.如何加強企業與最有價值顧客之間的關係？8.是否整合了散落在企業內各部門的顧客資訊？9.是否有足夠的資訊能為顧客量身訂做其所需的產品及服務？10.企業80%的利潤是否來自20%的顧客？11.這20%的顧客是誰？在哪裡？12.企業「認得」他們嗎？以及13.他們有受到特別的待遇嗎？

CRM組成循環四個要素

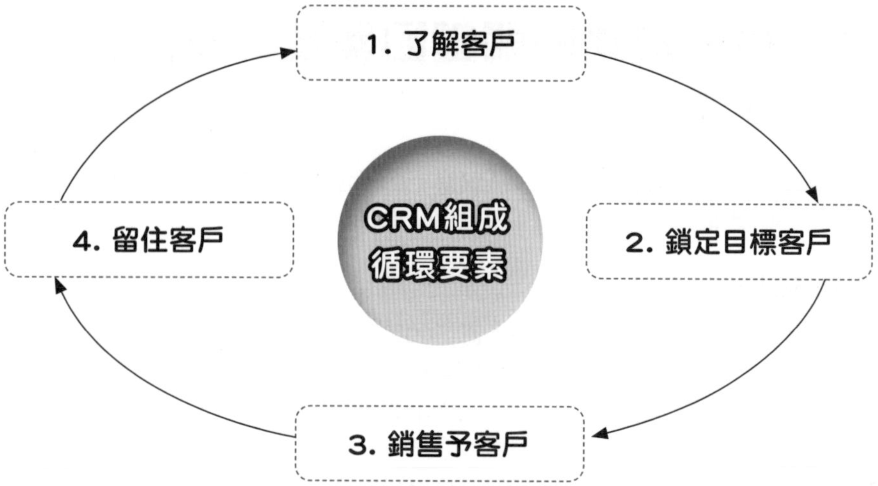

CRM組成循環要素

1. 了解客戶
2. 鎖定目標客戶
3. 銷售予客戶
4. 留住客戶

長期顧客維繫

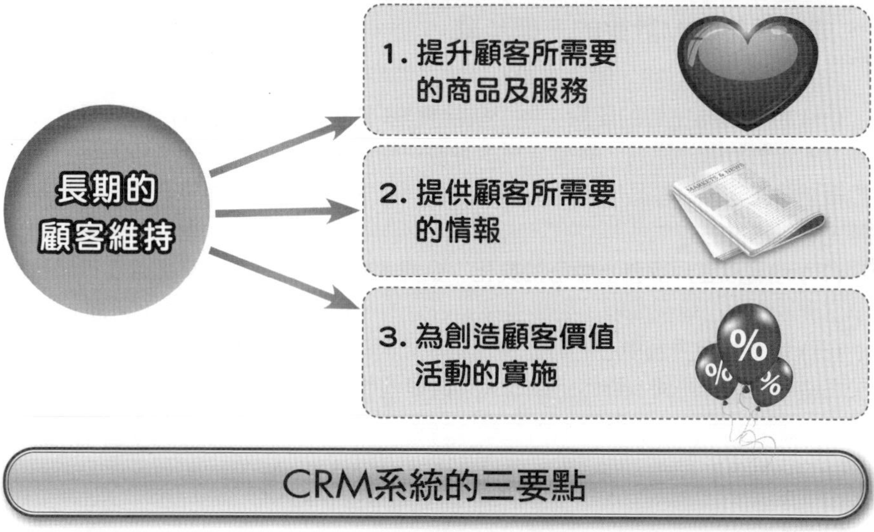

長期的顧客維持

1. 提升顧客所需要的商品及服務
2. 提供顧客所需要的情報
3. 為創造顧客價值活動的實施

CRM系統的三要點

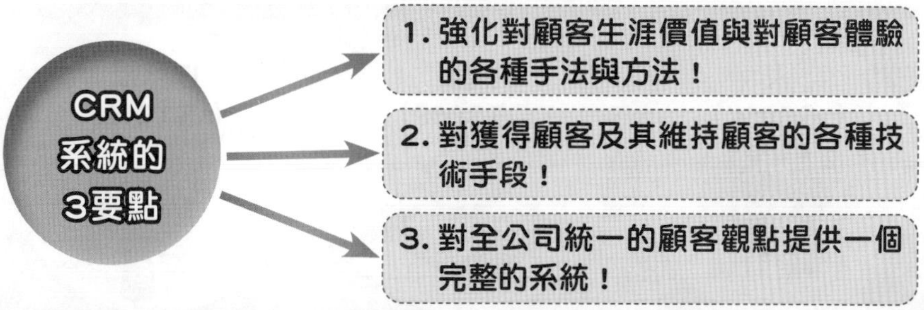

CRM系統的3要點

1. 強化對顧客生涯價值與對顧客體驗的各種手法與方法！
2. 對獲得顧客及其維持顧客的各種技術手段！
3. 對全公司統一的顧客觀點提供一個完整的系統！

Unit 5-5 CRM成功的關鍵因素及CRM實施三步驟

企業必須將成功執行CRM的三項要素牢記在心，即：人、流程及IT科技，三項缺一不可，而更重要的是如何適當地整合這三項要素。

一、CRM成功的關鍵因素

CRM計畫的成功與否，人的因素占了60%，流程因素占了30%，科技因素則約10%。這並不表示可以忽略科技的重要性，科技一樣很重要，沒有了今日現有的科技，企業便無法有效地執行CRM。只不過科技對成功實施CRM計畫的整體貢獻，沒有人及流程來得大。

這三項要素的相對比重，經常被實施CRM計畫的企業所忽略。如果我們分析企業實施CRM計畫失敗的原因會發現，問題並非出在科技上，而是它們對人及流程層面的重視不夠。

二、成功實施CRM計畫的三個步驟

成功實施CRM計畫，簡單來說有以下三個步驟：

(一) 取得高階主管的認同：為了成功實施CRM計畫，必須取得包括董事會在內的高階主管對計畫的認同。只是宣稱本身是一個以客戶為中心的企業是不夠的，還需將組織結構從以往以產品或品牌為導向，轉而以客戶為中心，而這若缺乏高階主管的支持，是無法達到的。

(二) 培育以客戶服務為中心的文化：企業本身是否擁有提供高品質客戶服務的文化？認真地問自己這個問題，如果答案是否定的，企業便需要積極朝這方面著手。

(三) 培育以客戶為中心的觀念：企業該如何改變管理階層及員工的觀念？尤其是對於那些畢生都待在同一特定組織的人，改變他們的觀念很困難，但並非不可能。

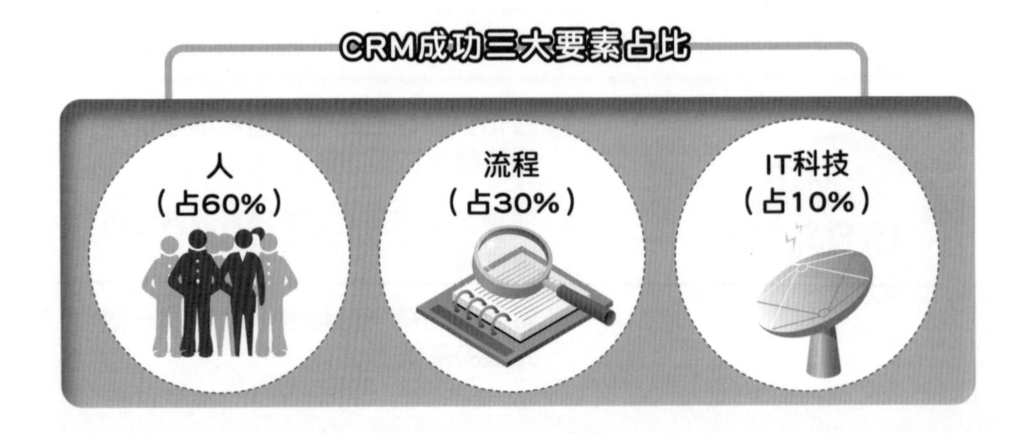

CRM成功關鍵的三大要素

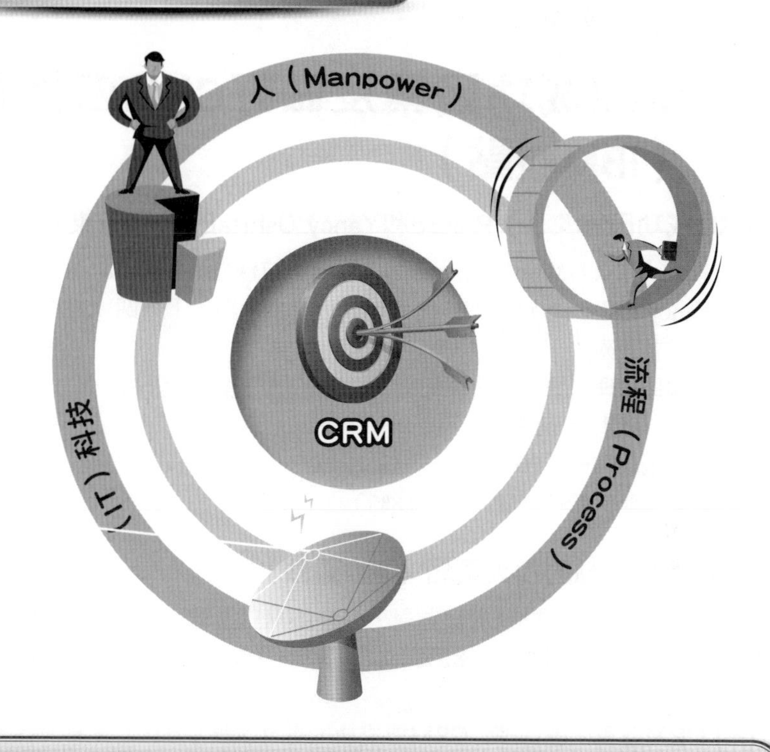

成功實施CRM計畫的三個步驟

1. 取得高階主管的認同 → 2. 培育以客戶服務為中心的文化 → 3. 培育以客戶為中心的觀念

CRM推動成功的要因

1. 高階經營層的承諾與支持！
2. 專責單位與人力的設立！
3. 現場執行單位的教育訓練！
4. CRM資訊系統的任務導入！

→ CRM成功

Unit 5-6 CRM成功因素及做好CRM四大要領（IBM觀點）

一、CRM成功因素：Jay Prasad和Yancy Oshita的研究結果

根據戴頓大學（Dayton University）傑・帕拉沙德（Jay Prasad）博士和嚴西・歐西塔（Yancy Oshita）於1999年所做的研究結果，顯示下列四項是決定顧客關係管理成功的最重要因素：

1.顧客關係管理影響公司決策的能力（25%受訪者如此認為）。

2.成功的科技整合（23%）。

3.強化了策略夥伴（20%）。

4.融合顧客關係管理相關科技（18%）。

二、成功做好CRM的四大要領（IBM觀點）

全球只有15%的企業把CRM做對。根據IBM對全球不同產業的370家企業所做的CRM調查，在歐美和亞洲，85%的公司覺得CRM沒有完全成功。以下提供做好CRM的四項要領：

(一) CRM首重內部管理：CRM要成功，必須以顧客為核心，整合各支援系統，尤其各部門之間的溝通與協調，必須建立一套標準管控流程，避免產生像延遲交貨的情形。如何將最新資訊提供給最需要的人去運用，需要優先解決。

(二) 根據顧客真正在乎的部分做改進：不同產業的顧客對於供應商的期待也不同，例如：同樣講求服務品質，在超級市場重點是貨品齊全、在餐廳是衛生美味、在銀行講求的是速度。因此，管理者應該根據產業特性，將最基本的需求先照顧好，再建立自己的特色。

(三) CRM以人的因素最重要：在成功的要素中，人的因素約占六成；其次是流程，約占三成；最後才是科技，只占一成。這對建置CRM的公司來說是個好消息，因為意味著（與整體CRM建置費用相比）每次只要花小筆經費就能大幅改善CRM的成功率。

(四) 要高層主管從上而下的持續支持：任何規模的CRM計畫都需要從上而下，若是從下而上來做的話，也要獲得公司高層的支持，原因在於CRM的目標、策略與績效衡量都必須結合企業各層級。若員工看不出CRM如何能融入企業中，自然就不會加以運用了。同樣的，若公司高層未明確相信CRM可提升企業整體的價值，CRM就會被其他的工作項目擠下去。

CRM最後一定要能正面刺激公司獲利，否則就白費了大家的努力與投資。CRM的整體目標與價值主張是要「更有智慧地服務顧客，進而使企業有更高的獲利成長」。

做好成功CRM的四大要領

1. CRM首重內部管理

2. 根據顧客真正在乎的部分做改進

CRM的四大要領

3. CRM以人的因素最重要

4. 要高層主管從上而下持續支持

CRM成功的四大因素

4.融合相關CRM的科技程度

3. 強化了策略夥伴的友好關係程度

2. 成功的IT科技整合

1. CRM影響公司決策能力的程度

Unit 5-7 推動CRM成功要素——安迅資訊公司之觀點

安迅（NCR）系統資訊公司認為顧客關係管理之基礎，在於有效地管理顧客資訊。企業將顧客資訊加以分析與彙整，以形成顧客知識。其顧客知識建立之完整與否，將是顧客關係管理之成功關鍵。同時，企業推行顧客關係管理的主要成功因素說明如下：

一、顧客資料庫之建立

企業應建立顧客資訊之資料庫，其中包含顧客購買習慣、顧客偏好及顧客特性之資料。

二、顧客互動

企業應建立與顧客間良好的溝通互動之管道，以讓顧客選擇使用其喜好之管道做接觸。

三、資料庫獲取之便利性

企業應建立使所有組織內與顧客互動之人員能即時儲存與獲取資料之資料庫，俾利與顧客建立良好的互動。

四、顧客區隔

企業應依據顧客之利潤貢獻度及顧客終生價值做群組之區隔，並依群組提供適當之服務。

五、高階管理層支持

企業推行顧客關係管理時，應有高階管理者之參與和支持，並編列長期預算與支出，以利管理活動持續地進行。

六、驗證績效

企業實施時，應採用公正的方式，並建立實驗組與對照組做比較，以驗證推行之績效。

CRM成功六要素

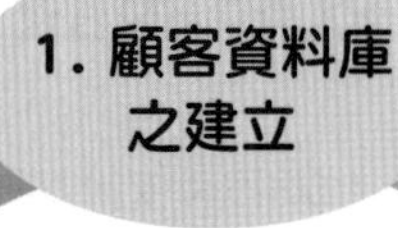

2. 顧客互動

6. 驗證績效

5. 高階管理階層的支持

3. 資料庫獲取之便利性

4. 顧客區隔

CRM顧客分群成功

依照營收、毛利或利潤貢獻度

・顧客分群

・顧客分級

提供適當的行銷回饋及服務回饋

Unit 5-8 CRM的七大致命錯誤

美國CRM顧問專家Jill Dyche（2005）依據其輔導企業實務的經驗，列出下列七大推動CRM無法成功的致命錯誤。

錯誤一 未能訂定顧客關係管理「策略」

錯誤二 未能管理員工的「預期心理」

錯誤三 未能定義「成功標準」

怎樣才算成功的顧客關係管理？如何知道已經達到成功的定義？即使主事者了解顧客關係管理應用在不同目標是不一樣的方式和效果，但也不一定能分辨出交叉銷售增加和獲利率提高的差別，就像季節性行銷卻期望當時的顧客忠誠度、顧客價值和獲利率都成為一年四季的常態，也是非常不合理的。企業必須訂定出顧客關係管理計畫不同的成功標準，譬如：分辨出提高顧客獲利率和改善顧客滿意度是不同的，然後再以各項標準評估個別計畫和狀況。

錯誤四 輕率地決定應用資訊服務「供應商」

企業一般都沒有歸納出應用資訊服務供應商的優點和缺點，許多大型公司往往認為應用資訊服務供應商只服務一些小型公司，或是類似網路公司這類缺乏有力之資訊科技架構的企業；但中小型企業卻認為應用資訊服務供應商是很花錢的，而忽略了採用後潛在的撙節成本能力；甚至還有許多公司低估了內部的資訊科技資源和技術，而一味地跳上應用資訊供應商的列車。以上這些想法都是不正確的，應該先了解應用資訊服務供應商模式的優缺點，再根據自己公司的商業和功能需求，決定是否採用應用資訊服務供應商。

錯誤五 未能改善「企業流程」

「遵循前人的足跡走」，這句諺語應用在這裡就是個大錯誤。顧客關係管理不應該只是在公司全部既有政策上疊床架屋，而是要在企業中另外形成正式、快速自動化且顧客導向的企業流程，必須要大幅地修正和持續地精簡企業流程，讓顧客關係管理科技融入作業流程，但千萬不要落入「有了科技、萬事OK」的陷阱，誤以為科技可以解決一切，因為顧客才是考慮流程的一切根本。

錯誤六 缺乏「資料整合」

所謂有效的顧客導向決策，是了解和整合顧客來自不同接觸點的各種資料，但目前許多公司都有不同資料存放在各個不相連系統和平臺的問題，這是最大的困境。切記雖然從公司內部各個系統中找出所有相關資料並予以整合的確是件難事，但這對顧客關係管理來說真的非常重要。

錯誤七 未能持續在企業內部盡可能地進行「CRM社會化」

CRM的七大致命錯誤

一、未能訂定CRM的策略

如果只定義出顧客關係管理對公司的意義，但卻沒有一致共識的策略，那麼眼前的顧客關係管理這條道路可不好走。許多企業經常誤解商業需求而低估顧客關係管理的複雜度，因此必須在企業內部取得一致的長期策略，接受顧客關係管理所需的時間絕對比想像要長這個觀念，耐心地推動計畫，最終才會達到節省成本和時間的目標。

二、未能管理員工的預期心理

許多企業採取嚴謹的規劃和發展，卻忘了對企業內部部署顧客關係管理系統。顧客關係管理推出之時，技術部門就應該對使用者如銷售人員發送電子郵件或以其他方式，宣布新的銷售自動化產品訓練課程，這在交付過程之前和當中都是非常重要的。使用者一定要成為顧客關係管理專案的參與者，從規劃、發展到部署等全程加入，因為如果到了已發生在終端使用者的困擾，將是很難挽回的局面。

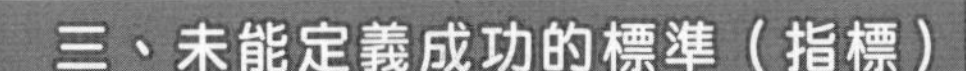

CRM的七大致命錯誤

三、未能定義成功的標準（指標）

四、輕率地決定應用資訊服務供應商

五、未能改善企業流程

六、缺乏資料整合

七、未能持續在企業內部盡可能地進行CRM社會化

顧客關係管理（CRM）並非有完成截止日期的計畫，它是必須持續進行的過程，由成功的一步推動下一步的成功。要促使計畫不斷進展，最好建立顧客關係管理「內部公關」這個職位，盡量和管理階層以及決策者溝通顧客關係管理，潛在地影響他們在功能及資料等需求方向上更加顧客導向。透過發出內部新聞信函、進展會議或網站，持續公布顧客關係管理的最新動向和概況。千萬不要吝於促銷顧客關係管理，因為要等到確實改善顧客經驗或提高銷售等實質成效出現，需要很長一段時間，在此之前，必須先大力提倡和推動顧客關係管理。

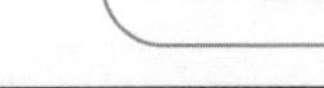

Unit 5-9 CRM的主要七項障礙

美國CRM顧問專家Jill Dyche（2003）認為企業在推動CRM的過程中，會遇到下列幾點障礙。

有許多問題都可能造成一項立意良好的顧客關係管理計畫進行不順暢，甚至被破壞，而所謂4P是這當中影響計畫的最主要因素，即流程、認知、隱私和策略。

障礙一：流程（Process）

在進行顧客關係管理當中最常碰到的問題是，企業行動過於緩慢，甚至不願調整作業流程來支援改善顧客關係，部分是因為不願了解公司的作業流程有許多需要改進之處。

有些企業因為在了解和定義企業流程當中不夠清楚，犯了購買一些重複支援的顧客關係管理產品的錯誤，因此隨意調整企業流程之下，不一定適合新的計畫或觀念。

障礙二：認知（Perception）

企業裡的終端使用者必須視顧客關係管理為一項有用工具，而非又是一些空泛的公司政策。如果把顧客關係管理當作公司政令頒布的話，通常是不會有用的。在企業採行顧客關係管理後，員工必須儘快能夠使之發揮效果，縮短相同工作所需時間、簡化流程並加強顧客關係。

員工認識並接受顧客關係管理後，顧客才能感受到，畢竟顧客對公司的觀感是決定他是否會再回頭的關鍵。顧客關係管理未能建立的結果，就是毀掉顧客對公司產品或服務的印象。

障礙三：隱私（Privacy）

不論企業是否在意隱私問題，均是管理上的威脅。根據美國2000年的一項調查結果顯示，94%的受訪者都傾向懲罰那些違反隱私權的企業，甚至高階主管。在這項議題愈來愈受重視的時候，究竟要如何確保隱私權管理不會阻礙公司的顧客關係管理計畫？

和顧客關係管理一樣，隱私權也是非常重要的議題之一。部分網路公司已經將顧客特定資料消除掉了，一些顧問公司則提供隱私稽核服務，一大批專精網路隱私法的法律事務所也如雨後春筍般地成立。

一些消費者保護團體更從未放棄爭取隱私權，他們持續地公布各種提醒消費者的訊息，並大力推動更嚴格的管理措施。

障礙四：策略（Strategy）

在長期以來一次又一次地參與各家企業的顧客關係管理計畫，或者全程引導公司實施顧客關係管理後，不論是什麼類型的公司、部門或全公司的計畫或者是任何目的和需求，可以確定的是：最糟的是隨意型的顧客關係管理計畫，也就是計畫任意發展、採用公司多餘的預算而且沒有專案人員負責。通常會發生這類狀況，多半是企業有緊急需求但卻高度輕視，無法以適當方式進行顧客關係管理，常常是公司中某個部門甚至個人覺得需要顧客關係管理的功能，即著手進行而未做事前調查，甚至根本不知道其他部門已經在進行相關計畫。

雖然**4P**是顧客關係管理成功的主要障礙，但仍有其他一些問題會阻礙顧客關係管理計畫順利進行。

障礙五：缺乏顧客關係管理的「整合」（Integration）

根據最近對全球兩千大企業調查發現，極少數企業確實做到緊密地結合線上和傳統的顧客關係管理計畫。大部分企業即使了解公司內部而進行了數項顧客關係管理計畫，但要建立涵蓋整個企業的顧客關係管理仍然非常困難。造成這種狀況的原因很多，也許是不同部門都在進行顧客關係管理的相關計畫，也許是部門之間彼此的目標缺乏關聯，但無論如何，結果都是分散了所有顧客互動資訊，阻礙公司了解顧客的全貌，進而改善彼此互動和提高顧客滿意度的機會。

障礙六：缺乏「組織規劃」（Organizational Plan）

如果一家公司已經在推動顧客關係管理計畫，而員工還有「誰要負責這個案子」這類疑問的話，那就有問題了。顧客關係管理是一項相當新的觀念，內容和角色都尚未被充分了解，而不清楚其定位是新業務或只是資訊科技，將更加混淆對權責的劃分。有時雖然被定位為策略性議題，但在技術問題或部門界線等限制下，答案通常又複雜得多。

障礙七：差勁透頂的「顧客服務」（Worst Service）

一個根本沒把公司政策放在心上、態度惡劣且敷衍顧客要求的客服專員或第一線店員及銷售人員，可以在短短90秒內毀掉整個公司對顧客關係管理的努力和付出。高品質而有能力的銷售團隊及客服中心，可以造就顧客的忠誠度。

但不論其惡行是什麼，核心問題都是一樣的，因此，企業在實施一連串新的顧客關係管理策略時，最好能夠確切地告知客服部門所有人員有關準則，並將員工的執行表現納入考績或年終獎金的評估項目。簡言之，必須培養他們視顧客滿意度為己任，當然，這要花上不少成本。

Unit 5-10 導入CRM的困難及障礙

企業在首次導入CRM時，因為各種狀況及不熟悉，而經常出現或遇到下列障礙及困難，有待克服及避免。

一、導入CRM常遭遇的五大障礙

(一) 初期導入成本過高：根據調查，大多數公司都認為成本的考量是一大因素。

(二) 初期效益不明顯：CRM的成效必須在一段時間之後方可顯現出來。

(三) 廠商能力不足：CRM廠商所提供的解決方案與企業所需可能不符合。

(四) 缺乏人才及共識：高級主管對CRM的認知不足、同仁間缺乏共識等問題，亦會阻撓企業引進CRM。再者，系統建置完成之後，公司內部必須有專門的人才來管理與應用該系統，而這樣的人才難尋。

(五) 與原系統間無法整合：導入CRM後若無法與原系統整合，或充分利用原有資源，不但不能達到綜效，反而會造成反效果。

二、推動顧客關係管理可能面臨的困難

企業導入顧客關係管理並非一夕之間就可以成功，在推動顧客關係管理專案時，組織必須對自身的組織結構、作業流程與企業文化進行適度的調整與變革，同時也需要員工多方面的配合，CRM專案才得以成功。

通常企業在導入顧客關係管理時會碰到的障礙與困難，茲整理四位研究者的看法如右圖所示。

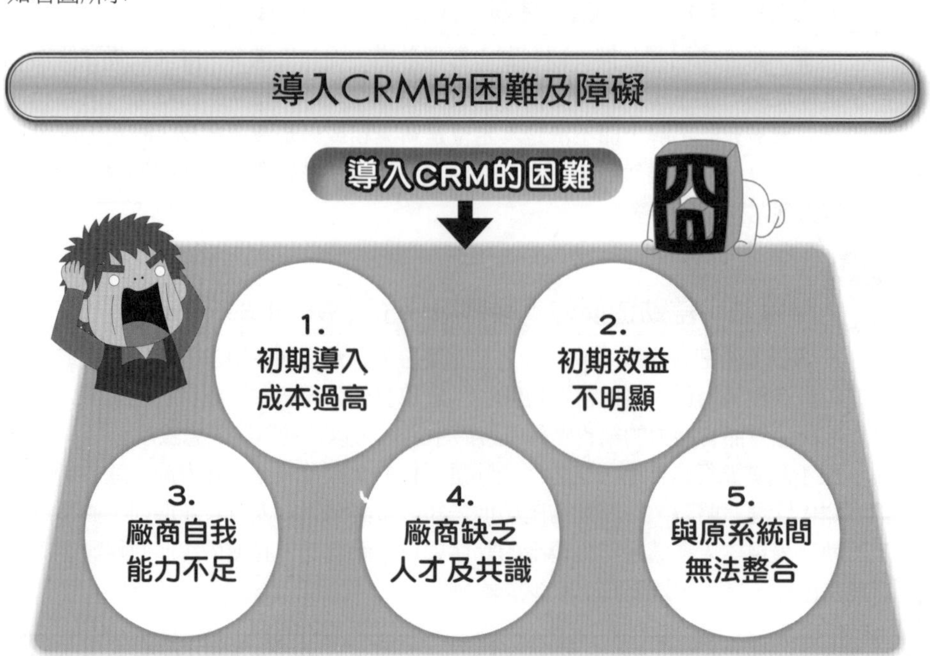

推動顧客關係管理可能面臨的困難

學者	年代	推動顧客關係管理之困難的關鍵因素
1. 遠擎管理顧問公司（ARC）	1999	(1) 初期導入成本過高。 (2) 初期效益不明顯。 (3) 提供解決方案的廠商能力不足。 (4) 公司內部缺乏人才，公司組織需要重新調適。
2. 安迅管理顧問公司（NCR）	2000	(1) 無法彰顯效益。 (2) 組織內資源不足。 (3) 員工配合度不高。
3. 李宗諺	2001	(1) 資深管理階層對顧客了解不夠，也不清楚顧客關係管理是什麼。 (2) 所有的管理思維、獎懲、會計制度都仍舊是非客戶導向的舊制度。 (3) 員工與企業文化都還沒改變以顧客為中心。 (4) 沒有或極少以客戶觀點的資料蒐集與回應管道。 (5) 只考慮軟體的採購，完全忽視架構與整合的需求。 (6) 缺乏明確的設計與流程處理相互間的強化功能。 (7) 品質不佳的客戶資料管理。 (8) 各部門各自獨立或缺乏互動聯繫的專案建置。 (9) 沒有顧客關係管理專案團隊的設置。 (10) 沒有測量、監督、驗證的機制。
4. 鐘慶霖	2003	(1) 缺乏整合流程與聚焦點，而以技術問題視之。 (2) 員工的心態上仍舊未能擺脫舊思維，對顧客所知有限。

第6章

CRM與資料倉儲

章節體系架構 

Unit 6-1 顧客資料庫建立的正確觀點及其資料內容

在顧客關係管理的資料庫，不僅是累積顧客情報與行銷資訊的內容，更整合了顧客主義作戰時所需的所有知識。

一、「資料庫」是實現顧客關係管理主義的策略性資產

顧客關係管理的資料庫所有知識，從顧客的「年齡」、「性別」、「想法」、「興趣」和「意識」開始，而問題解決方案在提案後，有「獲得何種反應」、「購買幾次」、「有哪些抱怨」、對公司的因應「是否懷有好意」及「曾產生幾次興趣」等。為使顧客能像初戀情人般產生興趣，必須運用蓄積在本身的所有知識。

二、建構資料庫的正確觀點

1.資料不會自動聚集而來，應主動蒐集。

2.不要無目的地蒐集，應依據假設來決定蒐集的項目。

3.決定蒐集的項目後，就要建立蒐集的架構。

4.完成蒐集的架構後，就使之標準化，讓任何人都能蒐集。

5.所蒐集的資料都應能依據假設來驗證。

6.把驗證模式標準化，以便能在現場使用。

7.資料的蒐集及驗證方案，能配合狀況隨時變更。

8.讓輸入資料的介面，盡可能變得容易使用。

資料庫是為實踐策略、實現顧客關係管理主義的策略性資產。

三、顧客資料庫的五種內容

資料庫所必備的內容要素可分為以下五種：

(一) 基本資料：「基本資料」是個別顧客的「年齡」、「性別」和「職業」等基本項目，這些多半可從會員卡或POS系統等各種資訊登錄媒體蒐集到。

(二) 購買、利用紀錄資料：「購買、利用紀錄資料」是顯現個別顧客的興趣、性向和生活觀等重要的資料。

(三) 聯絡資料：「聯絡資料」是在和個別顧客的聯絡中所得到的情報，而訪談等所得的資料也蒐集在此。

(四) 交叉銷售資料：「交叉銷售資料」可謂問題解決方案資料，這是複數的商品與個別顧客購買行為的交叉分析資料。

(五) BPR使用資料：「BPR使用資料」是為了向顧客提出最適當的商品、服務或問題解決方案時，需要進行變更業務過程及組織專案小組所需的資料。（註：BPR為Business Process Reengineer，即企業流程再造。）

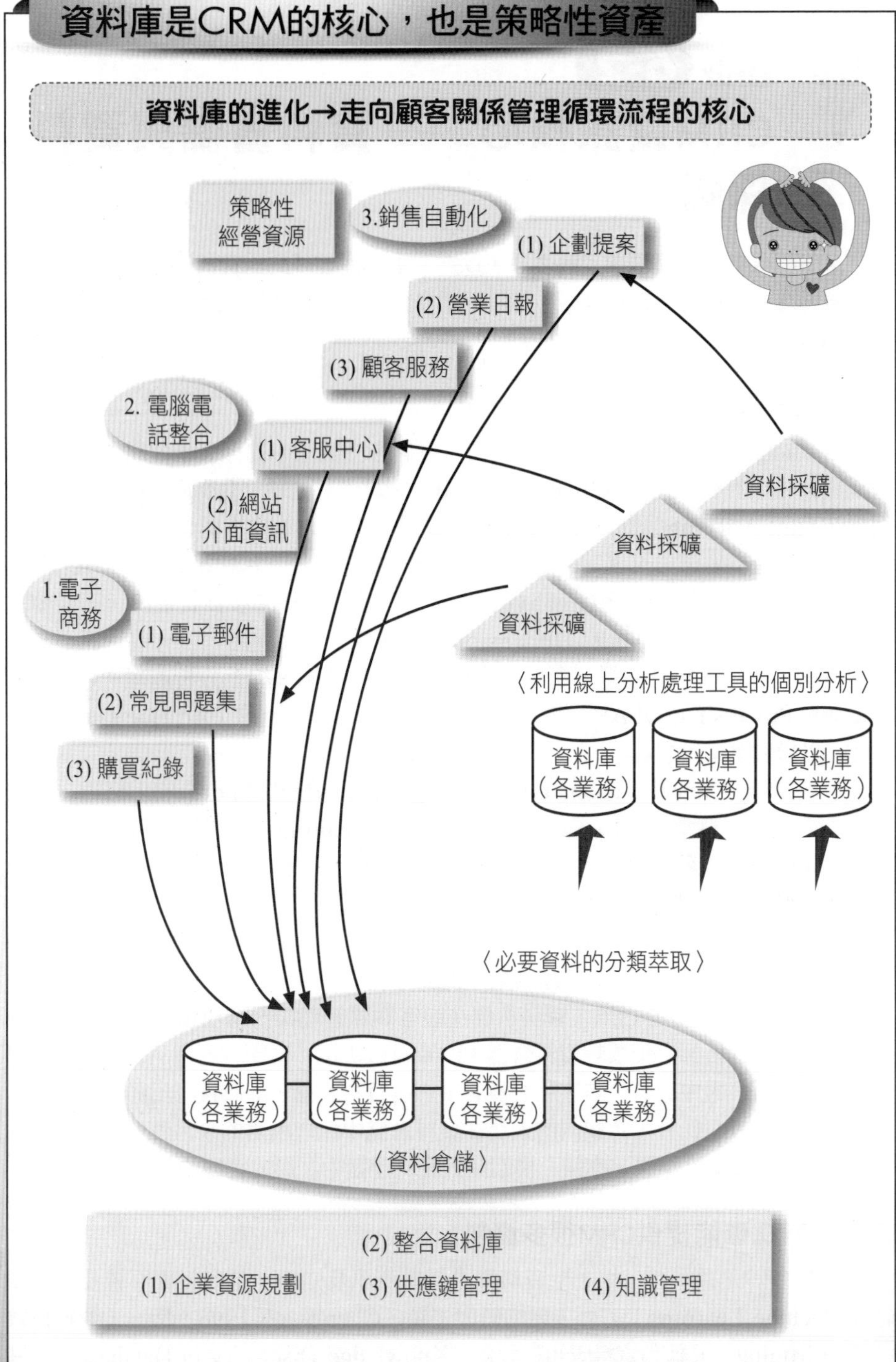

資料來源：日本HR人力資料學院（2004），《CRM戰略執行手冊》，頁246。

Unit 6-2 CRM資訊核心——資料倉儲與資料採礦

顧客關係管理要能精確了解客戶，以進一步掌握客戶的消費行為，牽涉到如何對龐大資料進行有效的蒐集、儲存、轉換、擷取與分析，而其核心就是資料倉儲（Data Warehouse）。

一、什麼是資料倉儲？

Chaudhuri與Dayal（1997）提及資料倉儲是一個集中儲存電子資訊之所在，其內部資料是以實體為主（Subject-Oriented），具備整合性（Integrated）及隨時間而變（Time Varying）等特性，主要目的是幫助經理人、分析人員等做出更快及更好的決策。資料倉儲中可儲存比一般資料庫更大的資料量，其計算單位達到Terabyte（TB），一個TB等於一千Gigabyte（GB），因此蘊藏許多寶貴資訊。而且資料倉儲可以從多維角度（Multi-Dimension）來加以分析及使用，但有些資訊是無法利用查詢、印表或統計獲得，所以有廠商提供資料挖掘、線上分析處理（On Line Analysis Processing, OLAP）等工具，讓使用者執行即時查詢（Ad Hoc Query）等功能，以獲取更深入之資訊。

資料倉儲分為前端（Front-End Tool）及後端（Back-End Tool）處理。後端處理方面包含資料萃取（Extracting）、清洗（Cleaning）等步驟，再將資料載入（Loading）資料倉儲中，並利用前端處理，執行有效率的查詢及資料分析。資料倉儲可以應用的領域包含製造業（例如：訂單運輸分析）、零售業（例如：存貨管理）、財務服務業（例如：風險分析、信用卡分析）、公共事業（例如：水電使用率分析）和健康醫療業（例如：診斷結果分析）等。

陳文華（2000）亦指出，資料倉儲在顧客關係管理中扮演決策支援角色，企業中的管理者和分析師必須依賴資料倉儲中的資料做決策；當顧客對產品及服務產生問題而打電話至客服中心時，其客服人員必須透過資料倉儲，即時搜尋出顧客的交易、接觸與抱怨紀錄。此外，企業內的人員從資料倉儲中抓取所需的來源資料後，分析的結論或與顧客接觸之結果，亦需一併回饋入資料倉儲中，形成完整的資訊流循環。

二、資料採礦能提供CRM很多資料

對許多研究者而言，從大型資料庫中探勘資訊及知識，是資料庫系統及機器學習（Machine Learning）方面主要的研究主題。Chen等人（1996）指出，資料採礦（Data Mining）又稱為資料庫知識發覺（Knowledge Discovery in Database），其目的為針對資料庫當中的資料做分析處理，然後找出尚未被發現及潛在有用的知識，再將相關的組合（Relevant Set）自動地萃取出可預測的資訊。詳細內容茲說明如右圖所示。

CRM的資訊核心─資料倉儲與資料採礦

CRM資訊核心

資料倉儲（Data Warehouse）＋ 資料採礦（Data Mining）

資料採礦可應用於資訊管理、流程控制、決策管理、資料倉儲及網際網路的線上服務等，透過資料採礦的技術，可以更了解消費者行為模式，進而改善業者提供服務的品質，並增加企業的銷售商機。然而，在發展資料採礦技術時，必須了解其所需具備的條件及面臨的挑戰，例如：必須能處理各種不同形式之資料、具備有效率的演算法則、能保護資料的私密性及安全性、可從不同角度執行互動式的知識採掘等；但是，事實上，這些資料採礦技術需具備的各項條件中，又會互相產生衝突點，例如：從不同的角度執行互動式的知識採掘和資料的私密性及安全性，即為其中的衝突之一。此文獻亦從資料庫研究者的角度來看，提供目前資料採礦技術發展的現況，且將各資料採礦技術做分類並加以比較。

CRM資料倉儲的資料來源

Unit 6-3 何謂資料倉儲及其要素

或許有人不了解資料庫與資料倉儲究竟有何差異？資料庫是累積顧客資訊或與顧客的溝通資訊，因此也可以說是資訊庫。但如果只是聚集資訊的地方，而沒有完成使用資料的架構，就沒有意義。因此，把所有資訊彙整起來，從中萃取為了解個別顧客所需資訊的架構，才算是資料倉儲。

一、資料倉儲的構成要素

所謂資料倉儲的用語是在1990年出版的*Building Data Warehouse*中所提倡的新名詞，現在只要一提到顧客關係管理，資料倉儲已變成必備工具了。一般所使用的資料倉儲，是表示累積、活用多種多樣資料的「架構」。

資料倉儲大致由四種要素構成，一是資料庫；二是所謂資料庫整合「倉庫」的中央倉儲；三是所謂僅萃取各業務或部門所需資訊而形成的「小倉庫」資料超市；最後則是為了了解個別顧客，而從資料超市進行的各種分析，即所謂資料採礦的「行為」。

在資料倉儲中，重要的並非累積資料，而是利用資料。中央倉儲只是整合資料的倉庫，如此並沒有任何意義。以資料超市萃取資料，以策略性進行資料採礦的分析才最重要。因此，為了完全了解個別顧客，必須以資料倉儲的顧客關係管理為核心，策略性地萃取資料。

二、資料倉儲的定義

國內CRM專家蘇隉（2005）提出他對資料倉儲的定義，內容如下：由於資料分析講究「大」與「快」，也就是如何從大量的資料中，快速獲取用來支援決策的資訊，資料倉儲乃應運而生。

從技術面來看，資料倉儲是一個集中儲存電子資訊的所在。不同來源、不同型態的資料，經過清理、轉換（Transformation）之後，以齊一的型態、有組織的排列，儲存於倉儲內以供分析。廣義的資料倉儲指的是整體的解決方案，除了資料集中儲存，還包含了連線分析（On Line Analytical Processing, OLAP）的功能。為了因應客戶需要，有些資料倉儲也提供採礦的服務。

三、資料倉儲需求的定義描述

資料倉儲是什麼樣的系統內容？做什麼用呢？首先它必須擁有相當龐大的詳細資料：每一筆企業交易、每一通電話、每一通打到服務臺的電話、每一次購買、每一張帳單和每一個抱怨等都需要記錄。可以很容易藉由保有平均的資料或是只保留詳細資料30天來妥協。你需要透過詳細衡量，以專注在你所有的行銷活動及它們的效果。行銷是一個不可預知的過程——新的機會與競爭威脅一觸即發，詳細資料使我們能夠立即反應。至於其他幾點茲說明如右圖所示。

倉儲系統元件名詞解釋一覽表

1. Warehouse Server	企業倉儲伺服器：儲存全企業之分析性資訊
2. Data Mart Server	資料超市伺服器：儲存某業務或某部門之分析性資訊
3. Staging Server	又稱ETT（Extraction Transformation Transport）Serve，不同來源、不同型態的資料在進入倉儲之前先於此清洗、轉換
4. Workset Server	儲存使用者從事分析工作時所產生的工作檔
5. Admin Tools	倉儲管理工具
6. Simulate Tools	模擬與預測工具
7. Report Generators	報表產生工具
8. Ad Hoc QueryTools	隨興查詢工具
9. OLAP Tools	連線分析工具，除即時查詢外，尚提供Cube、Drill-up、Drill-down、Rotation等功能
10. Data Mining Tools	資料採礦工具
11. MIS／EIS	管理資訊／決策資訊系統

資料倉儲的四種要素

資料倉儲四種要素

1.資料庫（Data-base）

2.中央倉儲（Central Warehouse）

3.資料超市（Data-mart）

4.資料採礦個別行為

知識補充站

資料倉儲需求的定義描述（續左頁）

資料倉儲是什麼樣的系統內容？除了左文提到外，其他六點說明如下：1.資料倉儲隨著企業與行銷交易而持續更新。不久之前，每月更新被視為是足夠的；現在，即使每日更新都可能太慢，許多人已使用持續不斷的分秒更新。2.在行銷部、管理部及許多其他部門中，許多人使用資料倉儲。如同之前所提，顧客關係管理不只是行銷，它是有關於整個公司如何對待其顧客。3.有些人想要能夠掃描分析並查詢整個資料庫，以尋找新的模式，而且他們想要馬上進行：圍繞著一組預期的模式來設計資料倉儲，注定走向失敗的命運。4.這系統必須隨時可以使用，它是公司行銷與管理的營運心臟。5.它必須是可擴充的，且它必須能夠與企業的成功一起成長。同時配合行銷部門日益複雜的需求，資料倉儲中的資料量每18個月加倍是很常見的。6.對於敏感的資料必須提供適當的保護。一般大眾對於他們私人生活的詳細資料，未經他們允許而遭使用感到憂心。立法部門逐漸要求人們詢問有關其資料被如何使用，資料倉儲必須能夠自動地記錄這些資料與實行顧客的指示。

Unit 6-4 資料倉儲的特性及活用五步驟

資料倉儲技術主要是應用於蒐集儲存顧客的相關資料，並可將資源、不同時期之資料格式及定義不一致之資料加以處理，並整合外部的資料，經過篩選、轉換，再存入資料倉儲，以便企業對顧客資料之應用分析。

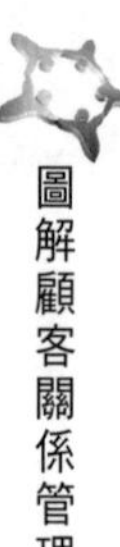

一、資料倉儲的四種特性

(一) 以主題為導向（Subject Oriented）：資料倉儲會將資料自然地以相同的種類或主題聚集在一起，因為以這些高層次且不重複的主題為主要的處理對象，有別於交易系統的流程導向。資料倉儲所欲解決的問題，即是決策分析的問題和交易導向的問題。

(二) 整合性（Integration）：資料倉儲內的資料必須具有相當的整合性，在一企業中，具有多種或不同的系統平臺是普遍的事。而資料倉儲便是要整合企業資料庫，跨越不同的平臺，透過資料轉換過程，讓欄位名稱、變數、編碼方式和日期時間等主題屬性具有一致性的格式。

(三) 時間變化性（Time Variation）：日常的作業系統每天都有新資料增加，為維持資料倉儲的可用性，需在某些特定的時間點到作業系統中擷取新資料，這樣才能確保倉儲中的資料是最具時效性的。

(四) 非揮發性（Non Volatilization）：當資料放到資料倉儲中後，便不易異動、修正或更新。資料一旦被新增之後，便難以被更動，只能被查詢。

二、活用資料倉儲的五個步驟

(一) 首先界定資料：決定完成顧客關係管理的具體目標，分析所需的資料項目、資料的蒐集方法、資料的更新頻率以及資料庫編碼方式。尤其在建構資料超市時，如果不能清楚界定資料，日後整合資料時會很麻煩，因此要特別加以注意。

(二) 設定資料庫活用架構：設定所要求的分析結果，以及為此所需的資料，設定分析所需的程式或系統。

(三) 決定資料庫系統構成：在資料庫有RDB或Excel，在中央倉儲有應用軟體伺服器、網路伺服器、ETL工具、儲存工具，在資料超市有部門別資料超市、多次元資料超市、線上分析處理工具或各種資料採礦工具等。

(四) 選定資料庫工具：配合所設定的系統構成來選定各公司工具。最近資訊科技製造商也和具有各自優點的軟體廠商組成夥伴，一起提出解決方案。

(五) 系統的運用：在系統的運用上，最要留意的是因資料交換激增而導致的當機，這樣將使好不容易蒐集的資料在一瞬間消失，變成幾天都不能使用的可怕狀況，因此必須慎重建構備份機制、維修保養體制。

活用資料倉儲的五個步驟

① 界定資料

- 實踐顧客關係管理的具體目標為何？
- 環境分析、顧客服務管理、BPR 所需的使用資料為何？
- 既有資料與今後必要資料的蒐集方法為何？
- 資料的更新頻率與管理方法為何？
- 資料庫編碼方式與檔案格式為何？

② 設定資料庫活用架構（顧客關係管理分析架構）

- 所要求的分析結果為何？
- 為此所需的分析方法為何？
- 分析所需的程式或應用軟體為何？
- 為使用分析所需的程式或應用軟體的訓練機制為何？
- 為實踐顧客關係管理的小組體制為何？

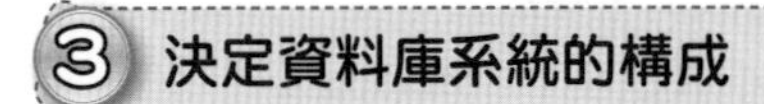

③ 決定資料庫系統的構成

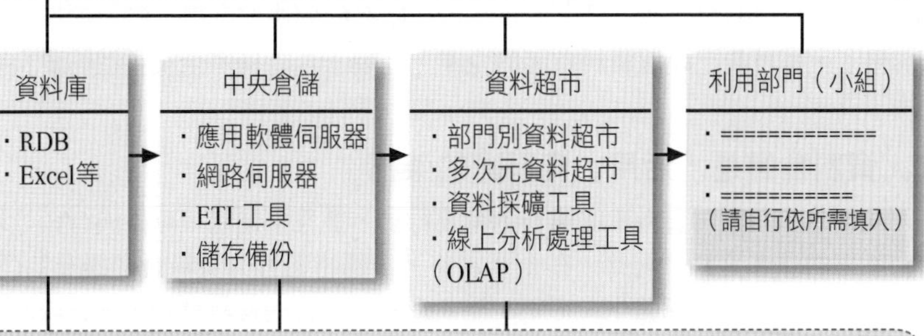

④ 選定資料庫工具

- 甲骨文
- MSaccess
- SAS System等

- 甲骨文
- SAS
- 康柏（Compaq）
- IBM
- Symfo Wear（富士通）

- 甲骨文
- SAS
- Symfo Wear
- 自立製作所等

⑤ 系統的運用

- 備份體制（儲存管理）為何？
- 維修保養與更新（升級）體制為何？
- 有無Outsourcing（委外處理）？
- 資料蒐集與輸入方式為何？

Unit 6-5 資料倉儲的成功要素及活用資料庫的架構

許多調查報告顯示，資料倉儲失敗的主要原因，是缺乏高階主管的支持；企業對資料倉儲沒有正確的認知，不了解資料倉儲對企業的好處；企業在建置資料倉儲時進行速度太快、規模過大；在清理資料程序上遇到問題；或是缺乏豐富的主資料（Metadata）。

一、建置資料倉儲之五項成功要素

綜上所述，歸納出建置資料倉儲的成功因素有以下五點：1.高階主管的支持；2.企業的認知和參與；3.階段性的建置步驟；4.清理完全的正確資料，以及5.豐富的主資料（Metadata）。

目前市面上有許多科技廠商，針對以上幾點提供相關解決方案，例如：具擴充能力的資料庫、大量的高速運轉磁碟系統、ETT／ETL工具、Metadata、查詢工具、OLAP、資料採礦與管理工具。但是在這些龐雜的解決方案裡，有一項最基本的要件被忽略了，那就是已建置資料倉儲的企業，需要一套能提供企業利益的資料倉儲策略應用工具。

二、資料倉儲是「活用」資料庫的架構

資料倉儲是活用資料庫的第一個重要行動，並且要通過策略性與行銷性地萃取出行動所需的顧客資料。因此，在企業實務上，都將顧客的資料倉儲提升為CRM循環的核心（Core），不斷強化、更新、加入及歸類顧客的資料倉儲，讓它成為一個有高附加價值且巨大的資料情報庫。

三、資料倉儲對企業的效益

資料倉儲究竟對企業有何效益？可參閱下表所示之五種效益。

資料倉儲對企業的效益

1. 迅速取得資訊的能力	資料倉儲大幅壓縮了自事件發生到決策階層知悉的反應時間。例如：業務報表的產生頻率可從每月一次縮減至每日一次，企業決策的時效性可因此提升。
2. 企業資訊集中與整合的能力	資料倉儲整合企業內部各資訊系統，甚至外來資訊，提供企業制訂有效決策、執行類似精靈炸彈般精密行銷攻勢所必須的唯一真理（Single Version of Truth）資訊。
3. 趨勢分析的能力	資料倉儲通常提供足夠的歷史資訊，可供企業從過去事件中找出行為模式與發展趨勢，進一步以此預測未來。
4. 資料分析和新方式與新能力	資料倉儲提供先進工具，企業得以新角度、新方式與新能力來進行資料分析，許多倉儲使用者都因此從舊資料中發掘出新問題，或發現舊問題的新解決方案。
5. 提升使用者對系統的應用能力	資料倉儲提供資訊應用者直接接觸與分析資料的能力，無須透過資訊部門，不但紓解了資訊部門的工作負擔，更大幅提升了資料分析的效率。

資料倉儲是活用資料庫的架構

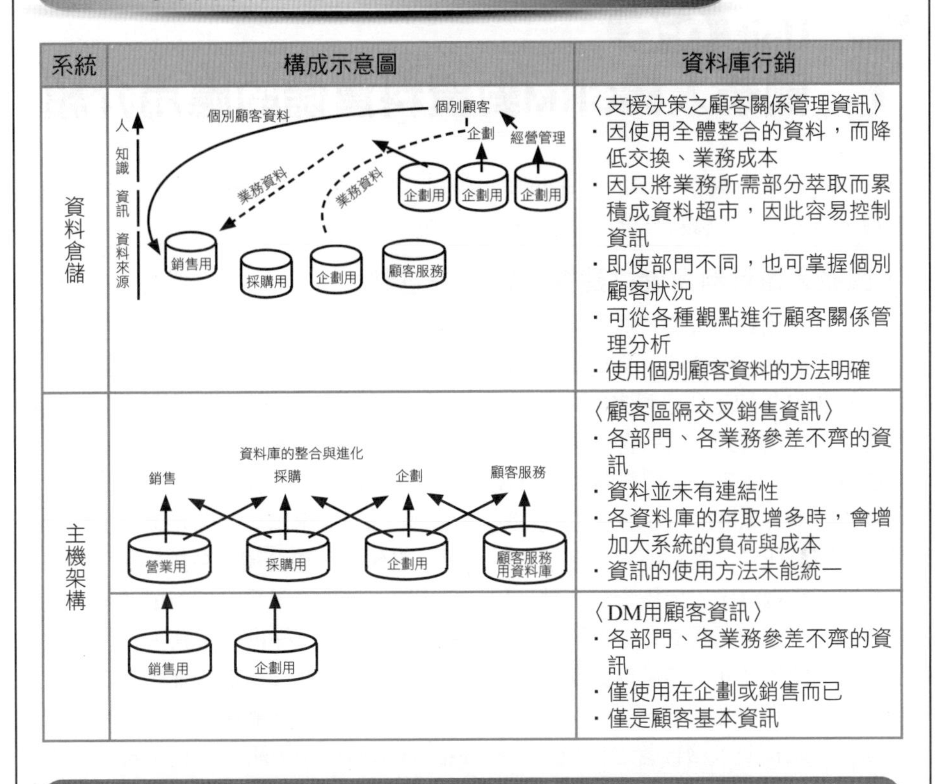

系統	構成示意圖	資料庫行銷
資料倉儲		〈支援決策之顧客關係管理資訊〉 ・因使用全體整合的資料，而降低交換、業務成本 ・因只將業務所需部分萃取而累積成資料超市，因此容易控制資訊 ・即使部門不同，也可掌握個別顧客狀況 ・可從各種觀點進行顧客關係管理分析 ・使用個別顧客資料的方法明確
主機架構		〈顧客區隔交叉銷售資訊〉 ・各部門、各業務參差不齊的資訊 ・資料並未有連結性 ・各資料庫的存取增多時，會增加大系統的負荷與成本 ・資訊的使用方法未能統一
		〈DM用顧客資訊〉 ・各部門、各業務參差不齊的資訊 ・僅使用在企劃或銷售而已 ・僅是顧客基本資訊

把資料倉儲變成顧客關係管理循環的核心

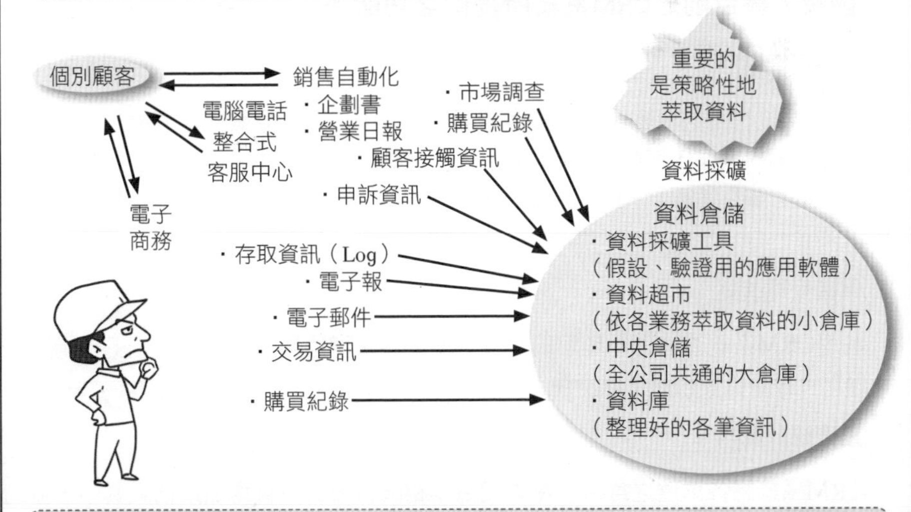

ERP（企業資源系統）、SCM（供應鏈管理）、KM（知識管理）
資料倉儲是個別顧客資訊的黃金倉庫。而最重要的是策略性地萃取資料，並以資料倉儲為核心，建立顧客關係管理的循環機制。

Unit 6-6 國泰人壽CRM對資料倉儲的應用介紹

本研究在整合國泰人壽的個案訪談、相關公開資訊與羅國輝（2003）的相關文獻整理，將國泰人壽資料倉儲的應用分別敘述如下。

一、國泰人壽資料倉儲之建置是採用外包制

為有效應用國泰人壽現有的資料庫，以協助業務人員開拓客源，並提供客戶最適產品組合，於1999年3月，共花費1,980萬元採用NCR安迅公司的資料倉儲系統，該系統已於2001年初正式建置完成，提供業務人員線上使用。國泰人壽資料倉儲之建置是採用完全外包模式，透過合作廠商IBM電腦公司的國際經驗傳承，國泰人壽目前涵蓋範圍包括客戶情報、保單再購、保單校正、建立產險資訊及資料蒐集等。

國泰人壽在2001年底成立國泰金控後，國泰人壽的CRM策略開始進入資料倉儲的第二個階段任務，是為朝向「金控資料倉儲」之建置，整合國泰金控集團下各子公司之相關客戶資料。「金控資料倉儲」包括了壽險、產險、投信及銀行的資料，這些資料目前部分已經呈現在CRM系統的行銷專區功能中，除提供給業務人員作為銷售商品時之輔助工具外，亦可以協助行銷企劃人員做資料分析及統計。而金控倉儲最大的用途，就是要能整合各子公司的資料，讓業務人員幫客戶量身訂做完整的理財規劃。而為達成長期永續經營之目標，則持續推動CRM行銷策略，以利用資訊科技提供顧客多元服務管道。

二、國泰人壽目前之CRM系統所提供之功能

(一)篩選目標客戶

CRM系統利用地理區域以及顧客生活型態等人口統計變數來區隔顧客。業務人員可利用自選的條件，或是利用CRM系統所提供之組合條件，或是各種行銷專區的條件（例如：年金專區），篩選最適合的目標客戶，讓業務人員不必大海撈針，提升銷售成交率。

(二)掌握受理進度

利用CRM系統查詢保單理賠的受理進度或客戶辦理現金卡、保單質押貸款等相關受理事件之進度。

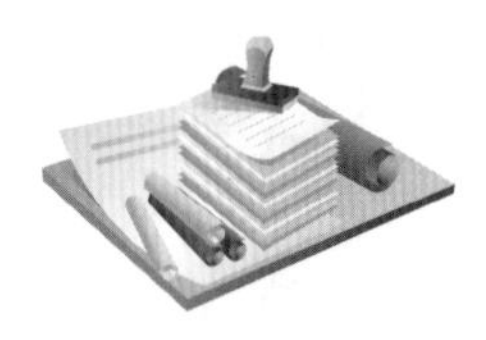

(三)績效統計查詢

CRM系統將各單位之每月、每季或每年相關績效的資料均加以納入其中，協助單位主管隨時掌握單位績效之表現。

(四)善用活動管理

國泰CRM系統中有客戶上月發生或下月預定發生的事件資料，例如：篩選出客

戶上個月有醫療給付，業務人員可以去拜訪關心保戶，順便可協助保戶做好保單校正工作。此外，若客戶下個月有意外險續保、增購保額或續繳保費，也可利用CRM系統所篩選之結果，及早通知保戶，讓保戶感受到業務人員的用心。

(五)利用管道與客戶保持聯繫

CRM系統中建置了相關的聯繫服務功能，如「發送電子郵件」、「發送簡訊」等功能，業務人員可利用這些功能適時地寄發賀卡，或是傳遞一些保險、醫療或財經等相關訊息。如遇有特殊的行銷專案或是停售消息，業務人員亦可利用簡訊功能，一次發送給多位保戶，不但可節省時間、降低行銷成本，同時也可以讓保戶感受到業務人員的貼心，進而提高顧客滿意度及顧客忠誠度。

(六)每日更新資料

在建置CRM系統之後，保單相關受理進度或相關資訊之查詢延宕的問題已獲得解決。各金控子公司的系統使用專線和資料倉儲系統連接，資料每天透過專線傳送，壽險、意外險新契約、保全理賠與資料蒐集輸入，只需要一個工作天就可以顯示在CRM系統中。

(七)納入產險資料

國泰人壽CRM系統目前是以朝向建置「金控資料倉儲」為目標，在金控公司的架構下，CRM系統納入壽險、產險、投信及銀行等相關客戶資料，進行交叉行銷，達到金控公司之綜效。

(八)整合行銷專區

金控公司成立之後，為了讓各子公司的商品可以進行交叉銷售，CRM系統針對諸如現金卡或ATM保費業務專案，特別建立「行銷專區」。業務人員可以利用行銷專區之功能，配合推動專案，從篩選目標客戶至掌握最後的績效數字，規劃出清楚的行銷策略。

國泰CRM系統納入四種行業

國泰CRM系統

1.國泰人壽

2.國泰產險

3.國泰世華銀行

4.國泰證券

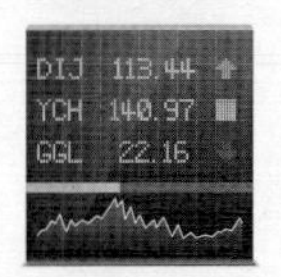

第7章

CRM與資料採礦

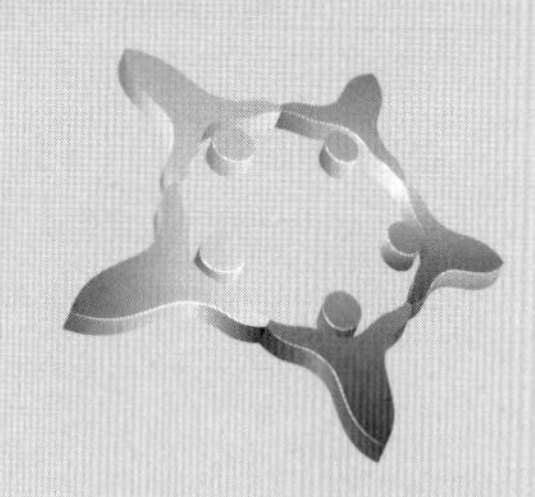

章節體系架構

Unit 7-1 資料採礦的意涵

一、資料採礦的定義之一

美國CRM專家Ronald S. Swift（2001）對資料採礦有如下的定義及說明：資料採礦是一個從資料（Data）中萃取及展現可行動的、有效的、具目標性的，以及隱藏的和新奇的資訊（Information）之過程。

「過程」意味著這不只是一個技術或是邏輯演算，而是一系列相關的步驟；「萃取」意味著在發現一些可能隱藏的資訊時所花費的努力（通常是指分析性的努力），但資料採礦也能夠用於進一步確認已知或存疑的資訊；「展現」意味著將已發現的資料用報告、模式或規則的方法呈現；「可行動」意味著資訊是一種可被採行的決策或活動的形式；「隱藏的」意味著資訊可能是被隱藏的（或至少不是顯而易懂的），但能夠根據各種資料採礦技術的方式推理或發現；「新奇的」意味著資訊是新的而且有用的（或甚至是非常重要的）；「資訊」與「資料」的不同之處在於，資訊包括一種或數種賦予資料意義的知識，為了要使知識發現的機率極大化，資料必須鉅細靡遺，也就是在摘要的過程中並無任何潛在資料的遺失。

總之，資料採礦最重要的目的是去發現有價值的資料，特別是具有重大商業價值的。因此，對於商業的資料採礦之定義必須強調：解決商業問題。

二、資料採礦的定義之二

所謂「資料採礦」，是一種能夠從巨量的資料中，過濾出有用知識與規則的技術。它利用人工智慧、統計學的方法，或以其他演算法為基礎，作為識別技術找出有用的策略性資訊。透過這些資訊，企業可以發掘出哪些是最好的顧客，並預測新的商業機會，進而轉變成企業的商業知識，以提升企業競爭的能力。

我們將資料採礦的技術用在客戶關係管理上，將有助於企業從堆積如山的資料中，挖掘更多有利於行銷的資訊，而這些資訊都具有商業價值。在客戶關係管理進行資料採礦時，首先要從資料中找出相關的特徵（Pattern）或模式（Model）。

三、資料採礦的定義之三

國內CRM專家李昇敦（2005）提出他對資料採礦的定義如下：簡短地說，所謂的資料採礦，就是「從大量的資料庫中，找出相關的模式（Relevant Patterns），並自動地萃取出可預測的資訊」。這樣的概念並非首創，像統計學裡的迴歸分析以及資料庫管理系統也具備類似的功能。但前者缺乏同時處理大量資料的能力，而且必須先有假設後，再去驗證這個假設是否正確；後者則是無法提供對資料更進一步的分析。唯有資料採礦是利用完備的統計與機器學習（Machine Learning）技術，來建立能自動預測顧客行為的模型，同時還能與商業資料倉儲（Commercial Data Warehouse）結合，發展出有價值的商業用途。

資料採礦的定義

資料採礦（Data-mining）

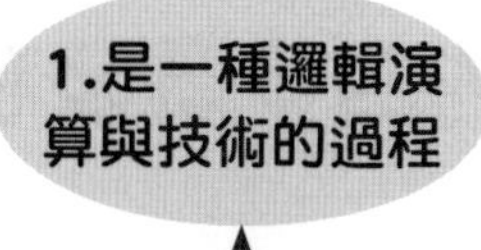

2.萃取

3.展現的

4.可行動的

5.具目標的

6.隱藏與新奇

7.一種資訊情報

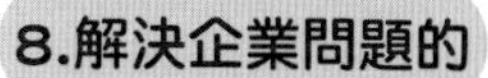

資料採礦的定義

1. 從大量的資料庫中

2. 找出相關的模組、模式或群組

3. 自動萃取出可預測的資訊

4. 並提供行銷活動及經營活動參考依據

Unit 7-2 資料採礦的四步驟及使用技術

一、資料採礦流程的四個步驟

有效率的資料採礦流程可以含括如下四個步驟：

1.定義問題。

2.資料處理。

3.模式建構與分析。

4.知識發展與維護。

二、資料採礦的使用技術

元智大學教授邱昭彰（2005）提出資料採礦的相關使用技術及功能詳述如下。

如何在CRM的系統中使用資料採礦的技術，進而獲取有用的資訊，我們可以從右圖中，清楚地看到整個流程是如何運作的。首先，我們從CRM的整合性資料庫中，進行資料取樣的工作。然後再從其中進行學習或進化的程序，進而得到它們的模式和特徵。如此，我們將可以預估未來可能的事件或狀態，並將此訊息告知企業的行銷經理，輔助其進一步完成決策，並推行相關的行銷規劃和活動。

三、資料採礦工具

Microsoft SQL Server Analysis Services會提供您可用來建立資料採礦方案的以下工具：

1. 資料採礦精靈SQL Server Data Tools（SSDT）可讓您在Cube中使用關聯式資料來源或多維度資料，輕鬆建立採礦結構和採礦模型。

在此精靈中，您會選擇要使用的資料，然後套用特定的資料採礦技術，例如：叢集、類神經網路或時間序列模型。

2. SQL Server Management Studio中都有提供模型檢視器SQL Server Data Tools（SSDT），可讓您在建立採礦模型之後加以探索。您可以使用針對每一個演算法所量身打造的檢視器來瀏覽模型，或者可以使用模型內容檢視器深入分析。

3. SQL Server Management Studio中都有提供預測查詢產生器SQL Server Data Tools（SSDT），可幫助您建立預測查詢。您也可以針對鑑效組資料集或外部資料來測試模型的精確度，或者使用交叉驗證來評估資料集的品質。

4. SQL Server Management Studio是您用來管理現有資料採礦方案的介面，這些方案已經部署到Analysis Services的執行個體。您可以重新處理結構和模型，以更新其中的資料。

5. SQL Server Integration Services包含一些工具，您可使用這些工具來清除資料、自動化工作（例如：建立預測和更新模型）及建立文字採礦方案。

資料採礦流程的四個步驟

1.定義問題

- 定義商業問題
- 檢查資料
- 定義開始的方法
- 定義專案的範圍

2.資料處理

- 資料使用／抽樣
- 資料圖示化
- 資料處理

3.模式建構與分析

- 建構模式
- 測試模式
- 解釋及評估

4.知識發展與維護

- 顧客報告
- 外部應用系統
- 外部監視工具／代理人

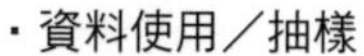

資料來源：Ronald S. Swift（2001），《深化顧客關係管理》，頁113。

利用資料採礦來輔助CRM的過程

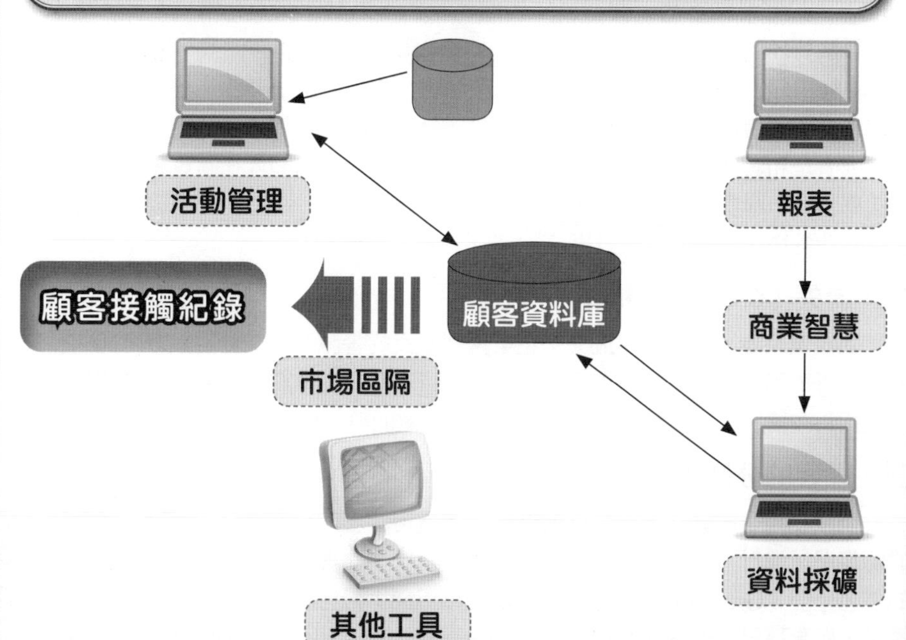

Unit 7-3 資料採礦的五種功能用途

我們利用資料採礦來輔助企業的CRM運作，有助於解決以下問題。

一、顧客分類（Classification）

將顧客依照我們設定的目標，進行自動分類。舉例來說，如果要分出哪一類的顧客是高危險群的保戶，要付出較高的保費，假設我們知道年紀愈年輕且沒有結婚者，可能會比中年、已婚者發生意外的機率來得高，因此我們可以30歲作為門檻，當年齡大於30歲且已婚者，列為低度風險客戶，可以收較低的保費；假若保險人的年齡低於30歲且未婚者，則列入高度風險客戶，要收較高的保費。

二、敏感度分析

藉由某項要素的微調，估計客戶可能會出現的反應，並對結果做一最佳化的決策。例如：行銷經理欲調整月租費時，卻不知調高或降低至某一範圍，會對顧客有什麼樣的影響？因此，可以藉由此一分析功能來估計當月租費調整為多少時，顧客流失率較低且企業也能獲得利潤，此做法可用以評估定價策略對顧客的衝擊，並從中選擇最佳的費率訂定價格。

三、顧客行為關聯分析與預測

針對顧客購買物品的行為進行關聯分析，建立相關的關聯規則（Association Rule），以了解顧客的消費行為。例如：我們可以試圖探索在購買A產品時，是否會連帶購買B產品的關聯性關係，只要找出這樣的關係，將有助我們實行交叉銷售（Cross Selling），以便設計出吸引人的產品組合。例如：我們認為消費者到超市購買麵包時會順便購買牛奶，因此我們藉由此一分析來找出麵包與牛奶是否會存在此一關聯，或者是和其他產品有較密切的關係？假設我們分析出顧客在購買麵包之後，有較高機率會連帶購買牛奶及果醬，我們即可根據這項結果，將這些產品放在一起分析，這會有助於增加相關產品的銷售。

四、流失（Churn）分析

對企業來說，顧客快速流失是企業獲利不良的警訊。若能針對顧客可能的流失情況做分析，了解顧客流失的主要原因，如此將有助於企業訂定「顧客流失警報」，使企業能夠在情況未持續惡化前及早因應，讓企業能趁早亡羊補牢。

五、顧客的分群（Grouping）

對公司現存的顧客進行動態的區隔，在獲得詳細的顧客區分後，進一步針對個別的顧客層級進行「量身訂製」的特別行銷，希望藉此獲取其忠誠度。在此需特別說明的是，分群（Grouping）和分類（Classification）最主要不同處，在於分群沒有預設層級，而是採用「動態」方式，來逐步區分出行銷經理所要的分群數。

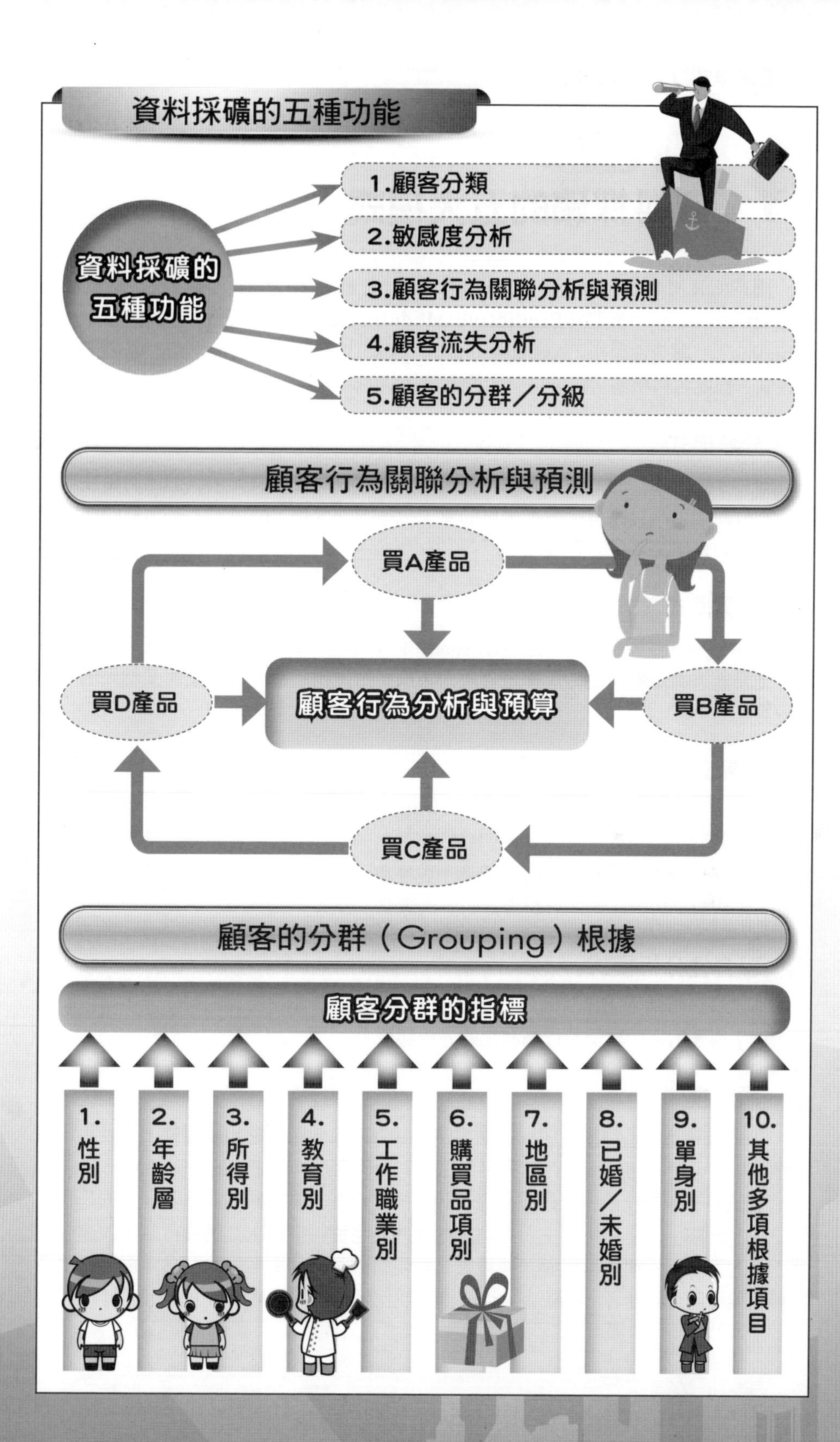
資料採礦的五種功能
資料採礦的五種功能
1.顧客分類
2.敏感度分析
3.顧客行為關聯分析與預測
4.顧客流失分析
5.顧客的分群／分級
顧客行為關聯分析與預測
買A產品
買B產品
買C產品
買D產品
顧客行為分析與預算
顧客的分群（Grouping）根據
顧客分群的指標
1.性別
2.年齡層
3.所得別
4.教育別
5.工作職業別
6.購買品項別
7.地區別
8.已婚／未婚別
9.單身別
10.其他多項根據項目

Unit 7-4 資料採礦的五大模式

國內CRM專家李昇敦（2005）提出資料採礦有五大模式，即分類（Classification）、預測（Predictive Modeling）、群聚／分群（Clustering／Grouping）、聯合性分析（Association Analysis）以及順序（Sequential Modeling）等模式，藉此資料採礦可以發揮強大的應用功能。

一、分類模式

根據不同團體的物件特性建立屬性變數，當新物件進來時，可以前述的屬性加以判斷並分類。如昂貴跑車及豪華房車的買主有不同的分類，前者多半是年輕的都會新貴，後者則是年紀較長的有錢人。

二、預測模式

利用一種或多種獨立變數來找出某個標準（Criterion）或因變數的值，就叫做預測。通常其答案是兩面性的，像是否該對某項事情做出回應，或是預測某結果出現的機率等。

三、群聚／分群模式

以特定變數將集合團體加以分組（Grouping）的過程，它的目的在於找出群與群之間的不同，以及同一群內各個個體的相似點。例如：利用實際的腳踏車產品購買資料，將客戶分成登山車、一般路行車、競賽車、休旅車，以及「送禮型」的車主，這個方法將有助於對不同的群組進行特定的策略。

四、聯合性分析模式

聯合性分析常用來探討同一筆交易中，兩種產品一起被購買的可能性，而下面的「順序」則多用來探討交易行為發生的先後關係。

五、順序模式

以金融業為例，到銀行開戶的顧客中，40%的人同時也會申請提款卡，且平均在三個月後會有申請信用卡的行為發生，這樣的分析就是「順序」的研究結果。

在資料採礦的技術中，最重要也是最常被應用在行銷與顧客關係管理上的是「群聚」與「分群」。這項技術主要是利用顧客的交易資料來找出其購買行為，並建立企業因應的策略。公司可以根據一些變數，如現有顧客獲利率、風險評估、顧客終生利益評估和持用可能性等，將顧客加以分群，並採用不同的行銷策略來對症下藥。

資料採礦的五種模型（Model）

- 1.分類模式
- 2.預測模式
- 3.群聚／分群模式
- 4.聯合性分析模式
- 5.順序模式

資料採礦：分群模式最常使用

從資料倉儲大數據中

依各種不同指標項目

予以分群（Grouping）

- 工作行銷活動之用
- 工作維繫顧客關係之用

- 做到精準行銷
- 做到鞏固老主顧客

Unit 7-5 資料採礦的六個企業效益應用方向

國內CRM專家李昇敦（2005）提出資料採礦有下列六個企業應用方向：

一、獲取新客戶

從第一步開始，可根據顧客屬性來預測其對商品或通路計畫的反應，接著可以比照相對應的實際屬性與反應是否真如預期，並從中挑選出那些尚未成為我們的顧客，但最有可能會對我們的產品感興趣的人。

二、維繫既有客戶

當資訊顯示企業的基本顧客已經開始流失到對手陣營時，公司就該採取挽留措施，同時對那些還算穩定的顧客，給予誘因使其更願意留下來。

三、剔除沒有價值與不佳的客戶

當顧客資料中出現「黑名單」，也就是企業投注於其中的費用遠超過所回饋的，就應該考慮是否停止為這些顧客付出努力與成本。

四、可進行搭配性商品購物籃分析

購物籃指的就是消費者所購買的商品種類及數量，分析消費者購買的產品將會對公司產生多少的經濟效益，即是所謂的購物籃分析，或稱為聯合性分析。

五、對顧客未來需求預測及目標行銷

在處理過大量的資料後，當再次收到一筆新的資料時，電腦系統便會模擬它的結果。換句話說，就是我們能根據某類潛在顧客的特性去預測其需求，從而找出對我們所提供的商品最具有消費傾向的顧客。這方面的分析可以加強我們對各種商品其主力顧客的促銷動作，進而提高銷售的成績。另一方面，又可節省不必要的浪費，如行銷費用與存貨的過剩或不足等。

六、展開集團關係企業商品交叉銷售及主動提升銷售

共同基金市場常有交叉銷售的手法出現 ，我們往往可以在一家基金經理公司中，發現許多特性不同的基金組合，如成長型、國際型、穩定型、股票型等，既迎合了投資人分散風險的需求，又提供顧客操作上的便利。或是和異業結盟形成一張完整的銷售網，盡可能滿足顧客「一次購足」的需求，像航空公司與租車行、飯店的結盟就是一個例子。

同時還可以根據不同族群的消費特性，向潛在顧客介紹適合的產品，如保險公司向雙薪並有年幼子女、年收入150萬的保戶提出以下建議：有75%和他們條件相同的保戶除了購買意外險外，也會幫自己的子女購買教育年金，如此一來便激起了顧客的潛在需求，亦即所謂的主動銷售。

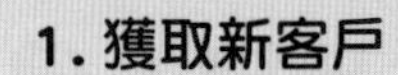

資料採礦的六個企業應用方向

資料採礦的六個企業應用方向

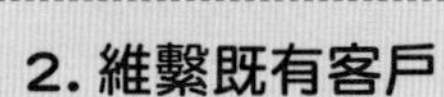

1. 獲取新客戶
2. 維繫既有客戶

3. 剔除沒有價值與不佳的客戶
4. 可進行搭配性商品的購物籃分析
5. 對顧客未來需求預測及目標行銷
6. 展開集團關係企業商品的交叉銷售及主動提升銷售

舉例而言，當我們研究超級市場內的消費行為時，會發現某些物品經常是同時被購買的，譬如可樂及洋芋片、牛奶和麵包等，因為這些物品常常被聯想在一起，所以才稱為聯合性分析。

從這類的分析，我們可以得到對以下這些問題的解答：如相關產品該如何陳設？該促銷哪些產品？以及該做什麼促銷手法等等。

資料採礦的功能

資料倉儲

資料採礦

1.獲取新顧客 | 2.維繫既有老顧客 | 3.剔除沒價值顧客

(1) 精準行銷 | (2) 關聯預測 | (3) 需求預測

(4) 分群行銷 | (5) 主動行銷 | (6) 1對1行銷

Unit 7-6 資料採礦的演繹方式及線上分析處理

資料採礦工具可以在龐大資料中找出某個模型和有價值的新資料，這對企業了解本身和顧客都非常有助益。通常資料分析師會用來尋找和分析他們沒有假設或頭緒的資料，有助於發現各式各項的新資訊，從顧客下一項可能採購的產品、最偏好的商場到最適合的電影上檔日期等，都可能有不同的發現。

一、資料採礦的演繹方式

資料採礦有許多不同的計算方法，但部分可能過於複雜而無法容易地應用在企業問題上。雖然這些計算方法在過程和脈絡上有所不同，但結果同樣能夠用於預測行為。以下是三種顧客關係管理資料採礦的演繹方法：

(一) 預測：用歷史資料來決定以後的行為，預測型模式通常會產生一種「模型」或結構性的結果。譬如：預測模型可以根據顧客以往的採購資料，推演出顧客下一個最可能購買的產品。

(二) 結果：在同一特定議題下結合各個活動的結果進行分析，企業可以用來了解顧客對某一產品或活動是否有反應，有助於企業從公司不同的操作型系統獲取各項活動的結果資料，推演出一個模式。例如：銀行或電信公司可藉由檢查推演出的模式，了解某一顧客或某顧客族群延後或取消購買產品和服務的狀況。

(三) 關聯：關聯分析是用來檢視類似議題或活動的共同性，企業用來確定會同時發生的採購活動或項目，通常應用在採購籃分析，有助於公司了解哪些產品具有採購上的關聯性，例如：花生醬和奶油。藉由了解顧客和產品的關聯性，公司即可決定哪些產品應放在一起廣告或折扣，哪些顧客會是哪些產品的目標群。

二、資料分析的主要類型：線上分析處理（OLAP）

雖然對於「資料採礦」有不同解釋，但多年來的確受到相當注意和研究。一般普遍觀點是視之為一種「鑽取」（Drill Down）資料的分析方式。不論是在顧客關係管理議題或其他研究上，資料採礦的確是分析方法當中很特別的子題之一。不過，「鑽取」這個名詞似乎更適用於「線上分析處理」，這已經變成決策支援分析最受歡迎的方式之一。業務人員可以針對同一主題，例如：時間或地點，在同一部門系統上連線取得整組一層層更細部的資料，像是公司所有嬰兒產品各地區或各店面的銷售成績，或者是同一地區每個月至每季的銷售統計等。

線上分析處理常常會和資料採礦混為一談，兩者都是根據同一主題將資料整理摘要，尤其是軟體廠商更會宣稱有此功能；但資料採礦還具備了自動將資料定義出一種有意義的模式和規則的功能。線上分析處理需要分析師在心裡先有個假設前提或問題，但資料採礦卻不需要，它會自己跑出一套分析師並未預想到的模式和關聯。

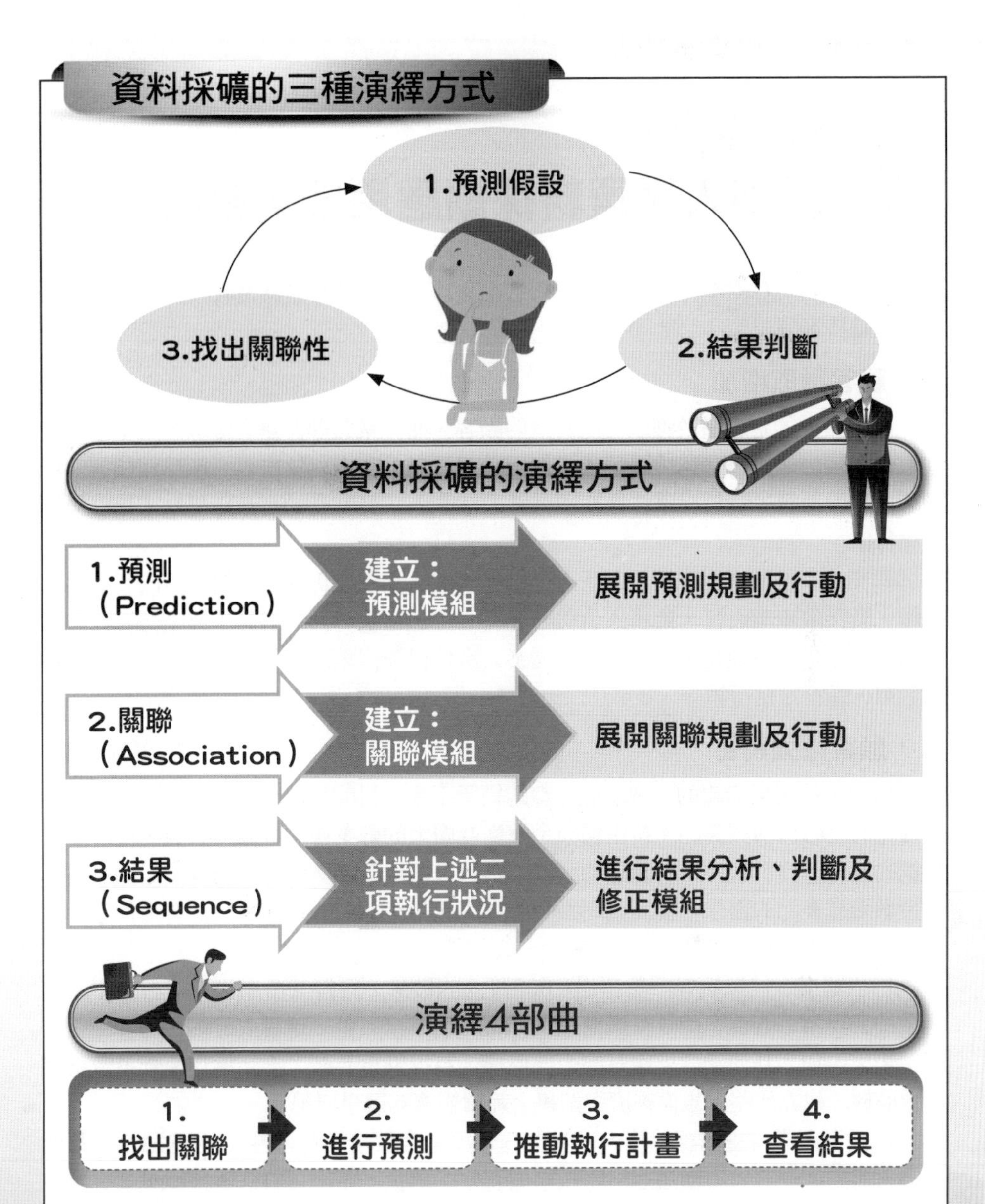

知識補充站

資料採礦 vs. 線上分析處理

舉例來說，資料採礦能夠找出同一族群顧客會買的相同產品，像個人工作室的自由工作者分析結果會顯示購買個人電腦、不斷電系統、印表機、碳粉、紙、垃圾桶和咖啡。但如果使用線上分析處理，分析師必須自己去猜出這群顧客可能會購買的產品，再一樣樣去設定、檢查，結果是一般分析師通常可能會猜到個人電腦及所有相關產品，但不一定會想到像垃圾桶和咖啡這類產品。

Unit 7-7 國泰人壽資料採礦應用成果案例

國泰人壽的CRM系統在資料採礦之應用上，將市場區隔為獲取顧客、顧客增強及顧客維持等分類。

一、顧客獲取增加

顧客獲取的定義在於獲取可能購買的顧客，而企業與顧客建立關係的第一步便是獲取顧客，企業對潛在客戶開發的工作，必須透過一連串對於市場、產品與顧客面的策略擬訂與執行。資料採礦技術在顧客獲取活動上，最常見的實務應用為市場區隔與目標行銷。

國泰人壽在顧客獲取策略應用上，顧客獲取方法主要仍倚重業務人員的直接銷售工作。對保險產業而言，業務人員與顧客的直接銷售是利潤創造的主要來源。此外，電話行銷亦是現在頗為普遍的方法。國泰人壽係根據促銷或各類活動所獲得的潛在顧客名單，進行電話行銷。

二、顧客增強銷售

國泰金控所架構起的一個功能完整的經營平臺，目的在結合保險、證券、銀行等多樣化的金融機構與商品。藉由國泰金控極為廣大的營業據點與銷售人員，發展交叉行銷的策略，提供客戶一次購足的服務。透過多角化的金融商品銷售來滿足顧客在其他金融產品多元的需求，提高公司獲利，更可藉由金控各子公司客戶資料進行客戶開發及銷售。

目前國泰金控以總客戶數超過1,000萬人的數量，維持其市場第一之占有率，透過金控公司旗下五百多個分支機構以及30,000名業務人員，建構成最綿密的客戶服務網；未來再加入其他國內外優質的金融機構，將提供更為廣大的金融交流管道及交叉銷售商機，建立通路上規模經濟與銷售上範疇經濟的競爭優勢。

以國泰人壽占臺灣總保險人口40%的客戶量之數量優勢，再加上CRM系統幫助國泰人壽對客戶在質方面透過科學技術做有效的衡量，藉由資料採礦技術可計算出客戶價值，找出現有最具價值的顧客群，進而分析其成長潛力與穩定度。

三、顧客維持不流失

(一) 壽險業在開發新契約方面：基本上，短期內是不會顯現利潤的，尤其在競爭激烈的保險環境，各家公司無不應用促銷手法吸引更多的顧客。費差損必須在續保率高於一定水平之上，才可能損益平衡。國泰人壽保單繼續率（代表續保率的品質）在歷年來，持續呈現固定成長之趨勢。

(二) 在顧客服務方面
(三) 在客製化方面
(四) 在客戶流失分析方面

請見右圖

國泰人壽公司在資料採礦上的三大應用主軸

國泰人壽公司在資料採礦上的三大應用主軸

1.如何增加顧客的獲取

2.如何對顧客增加銷售

3.如何維持顧客不流失

(1) 壽險業在開發新契約方面

(2) 在顧客服務方面

國泰人壽為了提升客戶對壽險業服務便利性的滿意，投資大量資金於「e Contact Center」。為了達到「讓客戶24小時都能一通電話解決所有問題」之目標，提供給客戶互動式的個人服務，同時運用科技整合電話、E-mail與各項Internet服務，配合最佳的客戶策略，更有效地提升整體客戶服務的層級。

(3) 在客製化方面

國泰人壽利用全球資訊服務網智慧查詢的服務機制，提供全球700萬以上保戶及超過3萬名業務人員，全天候24小時便捷的查詢服務，讓業務人員能快速掌握國泰人壽在各項保險、理賠等相關的服務訊息，解決業務人員蒐集資訊的困擾，有效提升互動效率，使業務員對線上資訊服務有正面經驗，提升資訊服務客製化機制。

(4) 在客戶流失分析方面

可利用決策樹、類神經網路等技術分析出可能流失客戶特徵，結合Contact Center提供電話挽留或業務人員拜訪之活動。在顧客服務方面，Contact Center需結合資料倉儲與資料採礦技術，對顧客進行輪廓分析，結合顧客的生命週期，提供溫馨的服務。

國泰人壽應用資料採礦之成果

國泰人壽 CRM成果

1.獲取新顧客的增加

2.增強既有顧客增加消費／銷售

3.降低顧客流失率

第 8 章

CRM與行銷

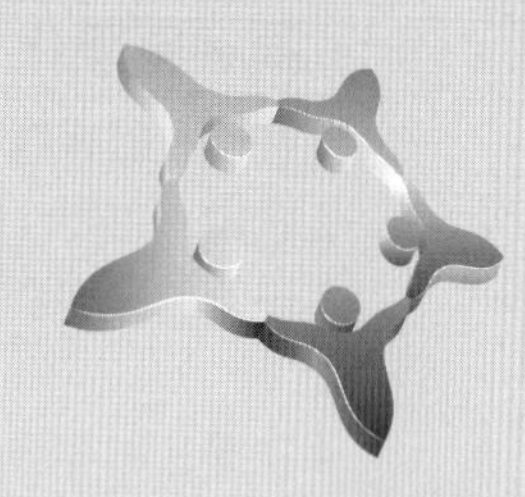

章節體系架構 

Unit 8-1 CRM的策略行銷六大方向

元智大學教授邱昭彰（2005）認為CRM的具體策略行銷有下列六大方向：

一、顧客區隔化／分群化

1.在現有顧客群中，哪些人能為企業貢獻實質的利潤？

2.企業「主要」的獲利來源是由哪一類型的顧客所貢獻？

3.現有的顧客群中，哪些消費者不能為企業帶來利潤，故不必花太多的心思在他們身上？

4.在潛在顧客群中，哪些人日後可能成為你的顧客，並能為企業帶來利潤？

5.哪一類型的顧客能長期持續消費，累積可觀的終生價值？

二、注重顧客的忠誠管理

據一項統計資料指出，企業每年會流失25%的顧客。如果流失一名舊客戶，想要去找一名新客戶來替補，可能會花上5倍的成本。假如能設法留住舊客戶，只要這個比率增加50%，企業的獲利就相當於提升60～100%。然而，並不是所有的顧客都要想辦法留下，而是要能留下可為企業帶來利潤的顧客。

對企業的忠誠度高且能為企業帶來大量利潤的顧客，企業應與這類顧客保持密切聯繫，甚至回饋這一類客戶，例如：給他們折扣、福利，甚至是VIP級的服務。當他們的消費行為發生異常的狀況時，應主動追蹤，並適時表達對他們的關切；這樣一來，顧客不僅能感受到我們對他的關心，同時也能樹立一個「模範」，鼓勵其他潛在顧客能夠向這一類的顧客看齊，以得到最多的福利及回饋，進而幫助企業厚植穩固的顧客群。

三、重視顧客的終生價值（Lifetime Value）

如果我們仔細觀察，就會發現即使是買一輛車、一套家電用品或是任何產品，很少人會把它用到超過幾十年以上，大多數的人在使用一段時間後，多半都會有汰舊換新的行為。因此這種重複購買的情況，在顧客一生當中是常有的現象。

假如企業能正視顧客所能累積的利潤，即使他的交易金額不多，但只要長時間內重複購買，就能創造可觀的利潤。例如：一名客戶一次只購買4,000元的產品，但只要每年有四次交易，連續累積十年下來，他能為企業帶來的終生價值便是$4,000 \times 4 \times 10 = 160,000$（元）。這樣的累積金額，是不是比一次採購160,000元，但在顧客的終生消費行為中，只是唯一的一次，所能帶來的終生價值來得高？

在這個競爭激烈的商場，與其爭一時的勝利，倒不如爭永久的勝利！只要時間站在我們這一邊，消費者願意與我們維持長期的交易關係，這樣一來，企業不只賺到應有的利潤，同時也阻斷其他潛在對手獲利的機會，扼殺對手的

成長空間，這樣的行銷手法，是不是比短期間獲得暴利更值得企業正視？

四、一對一行銷

一對一行銷強調「了解顧客的心，比強制顧客買東西重要」，因此在行銷過程中，我們不是用各種行銷技巧，讓顧客在非心甘情願的情況下接受我們的產品或服務，而是提供更多的資訊給顧客，與顧客不斷地溝通，了解顧客的想法，進而回饋適合顧客的產品或服務。

五、客製化行銷

大多數的產品及服務多半考量多數人的行為模式，也就是以多數人的需求作為一個標準，而經常忽略少數人的需要，以至於造成少數族群的不便。在顧客為導向的行銷時代，應該要讓產品及服務能夠更具彈性，以符合每一位顧客的需求。因此，在產品或服務上應該加入顧客的意見，使商品或服務是以顧客的需求來量身訂做。

六、利用資訊技術輔助行銷活動

在過去不知客戶在哪裡的時代，傳統的業務員為了找尋客戶，必須挨家挨戶上門推銷，冒著隨時會吃「閉門羹」的可能，嘗試各種可能的機會。只不過這種行為就像「散彈」一樣，縱使僥倖打中目標，相對的也會浪費不少子彈，是一種很不經濟的方式。

如果先設定目標進行射擊，縱使不知道明確的目標位置在哪裡，只要觀察彈著點與實際目標的差距後，經由不斷地修正後再射擊，則其命中目標的機率將會比「散彈」來得有效。資訊技術便具備這樣的能力，它能幫助企業過濾目標客戶，並根據資料所呈現的經驗來修正目標，幫助企業找到適合行銷的對象，增加行銷成功的機會。

為了幫助企業了解客戶的特性，必須利用各類的資訊技術，在交易過程中蒐集大量資訊，以建置完整的顧客資料庫。在這些蒐集的資料中，例如：客戶基本資料、客戶交易資料、客戶服務資料、活動回應資料及其他相關的互動紀錄，企業可以運用各種資料分析方法，如資料採礦、OLAP等技術，來分析整體資料庫，尋找客戶交易的軌跡，找出與客戶有關聯的各種趨勢，進而預測客戶之購買偏好，達到促使客戶購買的目的。

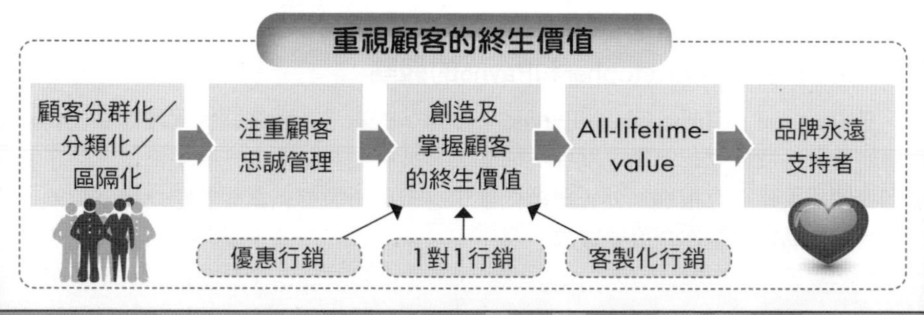

Unit 8-2 CRM與顧客行銷的階段步驟

一、Kalakota和Robinson的觀點

Kalakota和Robinson（1999）以關係基礎，認為必須以三階段來妥善管理顧客之生命週期及實行顧客關係管理，此三階段分述如下：

(一) 獲取可能購買之顧客（Acquire）：吸引顧客的第一步，乃是藉由具備便利性與創新性的產品與服務，作為促銷、獲取新顧客的方式之一。

(二) 增加現有顧客的獲利（Enhance）：在有效地運用交叉銷售與提升銷售之下，企業將能更穩固與顧客間的關係，進而創造更多利潤。同時，就顧客而言，交易便利性的上升與成本的減少，即為價值的增進。

(三) 維持具有價值的顧客（Retain）：企業可透過關係的建立，有效察覺顧客的需求並加以滿足，進而長久維持較具獲利性的顧客。因此，所謂的顧客維持，事實上即為服務的適當性，亦即企業應以顧客需求而非市場需求為服務標的。

二、 Peppers和Rogers的觀點

Peppers和Rogers（1999）則以確認顧客之觀點，認為實行顧客關係管理的起始計畫，可以被看成四個基本步驟的連續進程，詳如下述：

(一) 確認您的顧客（Identify）：個別認識您的顧客是非常重要的，而且愈詳細愈好，要能夠在所有的顧客接觸點、所有的媒體、每一條產品線、每一個地點和每一個部門認出他們。

(二) 區隔及分群您的顧客（Differentiate）：包括：1.分出優先順序，向最有價值的顧客爭取最大的利益，以及2.針對每位顧客特定的需求來調整公司的做法。

(三) 與顧客間的互動（Interact）：必須改善和顧客之間互動的成本效益與有效性。也就是說，互動要節省成本、更自動，以及在獲取資訊以強化與深化顧客關係方面更有用。除了明瞭顧客的需求有何種程度上之不同，還要有方法從某些特定顧客身上，利用互動的結果，推論出此顧客之需求。

(四) 客製化顧客行為（Customize）：用不同方式對待不同的顧客，而該對待方式確實對該顧客具有獨特的意義。這種變通方式若要符合成本效益，唯有使用大量客製化的方法。

三、Ballantyne、Christopher和Payne的觀點

Ballantyne、Christopher和Payne（1995）的看法為顧客關係管理首要任務是與供應商及顧客間建立起互動之關係，而且要極大化利害關係人之終生價值。除了和外部利害關係人建立互信機制外，組織內部也必須重新調整結構成為跨功能之機制，而一切活動之品質管制亦為重要關鍵。

CRM與行銷的三階段步驟

1.
如何獲取
可能購買之顧客

2.
如何增進
現有顧客的獲利

3.
如何維持
具有價值的顧客

資料來源：Kalakota & Robinson (1999).

CRM與行銷的四步驟

CRM與行銷的四步驟

1.確認您的顧客

2.區隔您的顧客

3.與顧客間的互動

4.客製化顧客行為

資料來源：Peppers & Rogers (1999).

CRM與顧客行銷目標

CRM行銷目標

1.獲得可能購買之顧客

2.增加現有顧客的獲利

3.維持具有價值的顧客

Unit 8-3 CRM與關係行銷

追溯關係行銷之起源，一般認為在Berry於1983年在美國行銷協會發表〈Relationship Management〉一文後，學術界與企業界即開始對如何將關係行銷運用在服務業與消費市場進行研究。關係行銷從過去行銷管理觀念發展到網際網路的科技時代，遂成為可以針對個別客戶進行的一對一行銷策略，而大量客製化（Mass Customization）也成為《哈佛企管評論》（*Harvard Business Review*, 1997）在其75年紀念特刊中，特別強調的一個行銷管理領域中非常重要的里程碑。

一、關係行銷的三大基礎

Shani和Chalasani（1992）認為，關係行銷是建立在以下三大基礎之上：1.確認、建立與持續更新現有及潛在消費者的資料，包括人口統計資料、生活型態及購買歷史等；2.利用媒體去接觸客戶，並以一對一的基礎傳播訊息；以及3.追蹤並監視每一位消費者的關係，同時每隔一段時間要重新計算消費者的終生價值。

二、從大眾行銷、目標行銷到關係行銷

產品行銷主要目標是盡可能刺激更多消費者購買。

(一) 大眾行銷（Mass Marketing）：視顧客的需求和欲望都是一樣的，以產品為焦點進行強力宣傳，而非針對潛在消費者進行行銷。

(二) 目標行銷（Target Marketing）：當顧客開始購買並使用產品時，就會連帶產生更多的可用資料，資料分析會開始將一些產品配套來對購買過的顧客進行促銷，當然這些構想都是透過資料分析找出的。隨著市場競爭氣息日益濃厚，企業開始了解到顧客本身的資料，也和以往費心調查的產品資料一樣可貴，於是就產生了所謂的「目標行銷」，也就是僅針對某一小部分顧客進行產品或服務行銷。技術上來說，目標行銷的範圍可以大至所有顧客或是小到個人，但在企業開始運用資料分析發展新的行銷方式，也就是目標行銷發展的早期，市場區隔是最被廣泛採用的方式。雖然許多資料顯示在一個企業當中，從產品到銷售通路可能是分開運作的，但所謂市場區隔是指根據顧客的特質，包括年齡、性別和其他個人的資料，將顧客歸納分類為一個個族群。

(三) 在目標行銷之後，接著出現了所謂關係行銷（Relationship Marketing）：雷吉斯・麥坎那（Regis McKenna）於1993年著作的《關係行銷：顧客時代的成功策略》（*Relationship Marketing: Successful Strategies for the Age of the Customer*），成為市場暢銷書，關係行銷使企業的行銷部門從了解顧客的喜好著手，進而更加熟悉顧客，同時這也提高了顧客的忠誠度。行銷目標、交叉銷售以及顧客忠誠度等計畫，是由其他先導型計畫演化出來的，同時已經正式成為核心行銷和銷售程序的一部分。

大眾、目標及關係行銷演進三階段

1.大眾行銷

・產品導向
・不具名的
・少數活動
・廣泛接觸
・極少或缺乏研究
・短期的

2.目標行銷

・族群導向
・一般性分類
・更多活動
・小眾接觸
・根據人口統計學做區隔研究
・短期的

3.關係行銷

・顧客導向
・針對個別目標
・許多活動
・個別接觸
・根據顧客詳細行為和檔案
・長期的

一對一行銷是未來趨勢

同時在1993年，唐・佩柏（Don Peppers）和瑪莎・羅吉斯（Martha Rogers）也在《一對一的未來》（*One to One Future*）一書中強調，以往市場依賴規模經濟生產標準化產品，再進行大量銷售的大眾行銷模式，將逐漸從銷售領域中消失。他們認為企業以產品為核心導向的觀念，將逐漸轉向顧客關係。企業不會再想盡辦法將某一項產品賣給更多顧客，而是盡可能對一位顧客銷售更多產品，而且是長期、交叉各種產品線的行銷方式。為了達成這個目標，企業就必須和個別顧客在一對一的基礎下建立起獨特的關係。

佩柏和羅吉斯完整描繪出行銷方式的演進，從標準產品的大眾行銷、目標行銷到關係行銷，即一對一行銷。上圖說明了這些方式的階段和差異性。

所謂一對一行銷不僅是和顧客進行個別溝通和宣傳，而且能夠根據顧客並未明白表達的需求，發展出顧客導向產品和針對個人的整合性訊息。這必須依賴顧客和公司之間良好的雙向溝通，彼此間培養出穩固的關係，使顧客能夠明確地表達出需求，讓公司來滿足其需要。顧客接收到經過特別設計的行銷資訊後，和企業間產生的互動經驗，也是關係行銷中相當重要的因素。

Unit 8-4 CRM與持續性關係行銷

全球知名的麥肯錫顧問公司認為全方位CRM行銷的發展，是由過去以來的四個層次所形成的，如右圖所示。

一、持續性關係行銷的四個發展過程

持續性的關係行銷大致區分為以下四個發展過程：

(一) 大眾行銷：針對廣泛的顧客，寄發內容類似的大量郵件。

(二) 有區隔的行銷：瞄準特定顧客群，針對特定產品和服務寄發郵件。最佳案例為美利堅航空公司、美國電話暨電報公司（AT&T）長途電話業務部門。

(三) 行為導向的行銷：根據顧客主要行為的改變，持續推出目標明確的行銷活動，以掌握最大經濟效益。最佳案例為讀者文摘、美國郵購商Fingerhut、USAA。

(四) 全方位的CRM行銷：以多元通路、事件驅動及各種訊息接觸的做法，完全個人化地針對個別顧客進行事件行銷。

二、做好關係行銷對企業的利益

Chrisy、Oliver和Penn（1996）認為企業實施關係行銷將有下列七項利益：

1.顧客忠誠度提高。
2.品牌產品的使用量增加。
3.建立顧客資料庫以支援行銷活動。
4.市場占有率的增加。
5.交叉銷售的機會增加。
6.大眾媒體的廣告支出減少。
7.增加與消費者直接的接觸，平衡通路成員的權力。

小博士解說

關係行銷3要素

1. 確認及建立現有與潛在消費者的資料庫，它記錄了許多消費者的人口統計資料、生活型態及購買資訊。
2. 基於消費者的特性及偏好，透過各種媒體管道，傳遞給顧客不同的資訊。
3. 追蹤每個關係以審視獲得這位消費者的成本，並估計他們的購買終生價值。

CRM的四個層次

層次一：大眾行銷	層次二：有區隔的行銷	層次三：行為導向的行銷	層次四：全方位的CRM行銷
針對廣泛的顧客，寄發內容類似的大量郵件。	瞄準特定顧客群，針對特定產品和服務寄發郵件。	根據顧客主要行為的改變，持續推出目標明確的行銷活動，以掌握最大經濟效益。	以多元通路、事件驅動及各種訊息接觸的做法，完全個人化地針對個別顧客進行事件行銷。
最佳案例：Home Depot	最佳案例：美利堅航空公司、美國電話暨電報公司（AT&T）長途電話業務部門	最佳案例：讀者文摘、美國郵購商Fingerhut、USAA	最佳案例：目前尚無企業達到此境界

資料來源：麥肯錫顧問公司。

做好關係行銷對企業的好處

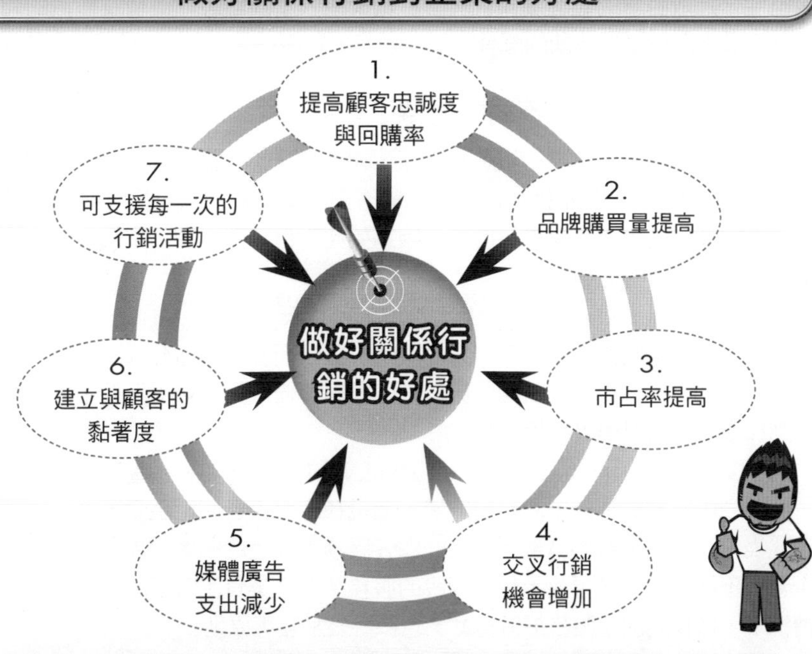

Unit 8-5 CRM與顧客分級

就顧客整體與站在「顧客導向」和「顧客至上」的立場和信念而言，當然每一位顧客都是很重要的，他們都是公司創造營收與獲利的主要來源。

一、顧客分級的重要性

我們如果再進一步分析及深究，顧客對公司的貢獻其實是有分別的。換言之，顧客的確是有不同的重要性，有些顧客經常且忠誠地購買本公司產品或品牌；有些顧客則是低價格的轉換者，亦即不見得常購買本公司產品。這樣看來，公司應該用不同的條件及做法去對待不同重要性的顧客才對。

因此，在實務上，例如：信用卡區分為頂級卡、白金卡、一般卡；化妝品公司也將會員區分為三個或四個不同等級；航空公司、高級大飯店、名牌精品店、高級餐廳、百貨公司、電視購物公司、網路購物公司等，也常見將顧客分級。由此可見，顧客分級已不是理論問題了，而是實務操作的現況。剩下的問題，只是要區分為多少級、給予什麼頭銜名稱，以及給予什麼不同的優惠對待了。而這些則在於行銷公司操作的手法，各公司都有些許不同，但是方向與策略則是一致的。

二、依據「利潤貢獻度」區分顧客等級

企業必須依照顧客的利潤貢獻度或終生價值加以區隔成不同的群組，並根據其利潤貢獻度，採取對應的顧客關係管理與行銷策略。了解顧客的價值及他們的利潤貢獻度，就是顧客關係管理成功的關鍵。

三、案例：顧客分級有不同的對待

在落實CRM的過程中，辨識及區別不同顧客對企業利潤的貢獻度是必要的。行銷學中的80/20法則，是指排行前20%的顧客對企業利潤的貢獻度可能高達80%。服務最差勁的顧客則會讓企業得不償失，因為如此不但無利可圖，還侵蝕了企業從其他優良顧客身上所獲得的利潤。

以聯邦快遞（Federal Express）為例，就捨棄了對所有顧客一視同仁的策略，而依照顧客對企業利潤的貢獻度來提供服務。該公司將顧客區分成三個等級，致力於服務第一級的最佳客戶，並試圖將第二級的顧客轉變成第一級；至於第三級最差的顧客，則採取一種勸退與阻擋的策略。

美國第一聯合銀行（First Union Bank）的顧客服務中心則充分利用資料庫技術，將不同等級的顧客以不同顏色方塊，顯現在客服人員的電腦螢幕上。綠色方塊的顧客代表獲利性高，他們會得到額外的顧客服務；紅色的顧客代表獲利性低，甚至會使企業得不償失，公司會給予較次等級的服務。在企業資源有限又有獲利及生存壓力的情況下，這種差別化服務不但務實，也符合公平互惠原則。

增進顧客利潤貢獻度

1.鞏固現有顧客（Customer Retention）

- 購買通路喜好
- 運用傾向模型（Propensity Model）來減少顧客流失
- 生命週期內購買行為的變化
- 顧客終生價值

2.贏取新顧客（Customer Acquisition）

- 整合來自各獨立資料的詳細資料
- 針對新顧客購買行為建立傾向模型
- 確認顧客最可能購買的產品
- 知道顧客何時與某公司接觸，以及如何與他們溝通

3.增進顧客利潤貢獻度（Customer Profitability）

- 確認獲得最豐富的顧客區隔
- 發掘獲得最豐富的顧客最可能購買哪些新產品
- 決定行銷經費的最佳分配方式

資料來源：安迅資訊系統公司（2005）。

CRM與顧客分級指標

1. 依利潤貢獻度	2. 依營業額貢獻度	3. 依購買次數貢獻度

↓

適當的將顧客分成不同等級

↓

給予不同的行銷優惠及服務等級提供

↓

提高往高層級會員移動的潛在欲望

↓

對公司的整體貢獻更大

Unit 8-6 CRM與顧客忠誠度

一、顧客忠誠度（Customer Loyalty）的重要性

1.要吸引一位新顧客，所花成本要比留住一位原有顧客多出5～7倍。

2.要消弭一個負面印象，需要十二個正面印象才能彌補。

3.企業為補救服務品質欠佳的首次消費，往往要多花25～50%的成本。

4.100位滿意的顧客，可以衍生出15位新的顧客。

5.每一個抱怨顧客的背後，其實還有20個顧客也有同樣的抱怨，而且會告訴更多同業。

二、忠誠顧客的觀念

忠誠顧客應有三種層次，分別是使用後非常滿意者、會再次購買者，以及不但自己購買還會推薦他人使用者，而第三層次者也就是CRM的目標族群，因為這些人比其他兩類人將帶來更多的利潤。

三、忠誠顧客的引申

依下列三個層次來經營分別是：

(一) 獲取新的顧客：

1.此即銷售觀念，即是企業以各種方式創造顧客。

2.必須先創造出顧客，才能繼續以下的層級。有了顧客，才能有CRM。

(二) 保存現有關係（維持顧客關係）：

1.此部分是CRM的核心。

2.企業從獲取新顧客開始，提升與這些顧客的關係，不只是以產品來做連結，而是需要更深一層的互動關係。

(三) 由原顧客創造新顧客：

1.此部分為顧客自身所發揮的效果，CRM的效益也從此部分開始發酵。

2.顧客假設如同我們所預期，在使用產品後不但繼續使用，而且會推薦他人使用，只要一個人平均讓另一個人來使用，企業的收益便會整整成長一倍，這就是忠誠顧客為何會造成巨幅效益的原因。

忠誠顧客的三種層次

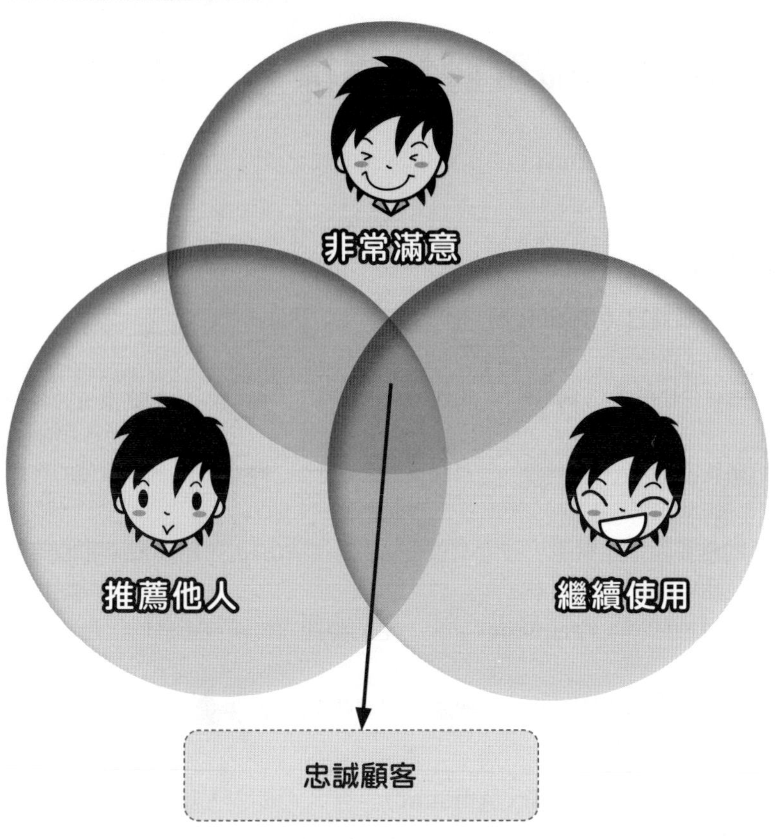

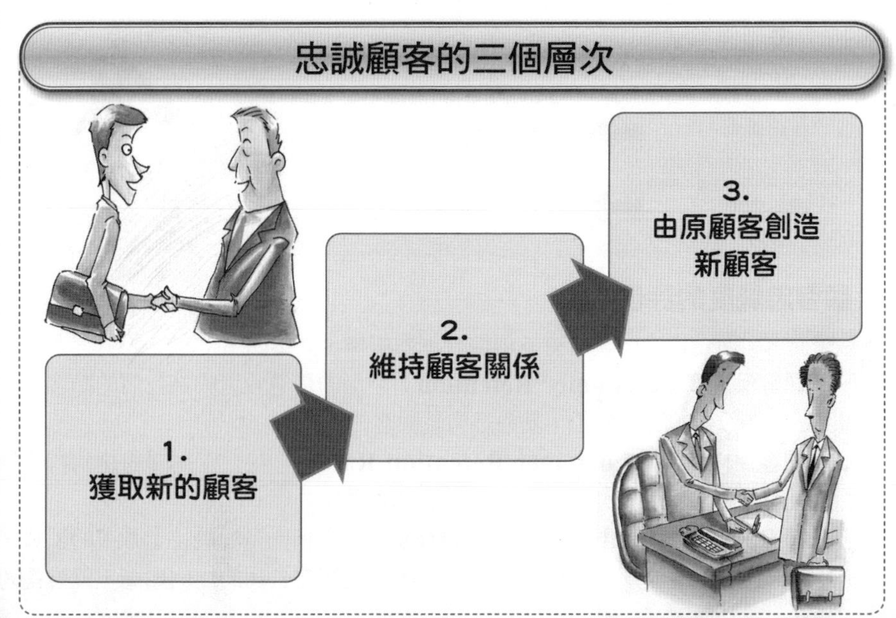

Unit 8-7 顧客忠誠度評量指標——RFM分析

提出者為Hughes（1994），主要依據客戶過去的購買紀錄，主要內容有RFM三點，以下說明之。

一、什麼是RFM？

(一) 最近購買日（Recency）：

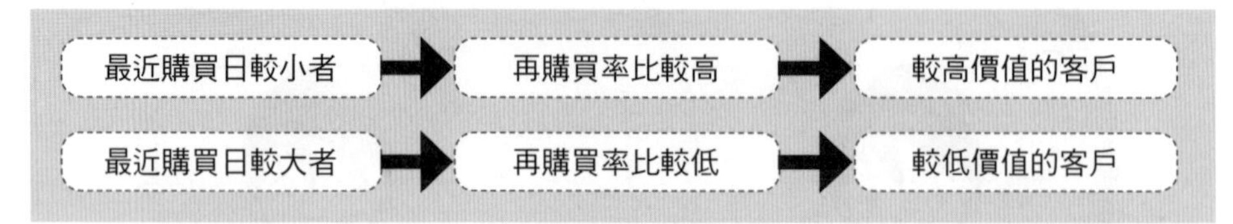

客戶的重要性不能單憑「最近購買日」此指標來決定，而要依產品的特性而定，例如：消耗品VS. 耐久品。

(二) 購買的頻率（Frequency）：一定的時間內，購買產品的次數。

(三) 購買金額（Monetary Amount）：一段時間內，購買產品的金錢價值的總和。

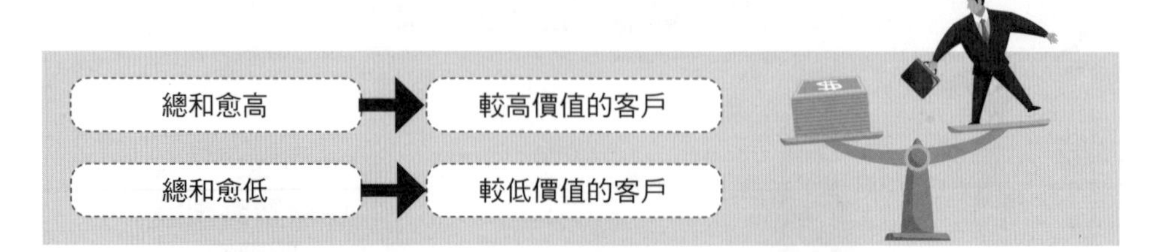

二、顧客忠誠度的評價

整體而言，衡量顧客忠誠度有三項綜合總體指標，列舉如下：

(一) 顧客保持度（Customer Retention）：指的是消費者成為我們的顧客有多久時間了。成為顧客的時日愈久，就愈是忠誠顧客。

(二) 顧客保持比率（Customer Retention Rate）：在一定期間內達到特定採購次數的顧客百分比，採購次數愈高，就愈是忠誠顧客。

(三) 顧客占有率（Total Share of Customer）：指的是對於特定類型的消費，顧客將其預算花在特定公司商品或服務的比例。將錢花在公司的比例愈高，就愈是忠誠顧客。

顧客忠誠度評量指標

RFM

1.
R：Recency
最近購買日期

2.
F：Frequency
一定期間內購買頻率

3.
M：Monetary
一定期間內購買總金額

對顧客忠誠度的追求

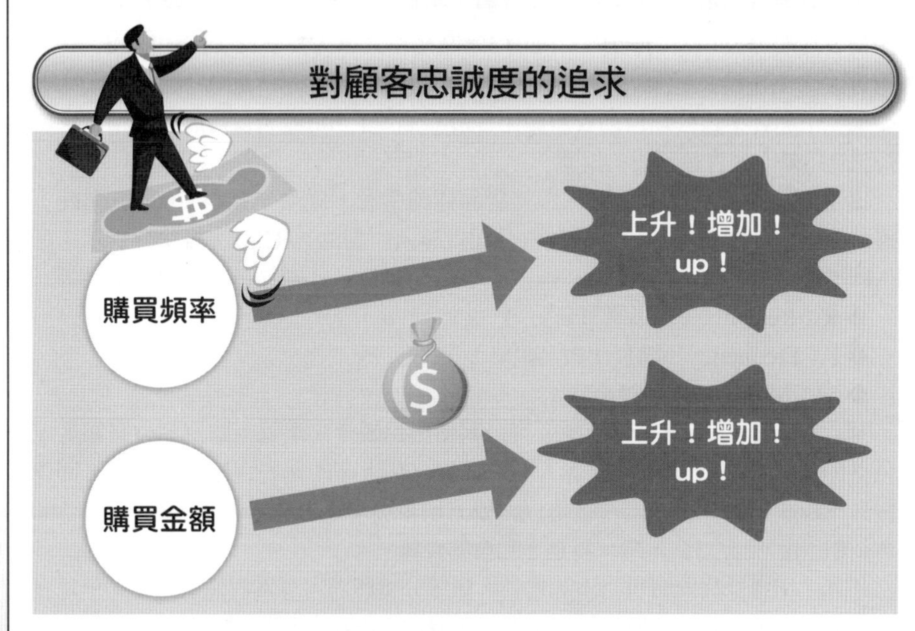

顧客忠誠度三項評價

1.顧客保持度

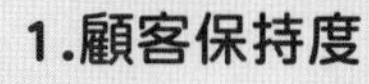

2.顧客保持率

3.顧客占有率

Unit 8-8 日本型錄事業認為零售就是科技

日本第一大型錄公司千趣會社長認為：「做無店鋪通路事業，就是科學」。

一、零售就是科技的論點

最近日本第一大型錄公司千趣會社長田邊道夫接受日本媒體專訪時，表達了在推動大數據（Big Data）時的一些見解與看法，茲摘譯重點如下。

田邊社長在2006年時，就開始重視千趣會公司的資訊系統化建置，並與日本的IBM資訊服務公司簽約合作。在2013年開始正式導入大數據（Big Data）分析與應用專案。田邊社長認為在資訊化過程中，最重要的就是「顧客資料庫」（Database），千趣會型錄公司目前資料庫中，計有高達1,500萬名會員的顧客情報，田邊社長認為這是千趣會最珍貴的財產。

田邊社長強調指出，其實，做無店面通路生意，就是一種科學（Science）。田邊社長指出，早在多年前，千趣會公司就導入所謂的「RFM」科學分析法。所謂RFM即是指：

◆ R：Recently（最近購買日）。

◆ F：Frequency（購買次數／頻率）。

◆ M：Money（購買總金額）。

透過上述R、F、M三個指標，可以判斷出比較會來型錄上購買的會員顧客。並且依據RFM分析法，給予全部客人點數分析，點數高的就寄送出當期型錄，回應率也提升不少。田邊社長指出，這是以科學方法來發現顧客在哪裡。因此，這1,500萬名會員RFM消費行為資料庫，將是千趣會的寶庫。

不過，田邊社長同時也指出，推動大數據分析與應用專案固然很重要，但是在基本面的鞏固上也要做好搭配，例如：產品開發力、服務力及行銷力等三大領域也要積極做好，再配合科學化資料庫應用，這樣才會對總業績提升帶來幫助。

二、小結與分析

1.根據田邊社長的日本經驗，顯示：提升總業績＝產品開發力＋服務力＋行銷力＋大數據分析應用力，唯有同時、同步做好、做強上述四項工作，才能提升公司總業績！

2.經過系統化的建置、整理、分類和分群公司的「會員顧客資料庫」（Database），將是任何公司最寶貴的財產與寶庫。

3.無店面通路事業或生意，其實就是一種科學（Science）。因此，不管虛擬或實體零售通路事業經營與顧客維繫開發，都要立足在具有科學化的觀念及應用方法工具上。

零售事業就是一種科技

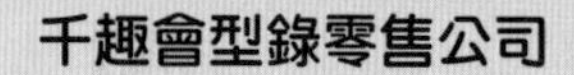

千趣會型錄零售公司

↓

1,500萬名的顧客資料庫

↓

導入RFM科學分類法

↓

設計行銷活動

↓

提高型錄購物的回應率

↓

提升公司業績及利潤

提升總業績，4力齊進

1. 產品開發力 ＋ 2. 服務力 ＋ 3. 行銷力 ＋ 4. 大數據分類應用力

↓

零售 ＝ 科學

第9章

客服中心與電話行銷

章節體系架構 

Unit 9-1 客服中心的意涵與應用

客服中心是廠商接觸顧客的一扇窗口，負責協助廠商服務顧客以及增加產品的銷售。客服中心從起初的幾條顧客專線開始演進，隨著科技的進步而賦予了客服中心更多元且更方便的功能。在對客服中心有更進一步的了解之前，先由國內外學者對客服中心的定義上，釐清何謂「客服中心」（Call Center）。

一、客服中心的意涵

從組織部門的角度來思考，可把客服中心定義為「一個或是一群組的電話服務，專門為特定業別與服務屬性，接收來電或外撥電話」，或是「專門設計一個最迅速、最有效率及便捷的接收來電與外撥電話的環境」（趙新民，2001）。此定義描繪出客服中心一個基本輪廓，卻無法全面性地代表客服中心。如果再參照國外學者對客服中心的定義，就能把組織設立客服中心的價值描寫得更為明白。

客服中心可以提供給組織的價值，在於其能為企業提供更多與顧客接觸的機會，而且客服中心是贏得競爭優勢、提供銷售管道的單位（Serchuk,1997）。另一位國外學者Holt（1998）提到，組織之所以成立客服中心，主要是因為客服中心能夠降低營運成本、得到顧客忠誠度、快速反應及解決問題。同時，客服中心能夠有效整合企業面對顧客的前端（Front Office）與後端（Back Office）。

綜合國內外對於客服中心的定義，認為客服中心是企業為了接觸客戶且維持良好顧客關係，所設立有效率接受來電與外撥電話的單位，專門為了特定的業務或服務反映問題以及幫助顧客解決問題，客服中心可以為企業降低營運成本、增加效率，並且建立企業的競爭優勢，進而提高顧客對企業的忠誠度。

二、客服中心的應用

客服中心在臺灣的發展漸漸成熟，也成為企業與顧客主要的接觸管道之一，在眾多的商業行為中，客服中心的地位也愈來愈重要，應用行業也非常廣泛。客戶或潛在客戶可以經由企業的客服中心了解最近商品資訊、取得障礙排除等售後服務或提出抱怨申訴。相對的，各企業亦可透過客服中心來提升商業形象、銷售產品、維持良好的客戶關係、改善客戶滿意度及忠誠度，進而拓展市場占有率。

傳統用來支援客戶服務中心運作的資訊系統，主要以電腦電話整合（Computer Telephone Integration, CTI）為基礎平臺，藉以建構出類比之電話語音與數位之電腦資訊密切結合的客戶服務整合環境。時至今日，由於網際網路蓬勃發展，以此一新興媒介來處理以往需透過電話、郵寄或親臨方式才能完成之各種應用陸續被推出，客戶服務的管道也從單純的類比電話語音、傳真服務，擴展為包括電子郵件（E-mail）、語音電子郵件（Voice Mail）、網路語音（VoIP）、線上文字對談（On-Line Text Chat）和網頁同步瀏覽（Co-Browsing）等多種形式。

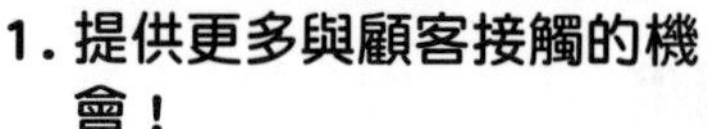

客服中心價值

1. 提供更多與顧客接觸的機會！

2. 贏得競爭優勢之一項！

3. 獲得顧客的忠誠度！

4. 提供銷售的管道之一種！

客服中心應用的領域非常廣泛，包括銀行業、電信業、醫療業、保險業及運輸業，均可運用客服中心的功能來提供客戶專業及迅速的優質服務。在客服中心，由於整合了電話、電腦和網路等技術，客戶可運用便利的電話與企業聯繫，享受企業所提供的服務；反之，企業也能夠充分利用自己所擁有的客戶資料，主動向客戶提供服務。

Unit 9-2 客服中心的四大功能

客服中心提供服務的方式有兩種類型：一種是進線／來電服務，是客戶主動打電話到客服中心；另一種是外撥服務，是客服中心主動打電話給客戶。若再以不同目的（銷售或服務）進一步予以細分，則可將客服中心所提供的功能分成四種，一是進線服務；二是外撥服務；三是進線銷售；四是外撥銷售。

在客服中心的功能劃分上，根據曾世忠（2003）的描述，可依進線與外撥、銷售與服務，劃分出四個主要的功能，以下將對四個部分加以說明之。

一、進線服務（Inbound Service）

服務專線的接聽，是目前絕大多數客服中心最完整的核心業務，也是客服產業最早發展的功能。電信、銀行、保險等擁有大量顧客基礎的產業，都會建置或外包以進線服務為基礎的客服中心，藉以服務大量的顧客群。

二、外撥服務（Outbound Service）

在顧客導向的市場潮流下，被動等待顧客來電的服務已經無法完全滿足顧客的需求，於是客服中心產生了一項新的功能：主動撥出電話對顧客進行關懷的行為，成為新的服務概念。也由於這是新的功能、新的觀念，在實務上其工作業務很難被明確地區分出來，其工作分散在進線服務以及外撥銷售兩個業務區隔內。

三、進線銷售（Inbound Sales）

客服中心配合其廠商的行銷活動，建構訂購專線服務顧客，使顧客可以直接撥入電話完成其所需要的交易，如電視購物或者郵購等。進線銷售不但可以交易，更可以直接把顧客資訊回饋到行銷部門。在實務上，此業務區隔的工作大多被進線服務業務區隔的客服人員一起包辦，仍未有明確的績效指標。

四、外撥銷售（Outbound Sales）

廠商以電話外撥行銷，是一項比起其他功能更為主動積極的功能，尤其當客服中心可以整合客戶往來的詳實資料庫，大幅提升了行銷活動的廣度、深度和精確度。但是執行這項功能時，必須考慮到顧客感受，不能讓顧客感受到由於廠商掌握個人資料而進行強迫推銷，反而會對業績產生反效果。

本書以曾世忠（2003）所做的客服中心功能區分，將客服人員的業務性質做區分，以進線服務、外撥服務、進線銷售及外撥銷售四種區隔作為區分客服中心的分類，加上客服人員組長第五種業務區隔，總共把客服人員的業務內容做五種區隔。而分析對象以負責最大宗業務的進線服務以及進線銷售的客服人員為主，探討客服人員的人格特質與其表現的工作績效有何相關性。

客服中心的四大功能

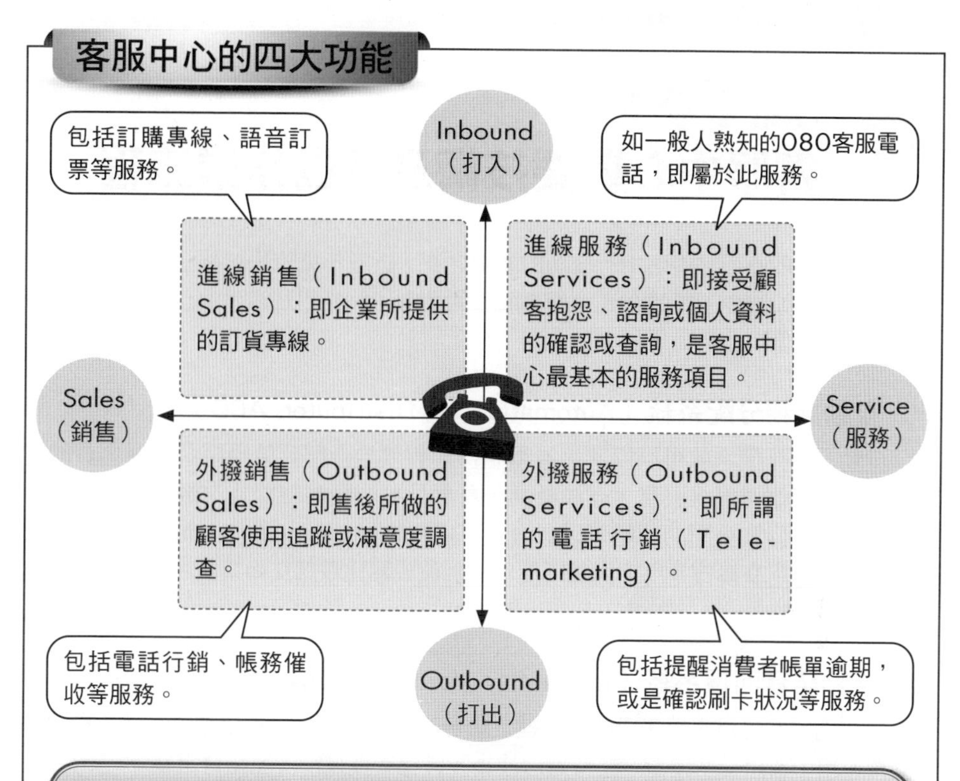

客服中心之功能矩陣

進線或外撥 服務與銷售	進線電話（Inbound）	外撥電話（Outbound）
服務（Service）	進線服務（Inbound Service）	外撥服務（Outbound Service）
銷售（Sales）	進線銷售（Inbound Sales）	外撥銷售（Outbound Sales）

資料來源：曾世忠（2003），《效率客服——客服中心的程序規劃》，培生集團之修改。

資料來源：曾世忠（2003），《效率客服——客服中心的程序規劃》，培生集團，頁20。

Unit 9-3 客服中心重要技術及互動作業流程

資訊科技的應用是客服中心成功的關鍵之一，近五年來資訊科技已大幅提升了客服中心的效能，減少人工的介入，提高服務的品質。一般認為客服中心需要以下幾項關鍵技術，茲說明之。

一、自動話務分配系統（Automatic Call Distributor, ACD）

自動話務分配系統可以協助每通電話快速有效地分配到值機電話服務專員的座席，使客戶能儘速獲得服務，亦讓電話服務專員平均服務時間及次數能得到最妥適之配置。自動話務分配的功能可以包含在專用交換機（Private Branch Exchange, PBX）中，專用交換機是用戶內部所使用的數位或類比電話交換系統，用來連接私用及公共電話網路。

二、自動語音回覆系統（Interactive Voice Response, IVR）

自動語音回覆是客戶運用電話按鍵及語音的引導來進行訊息傳遞的系統。自動語音回覆運用了通訊交換技術、語音處理技術及數據管理技術，並結合電腦。

三、電腦電話整合系統（Computer Telephone Integration, CTI）

客戶對於企業所提供的服務品質要求日益嚴苛，一個支援多元通訊媒體的客服中心，已成為企業維繫客戶關係的策略性利器。

在各項資訊系統相互配合的情況下，客服中心的互動作業流程可以右圖表示之。

小博士解說　何謂電腦電話整合？

電腦電話整合的目的，主要是希望藉由電腦來控制電話系統的運作，以增強電話的功能。基本上，電腦電話整合系統中的電話系統是指用戶電話系統，其範疇包含用戶交換機（Private Branch Exchange, PBX）及其所連接的內線分機及各種終端設備（如傳真機）。相對於所謂的公眾電話網路（Public Switched Telephone Network, PSTN）而言，其局端交換機系統是不可能允許由外界的電腦系統來控制其運作的，因此電腦電話整合系統的控制範圍只能侷限在用戶自有系統。

電腦電話整合另一項重要功能是媒體處理（Media Processing），即利用電腦來處理通信的資料，如語音及傳真資訊。事實上，這一類整合應用應該算是比較成熟的領域，如語音信箱（Voice Mail）、自動總機（Auto-attendant）、傳真伺服器（Fax Server）等。不過，上述這些應用因為電腦電話系統的互動較簡單，附加價值不高且一直在降低。因此，有必要開發一些較高價值且新穎的新應用系統，如整合電子郵件信箱與各類訊息的整合型訊息系統。

綜合以上所言，電腦電話整合的功能，可概分為「媒體處理」及「話務控制」。大部分的電腦電話整合應用系統幾乎都涵蓋這些功能，且彼此之間緊密地整合在一起。

客服中心三項IT工具

客服中心三項IT工具的功能目的

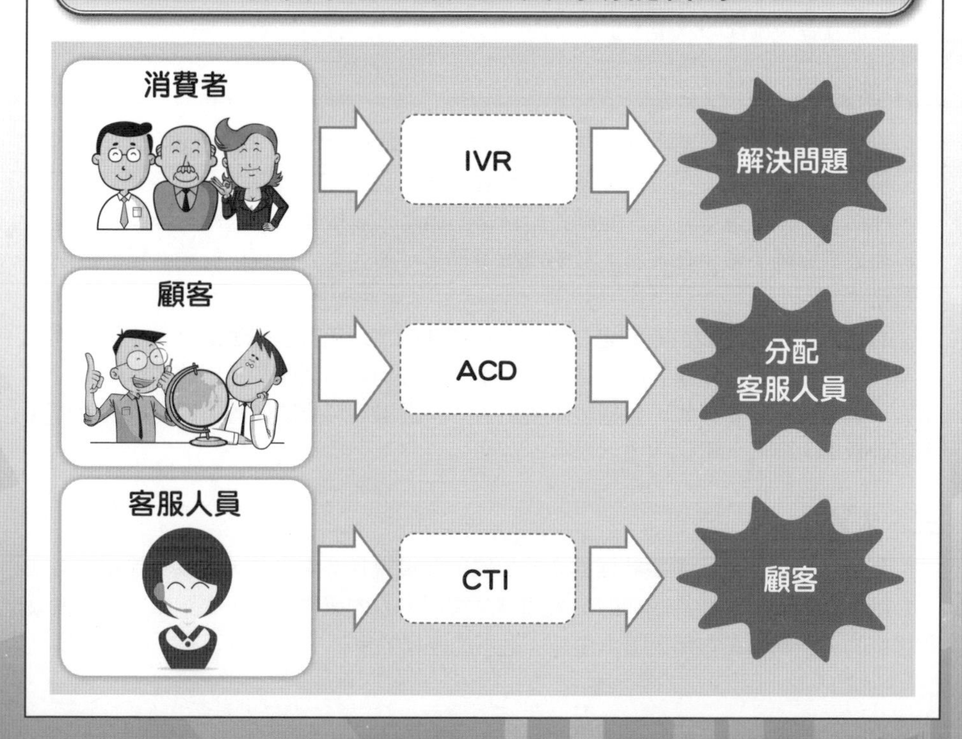

Unit 9-4 客服中心三大要素：系統、人、流程

一個客服中心要完整發揮其各項功能，就必須整合「系統」（Technology）、「程序」（Process）和「人員」（People）三大要素，缺一不可。

一、程序／流程

在程序方面，客服中心必須要建立一套SOP（標準作業程序），包含標準化的應對用語、制度化的進線處理流程等。「透過規劃良好的SOP，不只讓人員可以清楚了解自己該做哪些工作，還能達到顧客服務過程的一致和順暢，讓每位顧客都能擁有相同水準的服務。」企業要了解客服並不是獨立運作的，客服和其他部門都會有連動，所以在流程上要經常和其他相關單位溝通，達到有效的串接。

對於客服流程的管理，主要可以透過KPI（關鍵績效指標）的制訂和考核來改善。客服的KPI基本上可分為量化和質化，量化的服務指標包括平均處理時間、離線時間、客訴件數，甚至基本業績等。邱登崧指出，企業可以依據本身的需求、成本等考量，訂定合適的管理指標，例如：臺灣客服就規定客服人員20秒內的應答率要達到85%。至於質化的服務品質，則可以透過錄音側聽的方式，評估客服人員的實際服務狀況。「客服不比製造業，QC（Quality Control，品質管制）通常要事後才能進行，但還是要盡量透過對各項KPI的檢討，以及不定期的抽測或是滿意度調查等，以掌控並提升客服流程的效率。」

二、系統

至於在系統方面，客服中心的系統大致分為Data（數據）和Voice（語音）兩大類。現代化的客服中心已經將這兩者整合在一起，透過電腦電話整合作業系統（CTI），在顧客打電話進來時，即能轉接給適當的服務人員接聽，並立即搜尋顧客的個人資料和來電紀錄，顯示在客服人員的電腦螢幕上，讓客服人員可以對顧客提供最貼切的服務。

要做到這一點，資料庫的建立也是不可或缺的。這包含了兩個部分，一個是產業專業的知識庫，這可以讓客服人員隨時從線上搜尋到基本問題和所需的知識；另一個是客戶個人資料的資料庫，包括帳單資料等。「透過資料庫的建置，將可以大大提升客服的效率。」

三、人員

對顧客來講，絕大多數時候與企業接觸的管道就是客服人員，所以，優秀的客服人員絕對是客服中心能夠成功的一大關鍵。客服中心的運作就像一臺跑車，如果操縱和維修的人不夠格，在別人眼中還是一臺不怎麼樣的車子。

客服中心三大要素：系統、人、流程

系統指的是客服所需要使用的值機、話務轉接和資料管理等設備；程序則是指客服中心的各項作業流程；至於人員，當然就是指第一線的客服人員。對客服中心而言，沒有夠專業的客服人員，所有的系統和程序都只是廢物；但是空有客服人員而沒有完整的系統、順暢的流程，也無法將客服的功能發揮到極致。因此，這三個基本要素就像是一個鼎的三支腳，要並存並重才能讓客服中心有效地運作。

客服中心互動作業流程圖

1.客戶撥打電話，經過電信局的線路到客服中心

↓

2.交換機的自動話務分配軟體（ACD）啟動，接受訊息與記錄來電

↓

3.客戶來電轉至互動語音回覆系統（IVR）

↓

4.啟動IVR，提供互動語音查詢

↓

5.客戶依循IVR所提供的流程按鍵選項輸入

↓

6.IVR根據客戶選項，將訊號傳回ACD，接著展開兩個同步動作

7-1.客戶資料部分

8-1.啟動交換機至電腦軟體介面，經TCP/IP在電腦資料庫中，搜尋客戶資料

↓

9-1.啟動電腦至交換機軟體介面，將客戶資料經TCP/IP傳至客服人員的電腦螢幕上

7-2.客戶語音部分

8-2.ACD啟動客服人員的電話鈴聲

↓

9-2.客服人員接聽後，ACD開始記錄通話內容

客服中心的進線服務作業流程

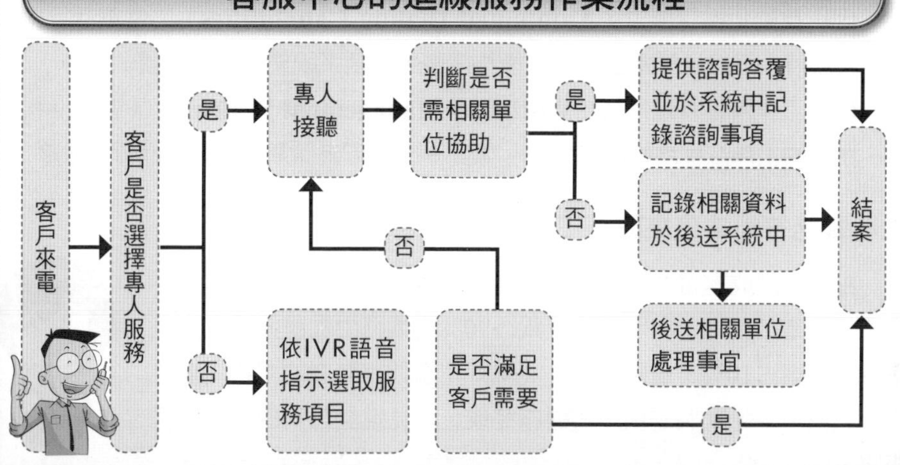

Unit 9-5 電話行銷

現在的電話行銷（Telemarketing）除透過各種科技應用來解決上述難題外，更強調整合行銷的重要性，因此提出所謂的整合式客服中心（Integrated Call Center Solution）。

一、整合式客服中心的功能

所謂的整合式客服中心，即指包含下列功能的電話中心：

(一) 顧客接觸管理系統（Customer Contact Management System）：當客戶來電時，電話行銷人員可以快速地自資料庫中得到客戶資料，有的甚至有提供回應的話術，讓電話行銷人員能正確地與客戶互動，並可輕易地加上新的互動紀錄。除此之外，系統還可提醒電話行銷人員何時該主動聯絡客戶。

(二) 互動語音反應系統（Interactive Voice Response Units）：當客戶撥入電話時，系統會接聽電話，並播放選項留言，讓客戶透過電話鍵輸入特定的PIN（個人識別號碼），如此一來，系統便能自動辨識客戶的身分，並將此電話轉接至適合的電話行銷人員。電話行銷人員在接聽電話前，螢幕會先顯示來電者的身分及詳細資料。

(三) 整合傳真與電子郵件服務（Integrated Fax and E-mail Service）：當客戶要索取資料時，電話行銷人員可以在不離席的狀況下，直接操控電腦，便可將資料傳真或E-mail給客戶。甚或是無須電話行銷人員，客戶只要透過與電話系統的互動，系統便可自動傳回所需要的資料（Fax on Demand）。

(四) 自動化撥話能力（Automated Dialing Capabilities）：當電話行銷人員要撥號時，不需碰觸電話，只要操控電腦，電話系統便會自動撥號。

(五) 工作流程管理系統（Workflow Management Systems）：當電話接通後，所有的工作流程均被系統管理，如此一來便可確保電話行銷的品質及效率。

二、電話行銷時代來臨

由於推銷成本日益升高，企業為了節省時間，提高推銷力，不得不採取電話行銷，有別於傳統銀行90%的業務由實體通路完成，虛擬通路則占10%。最賺錢的外商銀行花旗則有30%的業務由實體通路完成，高達70%是由虛擬通路完成，可見電話行銷的時代已經來臨。

某公司發展電話行銷的銷售成果分析

○○年～○○年電話行銷成績說明

	成軍期（@11人）	擴大期（@16人）	養成期（@18人）	精進期（@19人）
○○年			○○年	
月分	1 2 3 4 5 6	7 8 9 10 11	12 1 2 3 4	5 6 7 8 9 10 11 12
平均月業績	473萬元	546萬元	662萬元	941萬元
平均月毛利額	168萬元	238萬元	282萬元	376萬元
平均毛利率	35.70%	43.50%	42.70%	40.05%
人效產值（每人月損益）	52.3萬元（1萬元）	34.1萬元（4.2萬元）	36.8萬元（4.9萬元）	50萬元（6.4萬元）
人效說明	人員產值高	3個月以上人員產值與人效利益均提升	人員產值穩定無法持續突破	名單維運黏著度與系統輔助功能發酵人效大幅提升
發現問題	3C、珠寶商品公司獲利低	新人產值不佳，影響營效提升	成交率停滯	組織規模過小，影響營收擴大
解決方案	限定商品銷售「高毛利率」、「高單價」	依「年資」分群，進行不同商品之銷售訓練	精準行銷 1. 客戶消費分析與偏好商品貼標 2. 消費週期記錄自動提醒	1. 招募培訓擴大編制 2. OB系統上線，記錄客戶消費習性與偏好，提升成交率與消費次數

知識補充站

客服人員的專業

客服人員的專業顯現在服務專業及產業專業兩方面。服務專業指的是和客戶溝通、互動的能力。另外為了因應客服工作的壓力，也需要注重個人的EQ、抗壓性等特質。至於產業專業則是指對所處行業的專業知識，比如電信產業的客服人員就要對行動通訊的特性、手機的操作方式夠了解。企業最好能針對聆聽、表達和反應等特質加以篩選，並且持續提供必要的訓練，方能培育出優秀的客服人員。

第10章

CRM實戰實例

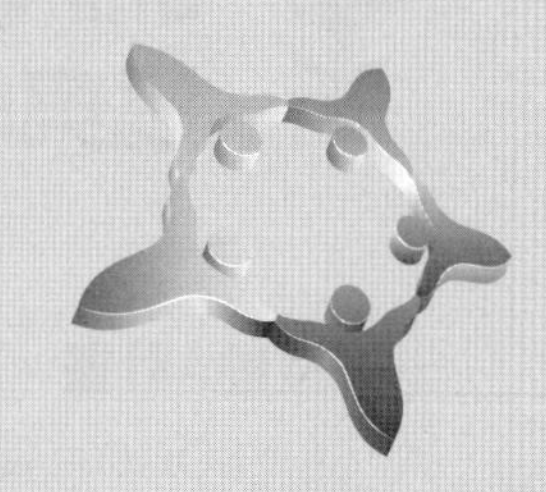

章節體系架構 

Unit 10-1 遠東SOGO百貨復興館，爭取超級VIP

一、發動A計畫，成立「SOGO VIP CLUB」

遠東SOGO百貨為開幕的臺北復興店（即BR4），正低調地招募VIP CLUB會員，計畫以循序漸進的方式，爭取到三千位超級VIP，並建立年費入會制度，而這將是業界首創。

百貨業競爭日趨白熱化，業者無不全力鞏固主要客群。遠東集團雖然跨產業發行快樂購聯合集點卡，但認為還是不夠，SOGO才發動「A計畫」，希望打造「SOGO VIP CLUB」。SOGO訂出「SOGO VIP CLUB」的條件，入會資格須年滿20歲，年費2,000元。另外，會員要在一年內累積消費30萬元以上，或經由SOGO的確認，才可再續一年。

二、抓住具有強大消費力的VIP主顧客

SOGO百貨販促部指出，募集VIP CLUB會員是希望抓住具有強大消費力且長期在SOGO消費的主顧客。她強調，VIP CLUB入會禮為市價3,000元的皇家哥本哈根對杯，以及生日禮等，絕對超過2,000元的年費。SOGO復興店也在九樓闢出VIP LOUNGE，供會員專屬使用。

近來「長尾理論」受到產業界重視，強調在網際網路崛起後，許多電影、書籍、音樂界的小眾商品，在銷售總額加總後，反而得到比暢銷商品還大上許多的市場，顛覆許多人過去認知的「二八法則」。但這套理論仍有支持者。許淑賢表示，SOGO透過設計VIP CLUB，可抽離一群高消費且忠實的主顧客，推估這群人的消費貢獻度，應與「二八法則」相去不遠，就是20%高消費族群，創造公司80%的業績。

百貨業者也說，臺灣走向「M型社會」。新光三越臺北站前店營業部副理岳玉蓉分析，在M型社會下，有錢的人還是很有錢，中間價位商品則可能淪為價格戰，甚至跌出百貨通路，轉為門市經營或到次通路銷售。

Unit 10-2 九大銀行搶貴客，推出頂級信用卡

有錢人變成發卡銀行的主力客戶，各銀行前仆後繼進入頂級卡市場，並砸下重金吸引有錢客戶辦卡，特約五星級飯店住一晚送一晚，一改過去辦頂級卡要繳2、3萬年費給銀行的做法，希望能用更優惠的權益，吸引有錢人的目光。

市場上有發頂級卡的銀行，包含台新銀、國泰世華、遠東商銀、中國信託、聯邦、新光、永豐信用卡及美國運通等，而台北富邦銀行也宣布發行萬事達卡品牌的世界卡，總計市場上共有九家銀行在搶高資產、高消費族群。

SOGO VIP CLUB

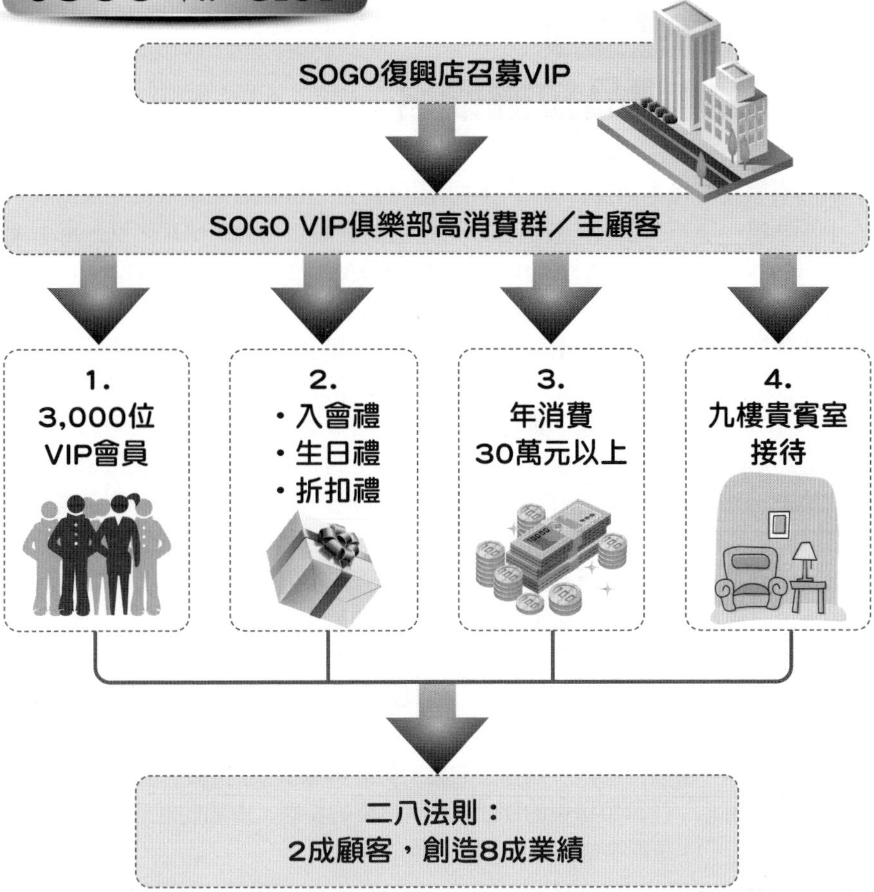

SOGO復興店召募VIP

↓

SOGO VIP俱樂部高消費群／主顧客

1.	2.	3.	4.
3,000位 VIP會員	・入會禮 ・生日禮 ・折扣禮	年消費 30萬元以上	九樓貴賓室 接待

↓

二八法則：
2成顧客，創造8成業績

銀行搶貴客，推出頂級卡

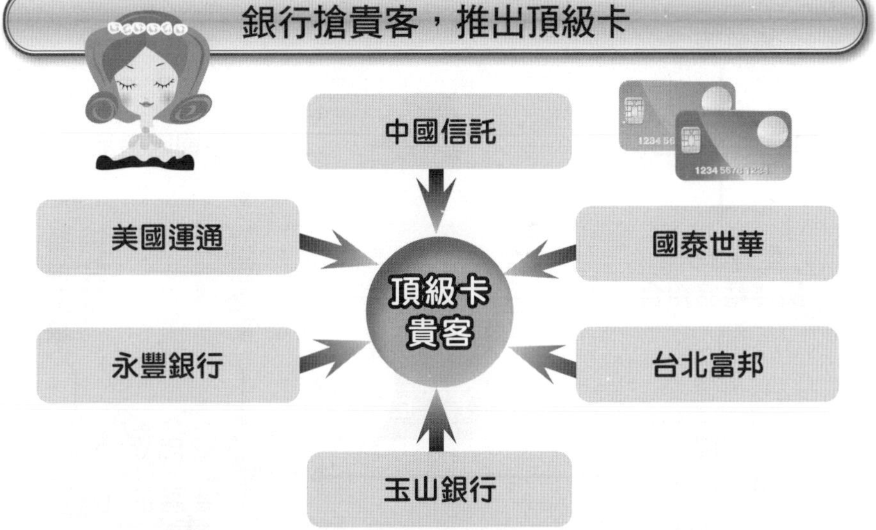

頂級卡貴客：

- 中國信託
- 美國運通
- 國泰世華
- 永豐銀行
- 台北富邦
- 玉山銀行

Unit 10-3 名牌精品拉攏嬌客

精品商戰中商場本身能否勝出，除了招商實力，相關的配套措施也很重要。慶祝「十八姑娘一朵花」生日的麗晶精品早在臺灣精品市場尚未萌芽之際，就引進香奈兒（CHANEL）、卡地亞（Cartier）、PRADA、愛馬仕（HERMÈS）、蒂芙尼（TIFFANY & CO.）等品牌，啟蒙了臺灣的精品市場。

時空轉換，精品業者在臺灣大張旗鼓的拓點，加上百貨商場愈開愈多，也讓麗晶精品面臨後進晚輩的競爭，得在一定時間內重新檢視館內品牌陣容，持續引進具質感或從未登臺的品牌加入。尤其，麗晶精品因為在晶華酒店地下樓層，有限的空間最多只能容納25個品牌，如何時時保有「最佳25人選」的完美組合，正是保持領先地位要修練的功夫。至於微風廣場的國際名品區能在短短五年內崛起，當初一樓就是為了精品而打造的挑高硬體設計，有吸引精品業者開形象店的利基。配合炒作封館之夜的話題，以及執行常務董事廖鎮漢及孫芸芸夫妻檔、妹妹廖曉喬是時尚派對的常客，也在無形中加深消費者對微風的時尚品牌印象。

百貨業者玩精品戰，可能會讓堅持不走折扣戰的品牌私下頗有微詞，深怕壞了品牌苦心經營的形象。不過，百貨商場自行吸收抵用券的促銷成本，還是對不少想買精品卻想享受購物優惠的消費者有一定的吸引力，也能在促銷期間內迅速拉抬業績。

萬事都具備，但要能鞏固「嬌客」的心，替商場賺進大把銀子，經營精品的商場還得在細節處用心。從印製精美的DM，到購物袋的質感、賣場的舒適氣氛、人員的素質等都得用心，才是能否成為真正時尚商場的關鍵。

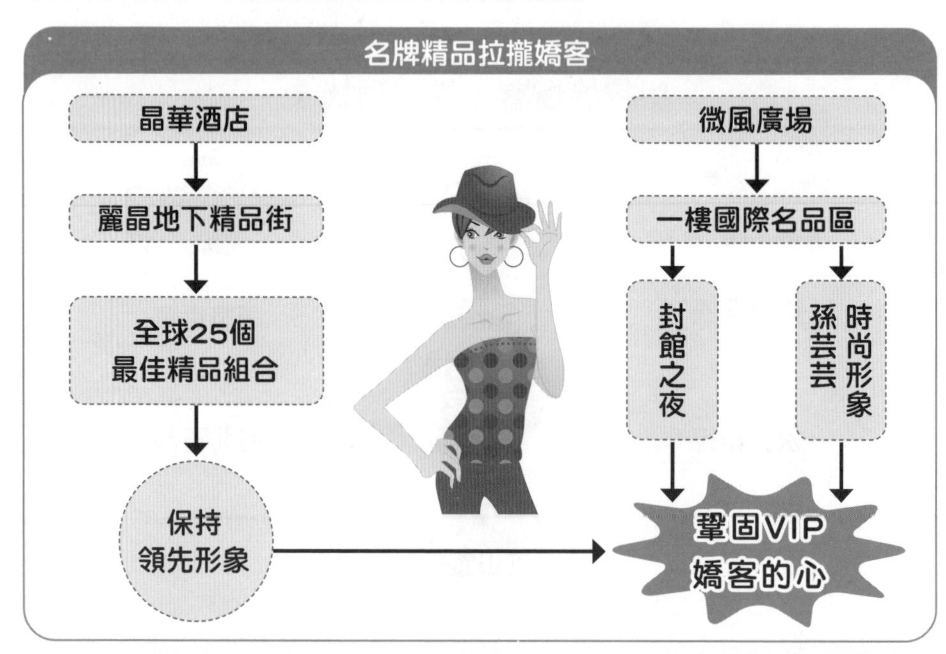

Unit 10-4 高價保養品sisley規劃全新VIP制度，守住VIP客戶

M型社會的話題持續發燒，高單價的頂級保養品業者也祭出尊寵貴婦、名媛的「VIP」活動，讓這群高消費力的「嬌客」心滿意足。

sisley規劃全新的VIP制度，原本持有尊爵卡的會員，單次消費滿5萬元以上，即可進一步升等為尊爵金卡會員，有效期間為兩年。

代理sisley的臺灣蜜納國際公司，從1998年開始招募尊爵卡卡友，單次消費滿1萬元即可成為尊爵卡貴賓，兩年有效，多年下來已累積相當可觀的會員人數。這些高消費的客群也成為其他保養品牌覬覦、挖角的對象，各家業者則紛紛推出各式VIP制度回饋會員。

眼看愈來愈多高單價保養品搶攻貴婦團荷包，sisley趕在母親節大檔期之前推出「升級版」的尊爵金卡應戰。金卡的卡友多了不少優惠，包括母親節專屬折扣優惠、生日禮券、點數回饋、免費保養及彩妝服務等。

平時，sisley對折扣守得緊，為了回饋尊爵金卡的VIP，特別設計品味女人九折優惠券，讓尊爵金卡的卡友每年享有一次九折優惠，使用期限為4月至5月；卡友每年有一次購買護膚療程九折的好康機會，使用期限為6月至7月。但是，上述兩項優惠皆不得與折扣、特惠價或護膚活動同時使用。

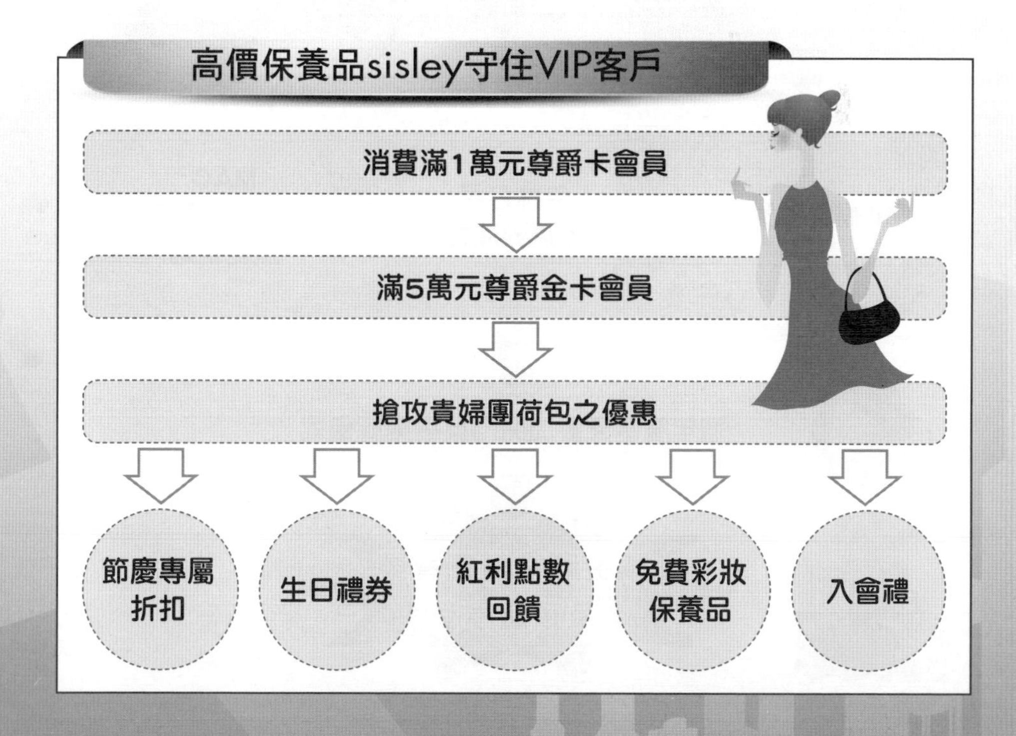

Unit 10-5 高雄漢神百貨邀請VIP主顧客參加週年慶開店儀式

每一年漢神週年慶的開店儀式，都是媒體關注的焦點。因為滿滿的人潮將挑高的漢神百貨一樓擠得水洩不通，除了排隊搶購當日限量化妝品組合的人龍之外，每一年漢神百貨還會邀請化妝品的主顧客來參加週年慶首日的開門典禮剪綵儀式。

在開店儀式的前一天，漢神百貨都會準備精緻的餐點及活動，預先邀請主顧客來參加說明會。為了讓主顧客們備感尊榮，漢神特別以彩妝秀的方式來款待客人，由MAC請到了伊林的名模們前來為貴賓們表演一場別出心裁的歌舞彩妝秀，同時還有MAC的首席彩妝師Kevin為貴賓示範聖誕彩妝的畫法，讓現場的客人個個都有著貴婦級的頂級享受。

Unit 10-6 資生堂邀請VIP出席體驗活動

一、邀請VIP出席體驗活動

資生堂集團旗下的頂級品牌「肌膚之鑰」（Clé de Peau Beauté），為了寵愛品牌的愛用者，邀請顧客生日時至櫃上沙龍護膚室，免費享受一次按摩服務。

每年3月與7月，肌膚之鑰會依不同的條件，邀請VIP參加在五星級飯店舉辦的90分鐘沙龍體驗活動。該品牌在每個百貨公司專櫃皆設有一個美感空間，可替顧客進行約40分鐘的敷容療程，包含卸妝、清潔、敷容與基礎保養，讓顧客深入了解產品對肌膚的效果。

肌膚之鑰公關說，初次成為肌膚之鑰的貴賓，或與其他精品異業合作時的貴賓，都有機會享受敷容服務。

體貼貴婦經常有出國跑透透的行程，肌膚之鑰也讓VIP每年申請兩次旅行用保養組，依出國時間長短，從卸妝、洗臉、保溼、乳液到底妝商品都有，免去出國前準備瓶瓶罐罐的麻煩。

二、一通電話送貨到府

怕身分曝光嗎？一通電話就有專業美容師親自登門服務，送上點購的商品，讓重視隱私的貴太太也能享受尊寵服務。

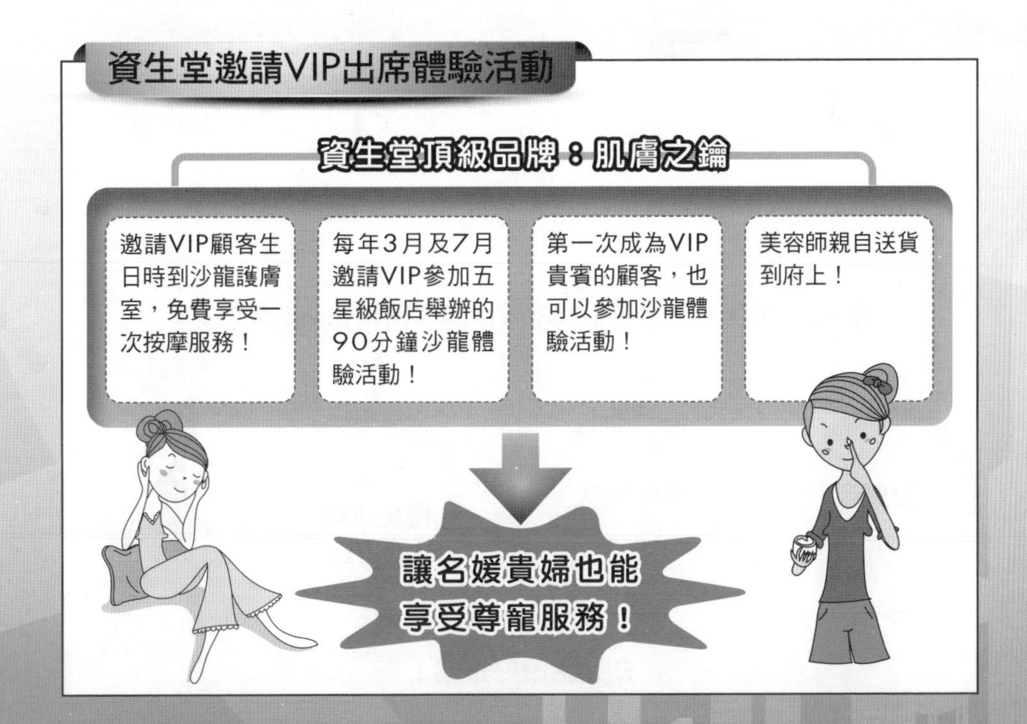

Unit 10-7 禮客時尚會館推出VIP之夜，貴婦幫全力相挺

拎著時髦的LV包，配戴著閃閃發亮的鑽石項鍊，禮客時尚館董事長翁素蕙寓工作於娛樂，開懷地打造LEECO禮客時尚館這個品牌，成為全臺最大的暢貨中心（Outlet）。

在日前禮客時尚館的VIP之夜，就有八位來自臺南的「貴婦幫」全力相挺，搭乘高鐵北上，當天上午10時30分就抵達內湖的禮客時尚館，等著參加晚上的血拚之旅。

在這群臺南幫貴婦的貢獻下，館內的ESCADA女裝、夏姿及中信珠寶都是當晚的暢銷店，而這群大戶買得不亦樂乎，買到晚上8時30分，最後禮客趕緊調派三輛車送她們去機場。當晚還有另外一行十多人的臺中「醫師娘」，也在這場VIP派對中買得盡興。

翁素蕙說，為了擴大高消費力的客源，這場VIP活動只邀請年消費30萬元以上、共150位的VIP，每位VIP還可帶一位同伴參加，總計當晚有300人「刷」得很開心。單筆消費最高的血拚女王買了顆價值260多萬元、重3克拉的粉紅鑽。

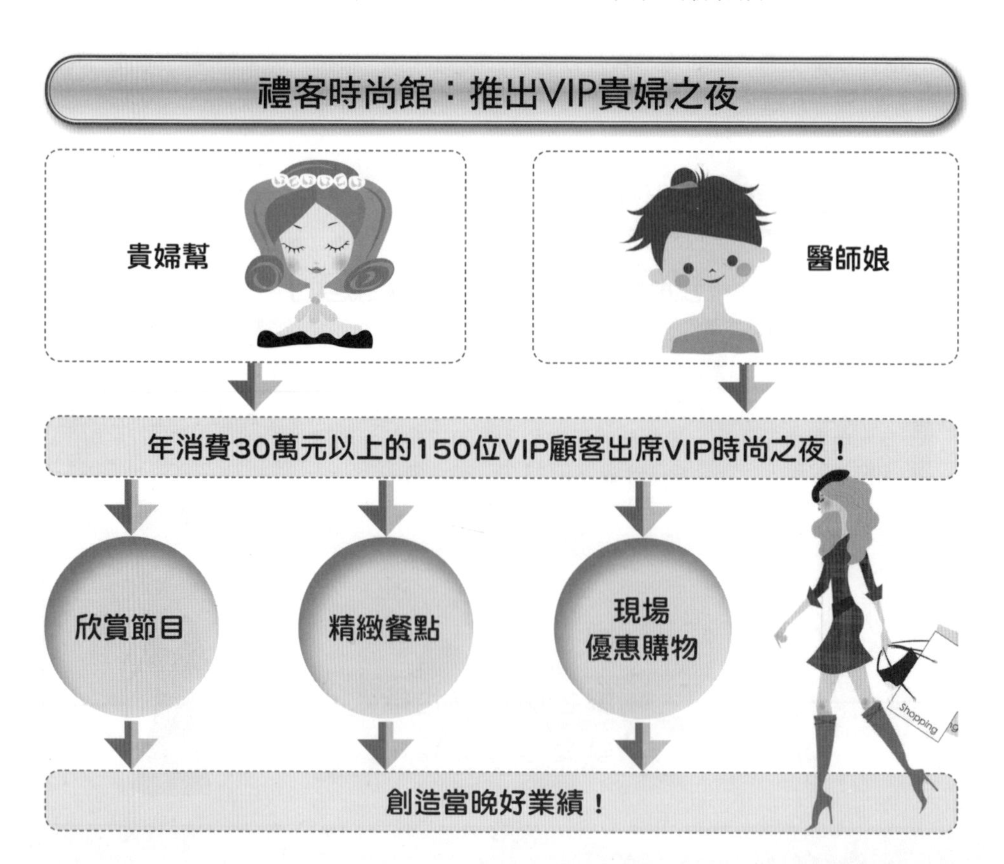

Unit 10-8 OSIM CRM抓緊會員

一、首度推出OSIM會員卡，突破100萬張

傲勝（OSIM）是國內第一大電動按摩椅品牌，2010年母親節前夕首度推出VIP會員卡，只要消費滿一定額度即可享有優惠。OSIM會員卡短短一年就衝破10萬張，未來將導入顧客關係管理（CRM）以提高會員滿意度。

傲勝首度推出VIP會員卡，並趕在母親節檔期推出，消費滿10萬元即可獲得黑鑽卡並享有九折優惠，消費滿1萬元可獲得白金卡並享有九五折優惠，因此帶動傲勝母親節檔期之銷售業績，較去年同期大幅成長三成。

2017年是傲勝30週年，傲勝推出一系列促銷方案，會員更是突破100萬。

二、會員數達一定規模後，即導入CRM

會員數達一定規模後，就會導入CRM（顧客關係管理）系統，讓會員享有各種不同的優惠。例如：會員生日期間可以享有折扣價，或是在特定的促銷期間，會員可以享有比其他非會員更多的優惠或是贈品，提高會員的忠誠度及回流消費。

傲勝蒐集會員資料後，將有利於未來更精準地推動會員行銷活動，產品線更為齊全。中低價位電動按摩椅全面上市，腿部按摩器由於單價僅1萬多元，吸引不少年輕族群加入，預期會員卡將有利於掌握會員的基本資料及未來的行銷策略。

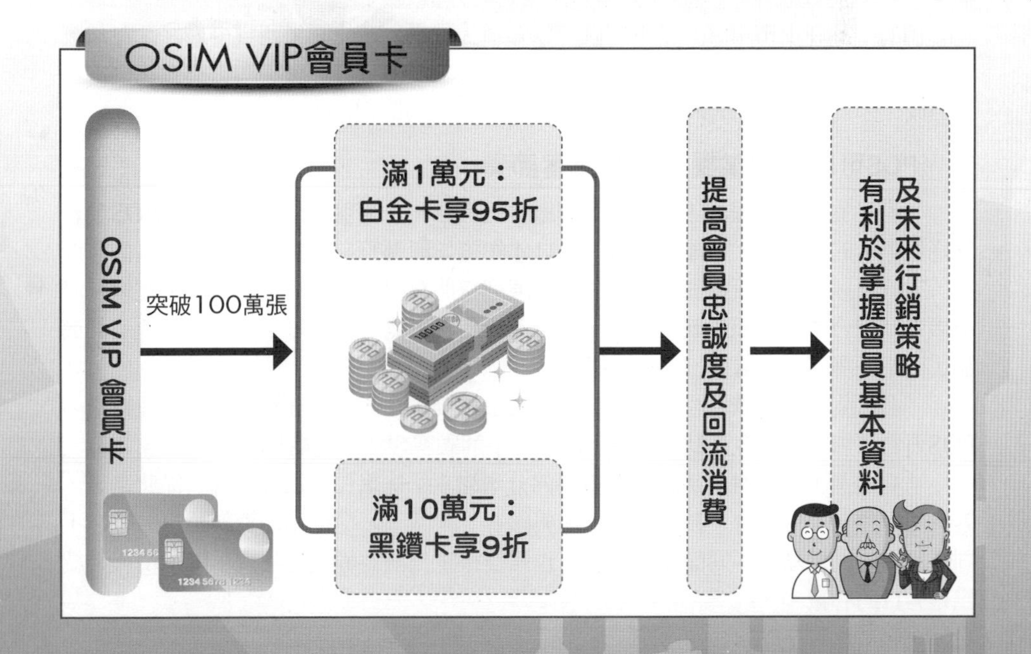

Unit 10-9 統一超商POS系統掌握顧客需求的及時性情報

「POS對超商來說，就像是開車時的時速表，讓我們在經營的時候知道自己如何控制速度。」這是前統一超商徐重仁總經理對於POS（Point of Sale，銷售時點情報系統，簡稱POS）系統的一段描述。

一、7-11發展快速的原因

今天7-11發展速度能愈來愈快，主要就是POS的應用愈來愈成熟。

在7-11還沒有引進POS之前，主要仍是以EOS為主。EOS是以門市訂貨為出發點，只是門市和總部的聯繫和統計，無法將每一件商品的資訊直接從顧客串聯到供應商，而這就是POS的特色。

簡單地說，POS就是「收銀機」又加上「光學掃描設備」，當掃描器劃過商品上的條碼時，也將「商品資料」、「購買者資料」、「時間」、「地點」等全部輸入。這些資料經過電腦分析、比對，再和「訂貨系統」、「會計系統」、「資料庫」、「員工管理」等全部連線，等於掌握了從顧客到庫存的全部資料，對於加盟主及總部掌握商品的銷售狀況有極大幫助。

對第一線的門市人員來說，有POS和沒POS的差別在於不用再背誦商品價格，且三分鐘就可以結完現金日報表，在沒有POS之前要兩個小時。這對總部人員來說差別更大。POS可從四個方面提供分析資料：1.整個商品結構的分析；2.商品客層的分析；3.銷售時段的分析，以及4.銷售數字變化的分析。

所有商品在上市第一天結束，就可以知道「戰果」。什麼東西賣得最好？在什麼時點賣出去？哪個年齡層的人在買？男生或女生？例如：清境農場門市鮮食比例占三到四成，因為那裡賣吃的地方不多，但夜市旁的門市就不用賣這麼多了。

二、POS可以有效掌握7-11的顧客節奏

「有了完整的情報，才能真正了解顧客的需求。」徐重仁前總經理比喻POS情報就好像車子的速度表，根據這個表，7-11才知道如何調整自己的時速。有了這個速度表，7-11可以更快地抓住顧客節奏。門市陳列空間有限，商品消化量也經常在變，必須機動地配合當地商圈的環境，甚至氣候等因素。畢竟，顧客是來買「即時性」的商品，而不是買回去「儲存」一個星期。

「我們對顧客消費習性的了解，是一個很重要的資產。」徐重仁前總經理指出。POS資料再加上和顧客互動的經驗，就能更了解顧客想法以建構整個服務網路。

「這是臺灣7-11發展過程中最重要的分水嶺！」徐重仁前總經理說。從此之後，7-11可以每天、每小時、甚至每分鐘都與顧客「對話」，從POS的資料讀出顧客在不同時段、不同地點對不同商品的需求，也難怪徐重仁前總經理會強調，POS情報系統已是7-11的心臟。

7-11 POS系統掌握銷售狀況及顧客需求

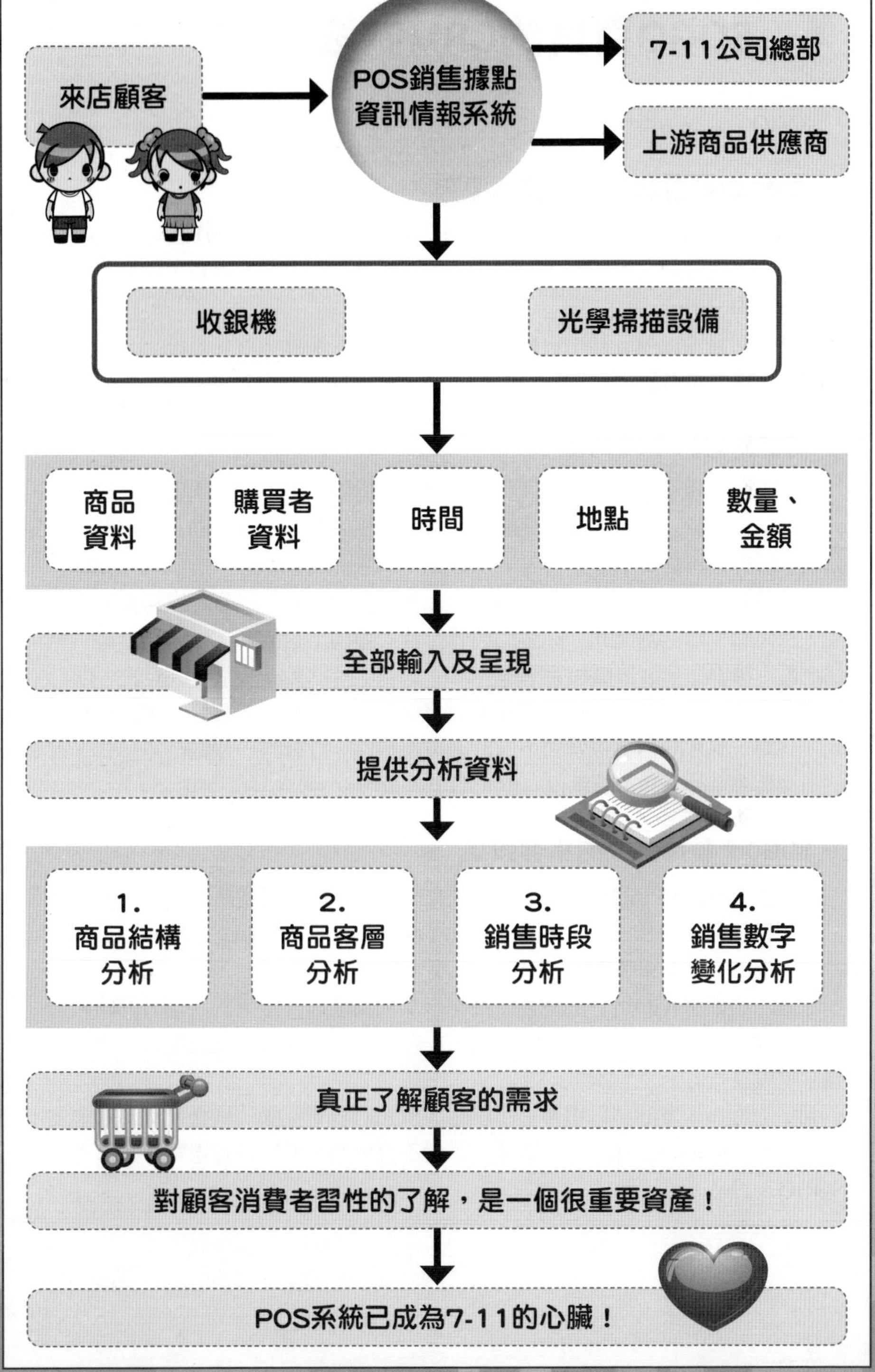

來店顧客 → POS銷售據點資訊情報系統 → 7-11公司總部

→ 上游商品供應商

↓

收銀機　光學掃描設備

↓

商品資料 | 購買者資料 | 時間 | 地點 | 數量、金額

↓

全部輸入及呈現

↓

提供分析資料

↓

1. 商品結構分析
2. 商品客層分析
3. 銷售時段分析
4. 銷售數字變化分析

↓

真正了解顧客的需求

↓

對顧客消費者習性的了解，是一個很重要資產！

↓

POS系統已成為7-11的心臟！

Unit 10-10 SOGO百貨的CRM做法

SOGO卡的成功操作，敘述如下：

一、遠東SOGO百貨亮麗成績的原因

在全省八家SOGO百貨中，臺北店的業績貢獻度近七成，2018年營收高達200億元，是國內百貨公司的龍頭大店。單店營收第二高的臺中中友百貨，年營業額大約是SOGO百貨的一半。

SOGO百貨的成績，歸功於細心經營多年的顧客關係。首先是推出高附加價值的SOGO卡，這是祕密武器。

二、祕密武器的不同凡響

所謂的「祕密武器」看似普通，就是幾乎每家百貨公司都會發行的會員卡，不過，和大部分百貨公司與銀行共同發行的聯名卡不同的是，SOGO百貨擁有自己的發卡公司，自行推出會員卡。

一般的聯名卡無法記錄顧客的消費行為，百貨公司只能從銀行處得知顧客的消費金額，SOGO卡則詳細記錄了顧客的消費行為與傾向，包括顧客性別、年齡、職業、居住地區、購買品項、單價和頻率等。

藉由卡友的資料分析，可讓SOGO百貨確實掌握消費者的喜好，嗅出流行趨勢的變化。同時，SOGO百貨也針對不同的客層與特性，設計不一樣的行銷模式。這是最好的市調機會，外面的市調都沒有SOGO卡來得敏銳。

三、SOGO卡發揮強大的集客效果

事實上，SOGO卡的用途不只是在蒐集顧客資料，它還發揮了強大的集客效果。

為了鼓勵消費者多使用SOGO卡，除了購物的折扣、簽帳外，SOGO百貨平均一個月就會推出「卡友回饋禮」，顧客可以拿卡免費換贈品。

不過，根據SOGO百貨的計算，推出卡友回饋禮額外帶來的人潮，的確相對提高了業績。代理雅頓化妝品的誼麗公司業務經理指出，只要是卡友回饋日，單日專櫃業績幾乎會成長一倍。

另一方面，卡友回饋日也製造了顧客與SOGO百貨互動的機會。SOGO卡友平均一個月就要到SOGO百貨換一次贈品，雖然不買東西，但一旦有需要時，自然就會想到SOGO，這是人的慣性。

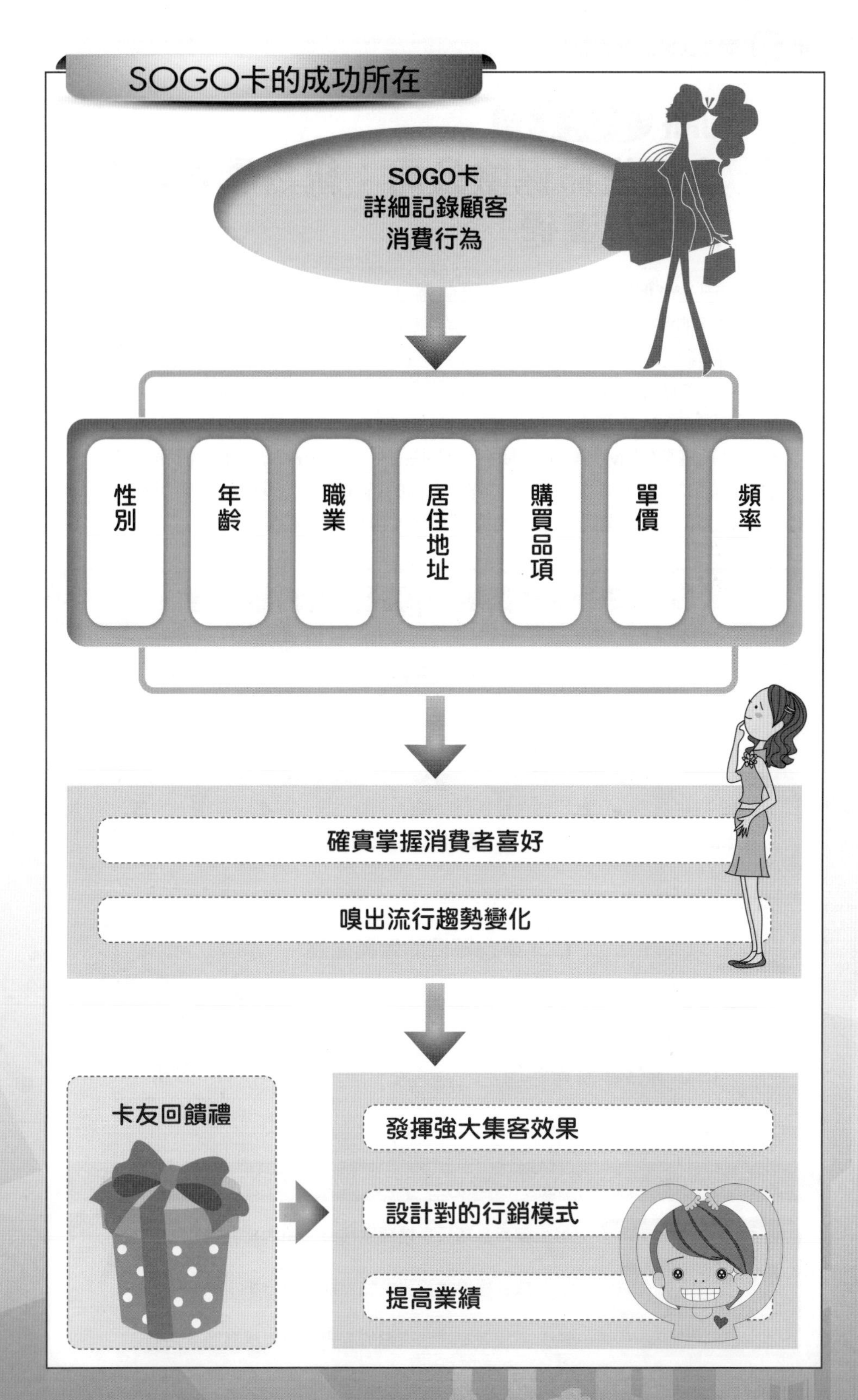
SOGO卡的成功所在
SOGO卡
詳細記錄顧客
消費行為
性別
年齡
職業
居住地址
購買品項
單價
頻率
確實掌握消費者喜好
嗅出流行趨勢變化
卡友回饋禮
發揮強大集客效果
設計對的行銷模式
提高業績

Unit 10-11 安田生命保險公司：統合顧客資料庫及相互溝通

日本安田生命保險公司已將數百萬個壽險契約的顧客資料，建立成一套完整的CRM資料庫。此資料庫來自不同的營業通路來源，所獲得顧客的最新異動資料將會自動告知不同部門的營業相關人員。例如：在客服中心接到某位顧客變更地址通知情報時，隔天，客服人員即將此情報轉到該營業員的營業分公司，讓此人知道保戶地址的變動。

安田建立這套CRM系統，主要有三個原因：一是保戶的各訊息情報累積及在公司內部的共有化，是不可或缺的；二是以累積的各種情報為基礎，然後再進行分析，是必要的；三是各種營業通路來源的提攜互通，可以提高營業活動。

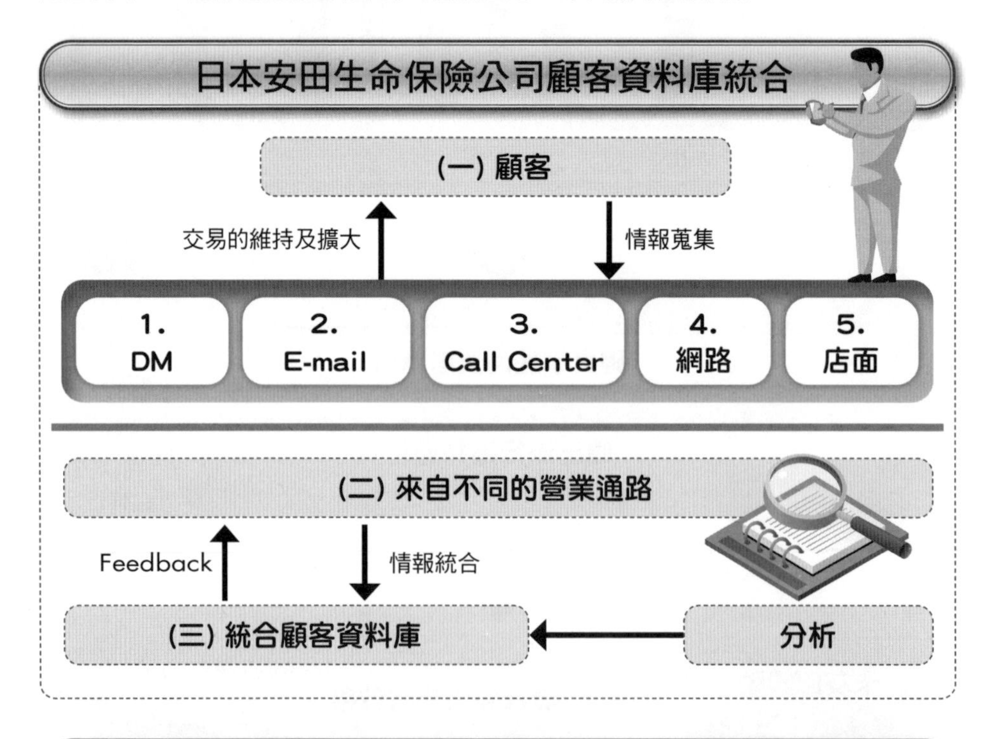

日本安田生命保險：統合顧客資料庫並相互流通

統合顧客資料庫的好處

① 保戶各項訊息情報累積及公司內部共有化！

② 依各種累積資訊情報，進行再分析！

③ 各種營業通路來源的互通，可以提高商業活動！

Unit 10-12 中華航空推出「頭等艙專屬報到區」服務

中華航空自2013年3月6日起，於桃園國際機場第二航廈美、加、澳、日航線第三、四號櫃臺後方，針對頭等艙旅客及晶鑽卡會員，全新推出「頭等艙專屬報到區」服務。同時在第一航廈7A櫃臺，提供快速、便捷「自助報到專區」服務。華航並在第一及第二航廈貴賓室，與第二航廈頭等艙專屬報到區，展示故宮博物院文物，結合藝術與現代化設施，全面提升機場整體服務。

華航「頭等艙專屬報到區」以創新流程方式，採旅客與行李分流設計、嵌入式地面磅秤，提供雙螢幕服務櫃臺服務。室內並展示故宮經典文物藝術品，結合科技與藝術，展現尊榮舒適與優雅品味。

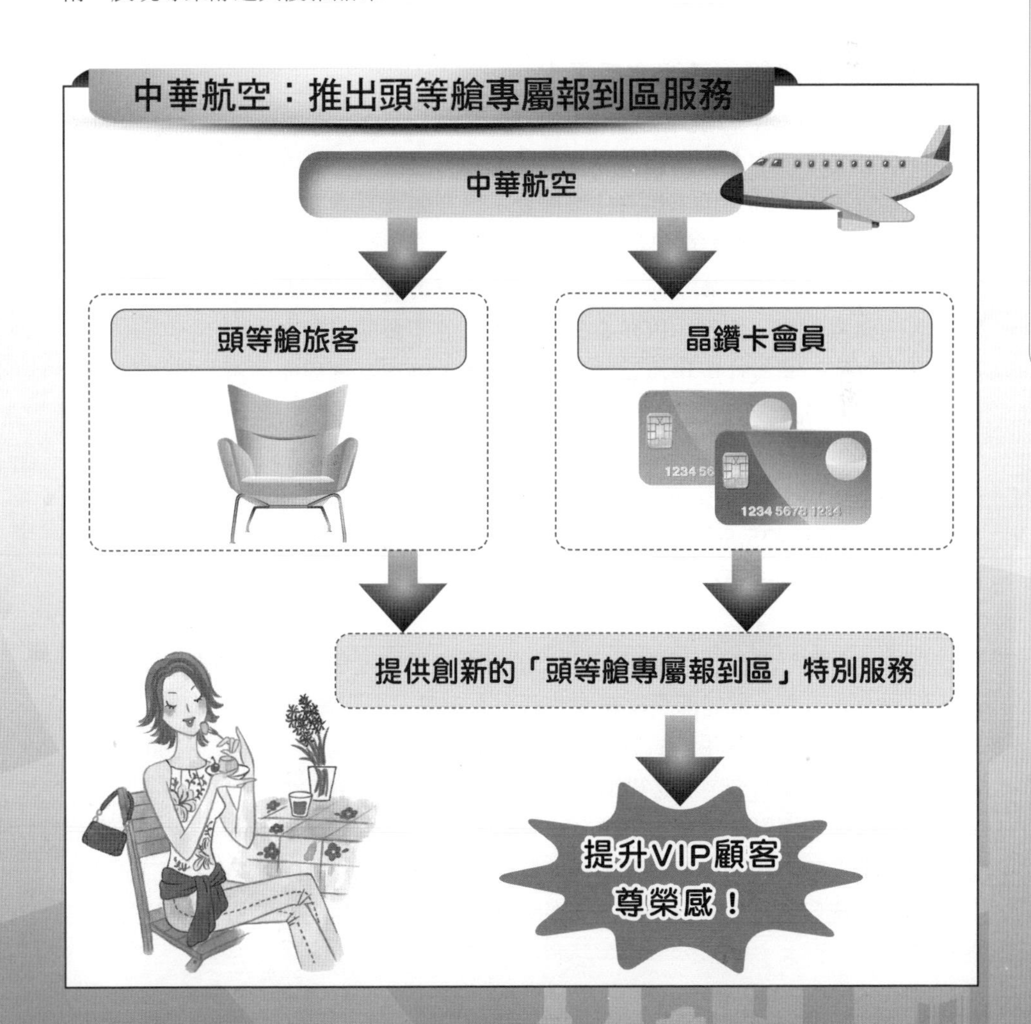

Unit 10-13 POS系統看不到的顧客需求之一

業者常以POS系統所呈現的銷售數據，作為行銷策略及企業營運的重要參考資料。不過，真正的顧客需求與心聲，卻是POS系統中無法顯示的，企業還能安心地只使用POS系統來經營店面嗎？

顧客情報資料蒐集已是行銷活動中重要且關鍵的一環。在很多使用POS資訊系統的賣場及店面中，系統裡的銷售統計資料，知道哪些產品賣得好或不好，以及賣給哪些類型的顧客。然而，也有很多消費者情報是POS系統中所無法看到及預判出來的。因此，如何有效蒐集POS系統中所看不到的顧客需求，以及探索顧客為何不上門購買的背後因素，日本的幾家零售業者有一些不錯的具體做法可供參考。

一、蒐集現場情報，了解客戶需求

日本東武購物中心一年多前推出稱為「DAMVO」專門蒐集現場顧客的情報系統。該公司規定各專櫃銷售人員在服務顧客之後，必須在電腦上輸入顧客購買目的、買或不買的理由、想買什麼樣式，以及顧客身高、年齡、職業、陪同者等，大約二十個基本情報項目紀錄。

這個「DAMVO」顧客情報系統，特別重視顧客為何不買的情報蒐集，以掌握顧客的購買心理。但是，POS系統資料中，並不會顯示顧客為何不入店，或是即使進來逛了一圈後什麼也沒買的原因，因此，POS系統只能告訴我們「發生什麼？」但不會告訴我們「為什麼？」

以東武池袋店四樓的女裝專櫃及女鞋專櫃為例，平均每月都會蒐集輸入約5,000件來自現場購買或未購買顧客的情報資料。例如：該專櫃發現某品牌女士鞋的尺寸中，21.2～25.5公分是多數女性的需求，因此就多進此尺寸的量，以供應顧客的需求。過去，這往往都是店員暫時記起來，到了月終回公司討論時才提出來，但這樣時效太慢了。

如今，「DAMVO」情報系統必須當天將資訊輸入電腦，總公司或供應廠商隔天看到市場訊息，就能即刻反應或改善，而不會失去販賣機會。

之後，東武更導入手持式的「攜帶型POS」結帳系統。店員可以在顧客面前將信用卡置入完成刷卡，不必再遠遠地跑到會計櫃臺去結帳。

此舉有兩個優點，第一是顧客不必擔心信用卡被拿去複製偽造；第二個優點是可利用刷卡結帳的一分鐘時間與顧客聊天，蒐集要輸入「DAMVO」二十個項目的情報系統資料。由於這些IT工具的導入，使東武購物中心的賣場競爭力更加提升。

POS系統之外的必要做法

日本東武購物中心

推出現場蒐集顧客情報系統

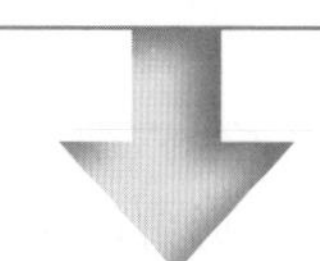

輸入顧客資料（買或不買）

- 買的目的
- 買的原因
- 不買的原因
- 性別
- 年齡職業
- 顧客身高
- 產品樣式
- 自己或有人陪同
- 其他計20個項目

了解及掌握
顧客買或不買的
動機、原因、
購買心理！

作為即刻反應或改善依據！

Unit 10-14 POS系統看不到的顧客需求之二

二、舉行顧客面談座談會

從2003年10月開始，伊藤榮堂總公司規定各大型店，必須每半年一次定期由店長主持「顧客面談調查」座談會，每次找八個會員顧客，連續舉行十個場次。最主要的目的，是想了解許久未前來購買或是離開了不再回來之顧客的意見及心聲，更深刻探索其原因何在。

該顧客面談調查會議，除了由最高主管店長出席主持外，各女裝部門、生鮮部門、女鞋部門和家用部門的賣場負責主管，亦需一併出席。最後還必須撰寫完整的調查報告，提出問題所在與改革做法建議，然後到東京總公司與各相關總部主管共同開會討論，逐一解決問題，展開執行力。

伊藤榮堂總經理即表示，透過「顧客面談調查」的落實，可以聽到流失或離去顧客的心聲或不滿的地方。另外，讓大部分賣場的高級主管出席與會，是希望讓顧客聲音的情報，為每一個幹部所共有。而讓最高主管主持會議，就是要讓現場的最高決策者能做出正確與及時的重大決策。最終目的是希望使每一個賣場都成為有魅力的賣場。

三、不依賴過去資料，創造新的市場

日本7-11前董事長鈴木敏文表示，企業最大的競爭敵手，不是競爭對手，而是「顧客」。他每天早上起來，最擔心的事情是「顧客走了」，而不是競爭對手又使出什麼新花招。

他最近的思維重點，即在如何打破大家所共同面臨的困境，即市場飽和問題。他一向不認為有市場飽和的論調，其名言是：「不能依賴過去的資料，要經常創造新的市場及新的需求。而新商品的持續開發及誘發現場消費者的衝動性購買，則是兩個表現重點。」

打破「消費飽和」的夢魘，創造新的市場，引導新的消費需求，就應重視如何有效蒐集由POS系統中所看不到的顧客需求，將離去的顧客再找回來，這將是今後行銷致勝的根本思考所在。

舉行顧客座談會

日本伊藤榮堂購物中心

- 每半年舉行一次
- 每次8個消費者
- 連續10場次

- 聽取顧客很久未來購買原因
- 了解消費者行為變化趨勢

大店長及女裝、生鮮、
女鞋、保養品、
家用品部門主管均須出席

傾聽顧客聲音的情報，
作為改革及因應對策

每天最擔心的應該是
「顧客走了！」

Unit 10-15 日本Dr. Cilabo化妝品公司CRM系統導入之一

原本以型錄販賣為主的Dr. Cilabo公司，自從導入CRM系統之後，廣受顧客的好評，業績也蒸蒸日上，足見CRM幫助你做一些競爭者還沒有做的事。

最近日本有一家新創五年的Dr. Cilabo中小型企業的化妝品及美容機器設備銷售公司，自成立以來，連續在營收及獲利上均有顯著成長。2005年營收額預計有150億日圓及獲利30億日圓，目前員工人數為250人。這家公司係為皮膚科醫生創新研發保養肌膚之利基新市場。

一、CRM系統廣受好評

Dr. Cilabo公司從2004年開始導入CRM系統，對顧客實施新的商品開發及促銷溝通方法，使該公司的獲利率均能維持在20%的高水準。

該公司在皮膚科專業醫師協力下，開發出護膚的美容保養品，受到使用者的好評。因為消費者對此類產品比一般面膜及化妝品等，更要求信賴感及安心感。

另外，該公司要求任何新進員工，包括客服、業務及幕僚人員等，均必須具備護膚及保養的專門知識，通過測試後，才可以正式任用。

除此之外還有：

(一) 建立顧客基礎資料庫：該公司的CRM系統，首先有兩大資料庫系統。第一個即是一般性的「顧客管理基礎資料庫」，係蒐集1.銷售情報、2.顧客情報，以及3.商品情報等三種資料庫，進行資料倉儲（Data Warehouse）一元化管理，包括了客服中心、現場直營店面、委外市場調查和網站調查等蒐集管理，並且設有專責單位及專責人員負責詳細規劃及分析。

(二) 建立肌膚診斷資料庫：另一個CRM系統比較特殊且具特色的，亦即該公司建立「肌膚診斷資料庫」，目前亦已累積了15萬人次的顧客肌膚診斷結果資料庫。由於該公司導入肌膚診斷資料庫，並且適當地提出對顧客應該使用哪一種護膚保養品，該公司在此類產品的購買率呈現2倍成長，其效果遠勝於廣告。目前該公司15萬人次顧客肌膚診斷的資料，主要是來自直營店的現場診斷紀錄、郵寄問卷答覆、在網站上開設網頁的E-mail答覆，以及客服中心、顧客與美容師詢答。這些詢答問卷，包括了21個問題項目，涵蓋顧客的生活型態、工作型態、肌膚不同狀態、對肌膚的日常處理方式、需求分析、過去使用哪些產品、目前出現的問題是什麼、季節不同的影響等問題點，可以說對資料的要求非常精細與完整。

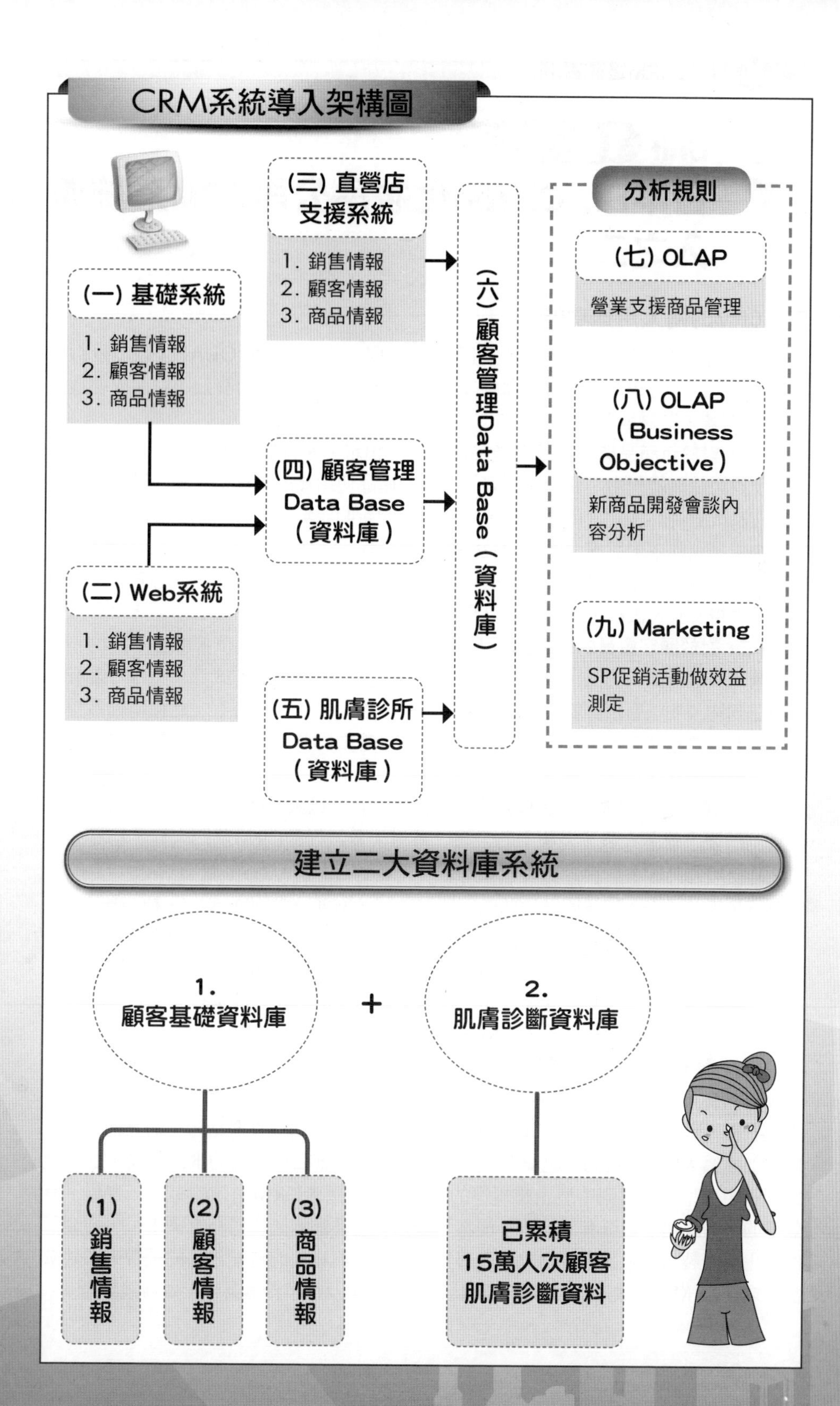

CRM系統導入架構圖
(一) 基礎系統
1. 銷售情報
2. 顧客情報
3. 商品情報
(二) Web系統
1. 銷售情報
2. 顧客情報
3. 商品情報
(三) 直營店支援系統
1. 銷售情報
2. 顧客情報
3. 商品情報
(四) 顧客管理 Data Base（資料庫）
(五) 肌膚診所 Data Base（資料庫）
(六) 顧客管理Data Base（資料庫）
分析規則
(七) OLAP
營業支援商品管理
(八) OLAP（Business Objective）
新商品開發會談內容分析
(九) Marketing
SP促銷活動做效益測定
建立二大資料庫系統
1. 顧客基礎資料庫
+
2. 肌膚診斷資料庫
(1) 銷售情報
(2) 顧客情報
(3) 商品情報
已累積 15萬人次顧客 肌膚診斷資料

Unit 10-16 日本Dr. Cilabo化妝品公司CRM系統導入之二

二、CRM的兩大用途功能

該公司在建立各種來源管道的顧客資料倉儲之後，再進行OLAP（線上分析處理）系統，以及行銷部門的資料採礦（Data Mining）系統。而該公司目前成功地運用CRM系統，主要呈現在四個方向：

(一) 對於新商品開發及既有產品改善上，出現非常好的效果：在數十萬筆資料倉儲及資料採礦過程中，發現到顧客對該公司產品使用後效果評價、優缺點建言等，可以作為既有商品強化之用。另外，對於顧客的新問題點，亦有助於開發出新產品，以解決這類別顧客對肌膚問題保養及治療的問題需求。此外，對於衍生出健康食品及保健藥品之新多角化商品事業領域的拓展，也可以從這些顧客資料庫的心聲及潛在需求，而獲得反應、假設、規劃、執行及檢證等行銷程序。

(二) 對於顧客會員的SP促銷正確有效地運用：最近該公司依據顧客不同的年齡層、購入次數、購入商品別、生活型態、肌膚不同性質和工作方式等，將每月寄發的會員誌刊物，加以區別歸納為二至四種不同的編製方式及促銷方案。此種精細區分方法，主要目的是在摸索出最有效果的訴求方式、想要的商品需求，以及最後的購買商品回應率之有效提升。

(三) 傾聽顧客需求，全員成為「行銷人」：長久以來，Dr. Cilabo公司總經理石原智美即要求營業人員、客服中心人員、幕僚人員及推動CRM部門人員，務必要盡可能親自聆聽到顧客對自身肌膚感覺的聲音，並且有計畫、有系統、有執行作為的充分有效蒐集及運用，然後成為新商品的開發創意、販促活動的創意及事業版圖擴大的最好依據來源，並且納入每週主管級的「擴大經營會報」上，以提出反省、分析、評估、處理及應用對策。換言之，石原智美希望透過活用這套精密資料的CRM系統，成為公司的特殊組織文化及企業文化，深入全體員工的思路意識及行動意識。她說：「希望達成公司全員都是行銷人（Marketer）的目標。」

(四) 發掘顧客更多「潛在性需求」：五年前，Dr. Cilabo公司是以型錄販賣為主，目前會員人數已超過190萬人，重購率非常高，平均每位會員每年訂購額為5至10萬日圓。最近該公司也展開了直營店的開設，希望達到虛實通路合一的互補效益，以及加速擴大Dr. Cilabo的肌膚保養品品牌知名度，讓公司營運的飛躍成長，進而能達到從中小型企業邁向中型企業規模的目標。由於這套CRM系統的導入，實現了有效率的新商品提案及既有商品改善提案，發掘了更多顧客的「潛在性需求」，迎合了個別化與客製化的忠誠顧客對象，最終對公司營收與獲利的持續年年成長帶來顯著效益。這是CRM應用成功的個案分析，值得國內企業及行銷界專業人士做借鏡參考。

顧客資料庫對商品改善及開發助益很大

幾十萬筆顧客資料

1. 產品使用後效果評價

2. 產品優缺點建議

3. 顧客新問題點

助益：

可改善現有產品

可開發出新產品

設計出有效果的行銷方案或促銷方案

發掘顧客更多的潛在性需求

CRM資料庫之活用

1. 傾聽顧客需求，全體員工成為行銷人！

2. 發掘顧客更多的潛在性需求！

提升公司營收額

擴大公司獲利額

穩定主顧客

Unit 10-17 日本三越百貨「超優良顧客」核心的行銷術之一

顧客必須是經常性或花費較大金額的顧客，才是有效顧客，也才是公司應該積極維繫的「真客戶」。而在現在極度分眾化與區隔化的目標行銷下，企業如何以「超優良顧客」為核心，專注經營好這些目標顧客，將是致勝關鍵。

2004年，創業即將屆滿100年的日本第二大百貨——三越百貨公司，自2003年起，展開營業組織大變革，並導入以「超優良顧客」為核心重點的行銷活動，冀望保持日本第二大百貨公司的市場地位，並且迎戰日本長期的景氣低迷。

一、專攻消費力前30%之客層

目前日本三越百貨公司最上層10%的會員顧客，平均每人年消費金額約為1,000萬日圓（折合新臺幣約320萬元），而最上層30%的會員顧客，平均每人年消費金額約100萬日圓（折合新臺幣約32萬元）。而這30%會員顧客占約60%的營業額，總人數達2萬人。

這些超優良顧客亦可以說是較富裕的族群。日本三越百貨公司將這些超優良顧客區分為兩個族群。第一個是以60歲以上有錢顧客為中心，將其家族成員納入，包括他的太太、小孩和孫子等。這些家族成員都被列入顧客資料庫檔案內，作為行銷活動的目標對象。第二個是以在三越百貨公司年消費金額超過100萬日圓、30歲左右，比較年輕富裕的個人消費者。這些消費前30%客層的顧客，對三越百貨而言，才是具有意義的有效客戶或稱為頂級顧客。三越百貨以他們為行銷活動目標，並稱之為「以特定顧客（非全部顧客）為主軸的主題行銷活動」。

二、成立「顧客營業部」

日本三越百貨公司從2003年1月起，大膽地進行營業組織變革，即將過去被動式的營業部更名為「顧客營業部」，並將東京及橫濱地區的營業人員合併為專案小組。平均每位營業擔當（營業代表）必須負責500個超優良顧客之服務、維繫與促銷之任務。對於年消費金額超過100萬日圓的超級顧客，每人負責數量則以不超過200人為目標。換句話說，這就是每個人的具體業務轄區，每個營業擔當必須負起責任照顧好這些顧客。

三、區隔顧客

日本三越百貨公司首先以大東京地區為示範，將該地區10萬名顧客依其消費次數與消費金額之貢獻，區分為A、B、C三級顧客。此制度的改革，對於營業擔當的個人業務績效考核，也有了具體的評估指標。例如：由250名營業擔當負責經營的超優良顧客，每月必須進行檢討每個人轄區的顧客，這個月到店裡消費了多少次與多少金額的貢獻。因此，這250名營業擔當就必須更細心、更主動地去經營所分配到的超優良顧客。

日本三越百貨：超優良顧客經營術

最上層30%較富裕會員顧客

占60%總營收額

專心經營這30%有效的顧客

提供以他們為主的主題行銷活動

成立：
「顧客營業部」

每個營業擔當，負責500個超優良顧客之服務、聯繫及照顧工作！

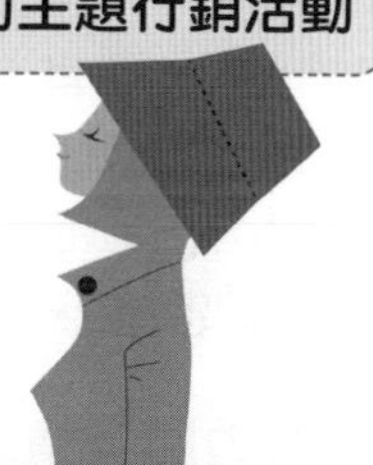

日本三越百貨：區隔A、B、C三級顧客

由公司聘用250位營業擔當，以面對面方式，落實經營這些超優良顧客。

由公司聘用30位營業擔當負責，以電話招呼的方式，落實經營這些顧客。

C級顧客

以E-mail電子郵件方式一般對待經營。

Unit 10-18 日本三越百貨「超優良顧客」核心的行銷術之二

四、差異化對待服務

目前在日本三越百貨公司對超優良顧客的差異化對待服務，包括以下幾點：1.對於A級顧客如果事先經過聯繫，必須站在百貨公司門口，專門迎接顧客到來，並且全程陪同顧客選購（前提是顧客不拒絕全程陪同）；2.設立A級顧客專用的「貴賓室」（VIP室）。有點類似在機場內的各航空公司招待頭等艙及商務艙的貴賓室一樣，裡面也有沙發、書報、上網、飲料和簡餐等可以自由使用及取用；3.對於A級顧客的小孩，如果他們長大要結婚時，還主動安排相關的結婚活動或是協助找房子安居等附加服務；4.專門為超優良顧客舉辦活動或主題行銷活動，如有品牌商品降價促銷機會，一定會先告訴這些A級顧客，以及5.其他多項專屬服務措施等。

五、有效顧客情報資訊系統

事實上，要推動顧客分級制經營與行銷活動，當然要有健全的顧客情報資訊系統的支援才行，否則這些專責的營業擔當如何知道顧客及其家人的訊息呢？日本三越百貨公司經過多年的努力，再配合聯名卡的既有資訊系統，已建立好一套具有10萬人，包括購買資料、基本個人資料及進一步的世代（即顧客本人、顧客的兒女及顧客的孫子等三代）之相關資料。

六、超優良顧客行銷術

從上述日本第二大百貨公司三越百貨轉型，以超優良顧客行銷術經營來看，可以歸納出三大核心要點：

(一) 建立「有效」顧客才是「真」顧客的方針：顧客必須是經常性或花費較大金額的顧客，才是有效顧客，也才是公司應該積極維繫保存的「真客戶」。有些公司號稱其所發行的信用卡、現金卡和會員卡達到幾十萬到上百萬的數量，但到底有多少比例的人是經常有消費的呢？我們應該掌握這些關鍵數據才行，否則只會迷失在華而不實的巨大幻象中。

(二) 建立CRM顧客情報資料庫：「顧客情報系統」是落實顧客分級制與分級行銷營運的基礎工程。透過顧客本人、顧客家族成員，以及顧客的實際購買紀錄，就可以整合出A級顧客的可能消費行為模式與消費特色及偏好等。

(三) 營業組織必須配合變革：在顧客分層分級管理制度下，營業組織必然也要做出大變革才行。以專屬轄區與特定對象顧客的劃分下，很容易可以看出營業人員或專屬貴賓服務人員的績效，然後才能汰劣存優，培養出一批優秀的A級顧客專屬服務營業人員。最後，也才能貫徹所謂的一對一（One to One）客製化與個別化的行銷理想目標。

差異化對待A級優良顧客

A級優良顧客資料庫提供應用

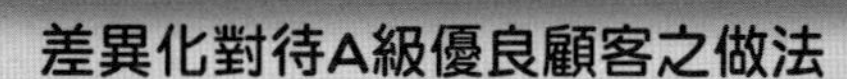

差異化對待A級優良顧客之做法

1. 站在百貨公司門口接待及陪同選購
2. 設立專用VIP貴賓室，猶如機場貴賓室
3. 對小孩子長大結婚之協助安排
4. 品牌降價優惠提前享受
5. 其他專屬服務

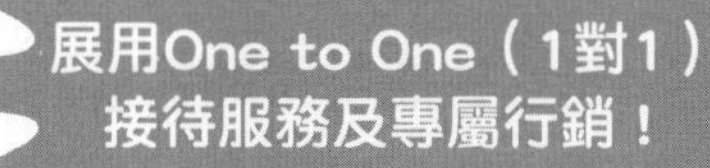

展用One to One（1對1）接待服務及專屬行銷！

超優良顧客經營之三大核心要點

Unit 10-19 日本高絲化妝品、雀巢及JTB旅遊案例

一、日本高絲化妝品公司：解讀「顧客心理變化」，以因應潮流趨勢

日本高絲化妝品公司推出一種創新的、以黑色系列為主的「清肌晶」藥用美白面膜，連續8週均名列日本暢銷商品排行榜之內。過去的面膜都是白色的，黑色面膜的挑戰商品，並以藥用特性加入，終成暢銷人氣商品。

該黑色面膜商品係以20歲世代年輕女性為目標市場，這些女性對事情都充滿好奇心、新鮮感和追求人生驚奇，因此很能接受黑色系列面膜。而且在高絲專櫃旁邊的店頭廣告招牌，也都是以黑白對稱凸顯的臉型加上面膜出現在銷售據點，極為醒目。該商品的研發出發點是從「否定現狀」為起始點，並且經過一段很精確的民調結果而採取行動。詳細行銷切入點說明如右圖所示。

二、日本雀巢Nestle公司：建立長期友誼的顧客關係

日本雀巢公司在2000年時，成立雀巢會員俱樂部，目前已有130萬日本人加入。日本雀巢公司將所謂的客服中心（Call Center）區分為兩種：一是一般消費者的Call Center；一是會員專用的Call Center。會員專屬的Ca11 Center，客服小姐素質水準較高，平均每天接到100多通電話。日本雀巢族的來電詢問，詢問時間平均為六分鐘，最長的也有一小時之多。對談的內容包括：詢問商品、詢問親友關係處理、詢問餐飲料理技術及抱怨，也有對雀巢的讚美與肯定。客服人員都以與親朋好友聊天的方式跟打電話來的雀巢會員做互動良好的溝通，因此建立了會員與雀巢公司雙方間長期的友誼關係。日本雀巢公司稱此中心為：「Together Nestle Communication Center」（雀巢歡樂一起溝通中心）。日本雀巢此舉無不希望透過輕鬆自然的居家生活對話，掌握會員顧客的生活型態、價值觀，以及關心事項，然後才能提供給商品開發及販促活動的執行部門人員參考。

日本雀巢每月會寄給130萬名會員「會員誌DM」，裡面有宣傳商品及販促活動，也有詳細的健康、美容、瘦身、營養與親子關係專文，提供給會員閱讀。

三、日本JTB旅遊公司：區隔不同世代族群，提供差異化行程

日本最大的JTB旅遊服務公司，已有700萬人次透過該公司旅遊，因此建構了700萬人次的情報。最近該公司成立了「Senior Market Project」，針對50歲及60歲世代的老年龐大族群為目標市場，提供不一樣的旅遊行程及餐飲服務。

該公司發現50歲世代與30歲世代的女性，人生價值已有顯著不同。35歲的單身女子與已結婚的家庭主婦，即使年齡相同，其生活型態與價值觀也大有不同。因此，JTB旅遊公司將其700萬人情報，以年齡世代為區隔變數，建立他們的Life-Style及旅遊需求偏好資料庫，作為業務拓展的提案對象。

日本高絲化妝品解讀顧客心理變化

女性消費者650人

每年一次，同樣調查實施

看看顧客對使用化妝保養品的意識心態是否有微妙變化，以及流行潮流為何？

以利決定商品開發、定期廣告促販行銷活動一案

達成成功行銷

高絲化妝品公司每年一次以650名女性為對象，長時間調查她們的化妝意識與化妝品購買狀況，以發掘這些女性消費者是否有任何微妙的變化及傾向，及發生了什麼流行的潮流趨勢，並了解女性心理的改變狀況。高絲化妝品公司敢於推出黑色系列面膜，是因為在民調中發現，黑系列流動的Cycle（循環）似乎恰好到了；經過多次深入調查，顯示黑系列面膜購買是可行的，此即顯示掌握消費者心理變化時刻的重要性。

日本雀巢成立會員俱樂部

日本雀巢公司

1. 一般消費者中心

一般層級對待

2. 專屬會員客服中心

高端層級對待

日本JTB旅遊：區隔不同世代族群，提供差異化行程

JTB旅遊集團 → 700萬人資料庫 → 按照不同年齡世代的區隔變數 → 提供差異化、區隔化的旅遊行程

Unit 10-20 日本JCB信用卡CRM革新與促銷活動成功結合

一、過去：JCB以人口統計變數為基礎的促銷活動，如右圖所示。

二、改革後：加入心理變數的促銷活動，如右圖所示。

三、與促銷活動的結合

(一) 分群：每年從5,000人中，做大規模分類調查。可依：1.八種價值觀：本物志向、快樂重視等，以及2.九種生活型態：家族行動等。區分為72個不同的顧客消費群（Group）。

(二) 圖示如下：

JCB：依價值與生活型錄加以分群（Grouping）

顧客群（Customer Group）

Group 2

Group 4

Group 5

八種價值觀

九種生活型態

(三) 發行每月《促銷特刊》（*JCB News*）：包括：1.介紹各種特約商店（折扣店）；2.介紹各種SP促銷活動；3.全國各縣市分版而不同，以及4.各區隔顧客群收到的特刊也有不同內容。

(四) 效益：信用卡刷卡額上升5%，退會（退卡）率下降20%之成果顯見。

(五) P-D-C-A管理循環的工作思路，即：計畫→實行→檢證（考核）→再修正行動。

(六) 業務革新之四大點：

1.有效掌握顧客心理變數的不同嗜好（即不同的價值觀及生活型態之組合）。

2.對販促效果要能比較精準地預估與設定。

3.要徹底檢證（考核）販促活動實施的結果。

4.每月從顧客的觀點及情境，去思考商品、服務及活動的必要改革與員工意識的深化。

過去：以人口統計變數為基礎的促銷活動

- 山口縣居住
- 餐飲店愛用者

- 山口縣居住
- 服飾店愛用者

寄DM（JCB News）給山口縣的餐廳

寄DM給山口縣的女裝店

推薦店鋪促銷活動

- 居住在該地區內
- 業種：曾經使用過經驗

顧客資料庫

- 年齡
- 購買金額
- 性別
- 業種
- 居住地

改革後：加入心理變數的促銷活動

- 山口縣居住
- 餐飲店愛用者

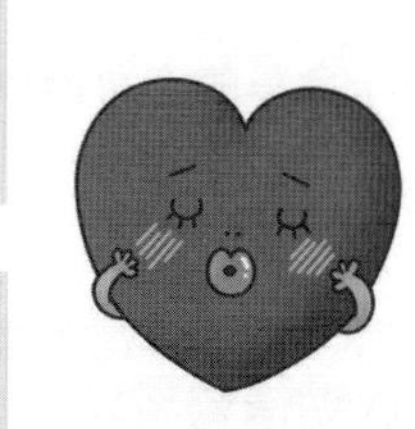

- 山口縣居住
- 服飾店愛用者
- 快樂重現

寄DM給山口縣的高級日本料理餐廳

寄DM給福岡縣有特色的居酒屋

促銷活動推薦店鋪

- 居住在該地區內
- 業種：今後可能利用到
- 型態：與價值觀／生活型態一致

顧客資料庫

- 年齡、性別、居住地、職業、購買金額、消費行業
- 價值觀／生活型態

Unit 10-21 日本SEIZYO藥妝連鎖店的CRM模式

一、兩大作業模式的組合，提升CRM效果：如右圖所示。

二、說明

(一) POS Data及顧客購買履歷資料：如右圖所示，是一種定量的資料分析，然而應該再加上顧客的購買心理洞察，才能促進銷售，提升業績，並養成優良顧客。

(二) 日本SEIZYO藥妝連鎖店在東京有300家直營店，展開新世代CRM模式：

1.挑選及培養出較高水準的店長，他們均擁有較豐富的商品知識，較高品質的服務待客能力，能夠順暢地與顧客對話，了解他們的嗜好、需求及價值觀，以一對一的待客技能，滿足顧客的購買需求。這些店長就是消費者的忠誠顧問。

2.在總公司方面，透過80萬會員卡的購買資料庫及Data Mining作業，可以篩選出曾經多次購買過某些類的產品或是某些年齡／性別層的消費群，然後提供給行銷企劃單位使用，包括寄出DM、發出電子郵件，以推薦消費群適用的新產品、新促銷活動或新服務等措施。

(三) 結果：

1.今年營業額比去年成長5%。

2.有忠誠顧客的店比沒有的店，其業績額要多出2～3倍。

3.曾針對50歲以上女性客人，寄發介紹大正製藥某種女性專用產品的DM，結果約有10%的回應購買成效。

4.點數優待卡的販促奏效，有卡會員的客單價比非會員要高出2倍。目前全公司使用卡會員的銷售占比已達50%。

小博士解說

銷售據點情報系統

銷售據點情報系統（英語：Point of Sale, POS，在歐洲又簡稱EPOS，即Electronics at the Point of Sale），是一種廣泛應用在零售業、餐飲業、旅館等行業的電子系統，主要功能在於統計商品的銷售、庫存與顧客購買行為。業者可以透過此系統有效提升經營效率，可以說是現代零售業界經營上不可或缺的必要工具。但由於POS應用不斷擴大，現時許多廠商已將英文「Point of Sale」改稱為「Point of Service」（服務式端點銷售系統）。

亦有人主張，凡是一種有系統的方法或流程，可以記錄當天每筆交易，例如：何時？由誰？賣什麼東西？賣給誰？哪個消費者的分類等，再經一個方法可以快速彙整成未來銷售或進貨等決策依據，這套系統，也可以算是一種POS系統。

兩大作業模式的組合

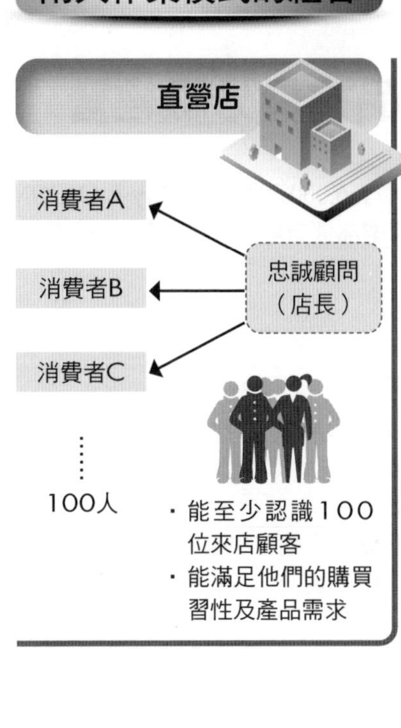

・能至少認識100位來店顧客
・能滿足他們的購買習性及產品需求

+

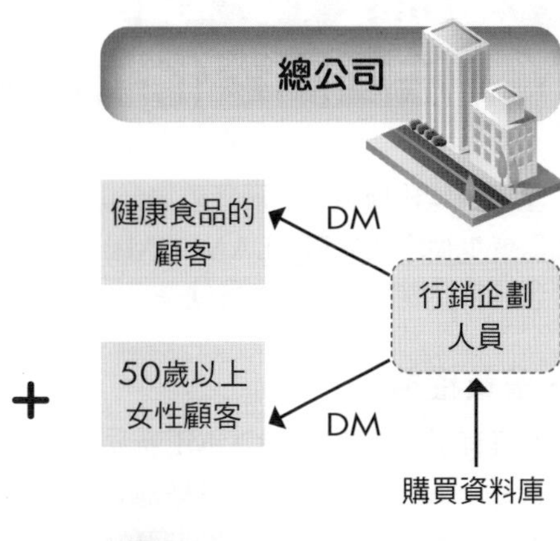

・以特定顧客層為對象，以購買率較高者為對象，展開商品提案及促銷提案

CRM的效果

Unit 10-22 法國蘭蔻化妝保養品會員分級經營

全新璀璨玫瑰風采，即將盡情展開！單次消費滿6,000元即可成為My LANCÔME玫瑰嘉賓！從您加入My LANCÔME玫瑰嘉賓俱樂部這刻起，請盡情享受一連串的甜蜜禮遇與尊貴嬌寵。玫瑰嘉賓就是享有與眾不同！

一、會員權益

1.擁有優先獲知LANCÔME新品上市最新訊息。

2.每一筆消費均可累積玫瑰點數，並參與LANCÔME「玫瑰精品兌禮計畫」。

3.憑會員卡，每月可回櫃領取免費試用品一份。

4.LANCÔME為您獻上精製專屬生日禮一份。

5.享有LANCÔME會員專屬雜誌，輕鬆掌握最新時尚與美麗資訊。

6.您也可登入LANCÔME網站，獲取最新訊息通知、線上兌禮、更改個人資料等。

二、玫瑰卡及香頌卡尊貴禮遇

1.升級玫瑰卡及香頌卡另可享有兌禮點數八折優惠。

2.精緻獨享的升級禮、優先邀請專屬活動美容保養講座等更多優惠！

三、升等禮遇

1.玫瑰卡會員於會籍內累計消費滿20,000元以上（不含首次入會金額），即可升等為香頌卡。

2.香頌卡會員於會籍內累計消費滿50,000元以上（不含首次入會金額），即可升等為鑽石卡。

四、續會資格

會籍內累計消費滿10,000元以上（不含首次入會金額），即續會玫瑰卡一年。會籍內累計消費滿20,000元以上（不含首次入會金額），即續會香頌卡一年。會籍內累計消費滿50,000元以上（不含首次入會金額），即續會鑽石卡一年。

五、鑽石卡獨享尊寵

我們以您成為我們的玫瑰嘉賓為榮，希望您時時刻刻都能感受LANCÔME對您的珍惜，與無止境的美麗呵護，包括：1.免費獲贈「完美貼心旅行組」（一年兩次，活動辦法請參照鑽石卡專屬活動DM）；2.每季限量禮品提前五天優先傳真兌換；3.享有整年兌禮贈品直接寄送到府服務，以及4.優先受邀參加品牌盛會。

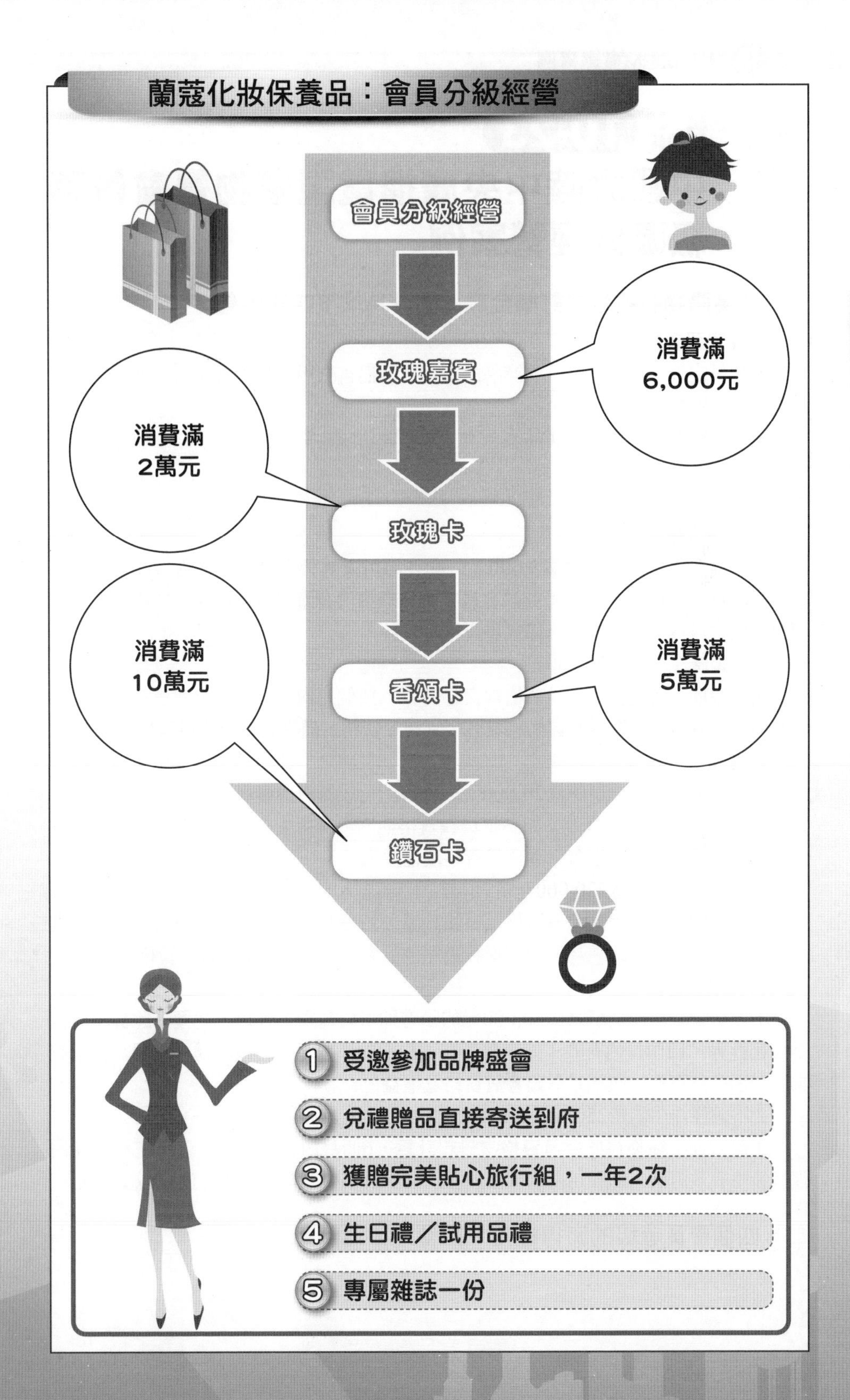
蘭蔻化妝保養品：會員分級經營
會員分級經營
玫瑰嘉賓
消費滿
6,000元
消費滿
2萬元
玫瑰卡
消費滿
10萬元
香頌卡
消費滿
5萬元
鑽石卡
① 受邀參加品牌盛會
② 兌禮贈品直接寄送到府
③ 獲贈完美貼心旅行組，一年2次
④ 生日禮／試用品禮
⑤ 專屬雜誌一份

Unit 10-23 中國大陸中央廣播電視購物臺會員等級區分經營案例

一、央廣購物將會員依訂購金額，區分為以下四級會員：

(一) 幸福會員：

1.會員定義：成功訂購一次商品的顧客或註冊官方用戶的顧客，可立即成為幸福會員，該級別會員終生有效。

2.申請條件：成功訂購商品滿一次，即可成功成為幸福會員，網路註冊即為幸福會員。

3.有效期：終生有效。

(二) 黃金會員：

1.會員定義：成功訂購滿5,000元的顧客即可成為黃金會員，從獲得此會員資格當日起計算，12個月內有效；如該會員在資格期內沒有產生有效訂購，即視為自動放棄該級別會員資格，僅享有幸福會員資格及權益。

2.申請條件：消費25,000元。

3.有效期：從獲得此會員資格當日起計算，12個月內有效；如該會員在資格期內沒有產生有效訂購，即視為自動放棄該級別會員資格，僅享有幸福會員資格及權益。

(三) 白金會員：

1.會員定義：成功訂購滿20,000元的顧客即可成為白金會員，從獲得此會員資格當日起計算，12個月內有效；如該會員在資格期內沒有產生有效訂購，即視為自動放棄該級別會員資格，僅享有幸福會員資格及權益。

2.申請條件：消費220,000元。

3.有效期：從獲得此會員資格當日起計算，12個月內有效；如該會員在資格期內沒有產生有效訂購，即視為自動放棄該級別會員資格，僅享有幸福會員資格及權益。

(四) 鑽石會員：

1.會員定義：成功訂購滿50,000元的顧客即可成為鑽石會員，從獲得此會員資格當日起計算，12個月內有效；如該會員在資格期內沒有產生有效訂購，即視為自動放棄該級別會員資格，僅享有幸福會員資格及權益。

2.申請條件：消費250,000元。

3.有效期：從獲得此會員資格當日起計算，6個月內有效；如該會員在資格期內沒有產生有效訂購，即視為自動放棄該級別會員資格，僅享有幸福會員資格及權益。

二、四個會員等級的應得權益，茲整理如右圖所示。

中國大陸央廣電視購物臺會員分級

電視購物4級會員

1. 幸福會員
2. 黃金會員
3. 白金會員
4. 鑽石會員

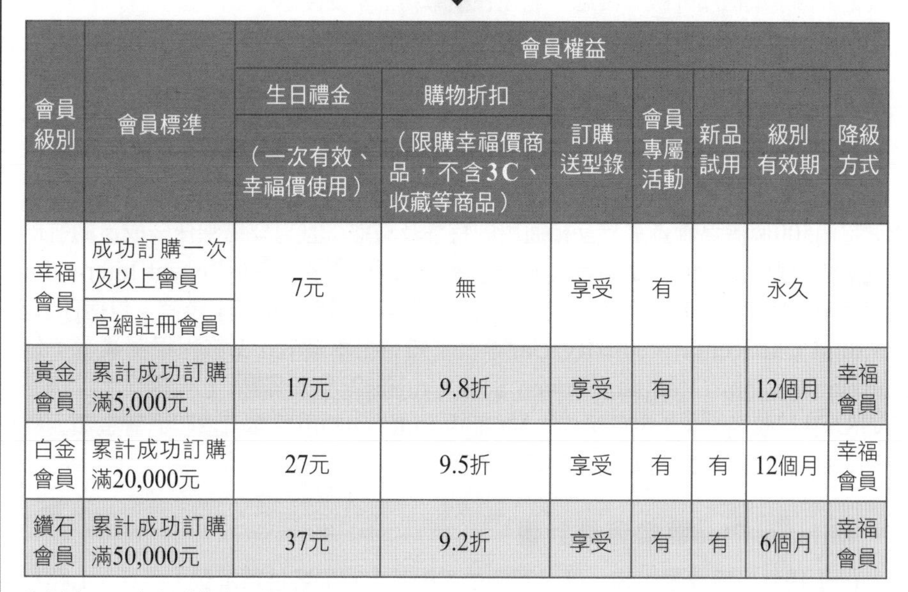

會員級別	會員標準	會員權益						
		生日禮金（一次有效、幸福價使用）	購物折扣（限購幸福價商品，不含3C、收藏等商品）	訂購送型錄	會員專屬活動	新品試用	級別有效期	降級方式
幸福會員	成功訂購一次及以上會員 官網註冊會員	7元	無	享受	有		永久	
黃金會員	累計成功訂購滿5,000元	17元	9.8折	享受	有		12個月	幸福會員
白金會員	累計成功訂購滿20,000元	27元	9.5折	享受	有	有	12個月	幸福會員
鑽石會員	累計成功訂購滿50,000元	37元	9.2折	享受	有	有	6個月	幸福會員

資料來源：央廣購物官方網站。

會員應得權益

1. 生日禮金
2. 購物折扣
3. 送型錄
4. 會員專屬活動
5. 新品試用
6. 折價禮券

Unit 10-24 美國聯合航空公司的顧客忠誠優惠計畫

Mileage Plus龐大規模的飛航哩程酬賓計畫，任何人都可以免費成為該計畫會員。成為會員後，只要搭乘聯合航空、星空聯盟或其他聯盟航空業者的班機，甚至在與聯合航空有異業結盟的公司消費，或是加入會員回饋計畫，都能累積哩程數，藉以換取免費機票或機艙升級等優惠，並在各項服務上享受優惠。

Mileage Plus已被視為最成功的顧客忠誠度計畫之一。

一、Mileage Plus 的結盟對象

此計畫成功的最大原因在於優異的策略聯盟能力。聯盟夥伴分成如下九類：1.星空聯盟：全球最大規模的航空策略聯盟。聯合航空為創始成員之一，會員可享受全球超過500個機場貴賓室及互相通用的特權及禮遇；且只要搭乘任一成員的航班，皆可累積哩程至帳戶內；2.區域性航空業者；3.飯店業者：包括Regent International HotelSM、Holiday Inn等知名旅館，住房亦可累積哩程；4.租車業者：包括Hertz、National Car Rental與Thrifty Car等六家知名租車業者；5.旅程規劃業者：包括cruise4miles.com及Radisson Seven Seas Cruises等多家業者；6.金融業者：例如：與VISA發行聯名卡；7.電信業者：MCI WorldCom的用戶亦可依照消費金額累積哩程數；8.餐飲業者，以及9. 網路聯盟行銷網站。

二、Mileage Plus尊榮會員計畫

(一) 提供各項獎勵措施，以求回饋並激勵其忠實顧客持續消費：包括：1.哩程累積加乘／更優惠的機艙升等／特別禮遇，以及2.消費折扣回饋。

(二) 顧客分群：依照每年累積的哩程數來分群。

1.Premier：一年內付費搭乘累積25,000哩。

2.Premier Executive：一年內付費搭乘50,000哩，會員資格可持續14個月。

3.Premier Executive 1K：一年內付費搭乘100,000哩，會員資格可持續14個月，是最為優渥的會員資格。

(三) 善用顧客資訊：

1.重視顧客資料庫建立：購併US Airways，創造全球最大的顧客資料庫。

2.挖掘顧客知識：即透過縝密的分析，加強對金字塔頂端顧客持續追蹤與經營。例如：由機長親自手寫問候卡並由空服員交給重要顧客。經統計，這5.2%的顧客為聯合航空帶來22%的收益。

3.導入新興應用工具：善用各項新興的網路技術與應用工具來輔助其執行行銷活動，並改善行銷活動績效。

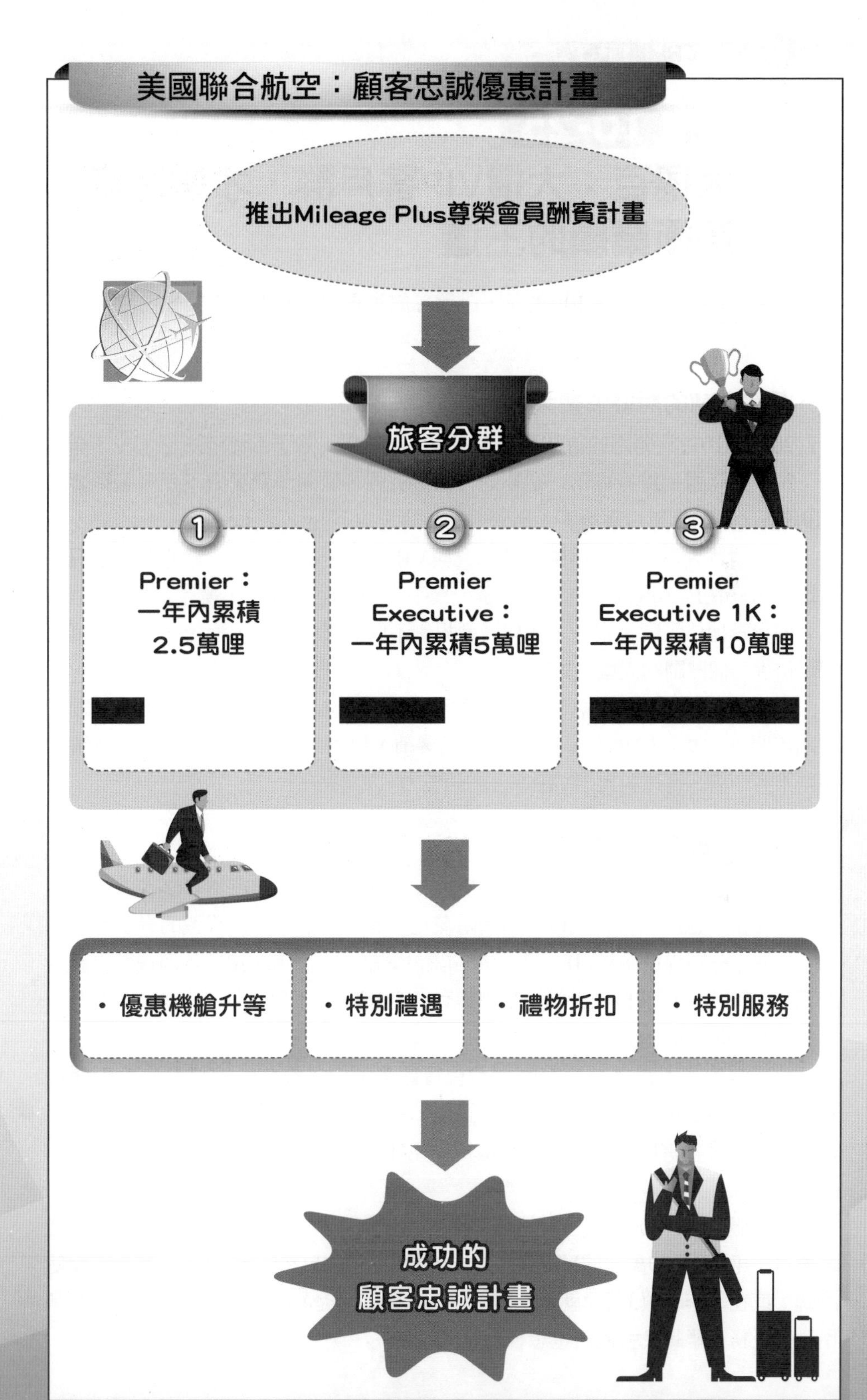
美國聯合航空：顧客忠誠優惠計畫
推出Mileage Plus尊榮會員酬賓計畫
旅客分群
①
Premier：
一年內累積
2.5萬哩
②
Premier
Executive：
一年內累積5萬哩
③
Premier
Executive 1K：
一年內累積10萬哩
・優惠機艙升等
・特別禮遇
・禮物折扣
・特別服務
成功的
顧客忠誠計畫

Unit 10-25 大遠百：大攬VIP客戶群，才是週年慶衝業績的王道

板橋大遠百一年砸下200萬元，設置專屬貴賓室，VIP貴客業績占全年業績一成。

一、極盡尊寵的討好消費大戶

2012年10月初開跑的首波週年慶陸續傳出捷報，除了「滿千送百」、「滿額贈」和「來店禮」這些每年一定要的行銷熱戰外，鞏固消費實力不受景氣影響的VIP貴客，更是今年百貨搶客、衝營收的祕訣。

討好消費大戶，備受尊榮的預購會與VIP之夜是不能少的。首波開戰的板橋大遠百，就在週年慶前夕為VIP舉辦「寰宇之旅」時尚之夜，邀請消費金額前1萬名的貴賓攜伴入席。當晚，各樓層還規劃不同的服裝主題，總計湧入2、3萬人潮，彷彿一個熱鬧的大型派對。

結算這一夜的業績，居然高達1億元，出現10位以上的百萬刷手；相較隔天的週年慶首日湧入12萬人，締造1.8億元業績，這兩天人潮差了5、6倍，業績卻相差不到一倍，可以對比出VIP客人的消費力。

二、兩間貴賓室是祕密武器

2011年底才開幕的板橋大遠百，究竟如何快速培養出這群貴客？走進板橋大遠百，祕密就在於二樓和八樓有兩間隱藏在樓層最角落、門面雅致的貴賓室，各約五十坪，分別提供給VVIP（年消費額累計達60萬元）和VIP（年消費額累計達25萬元）使用。目前板橋大遠百VVIP與VIP加起來近1,000人，消費額約占全年預估營收60億元的一成。

「這裡的客人很多是住在附近新板特區豪宅中，板橋大遠百一次設兩間貴賓室，就是希望可以養住這些貴客，讓他們不再跑到臺北市消費！」板橋大遠百顧客服務處長林雪肌表示，貴賓室還提供免費的餐飲服務，並容許VIP帶一位客人來。

負責服務這1,000位貴客的團隊之首、等於扛下6億業績的林雪肌表示，板橋大遠百一年砸下200萬元的VIP服務與行銷費用，例如：每三個月換一家合作餐點品牌，或在淡季時買3萬元就送一張體驗券，讓還不是VIP的客人免費到貴賓室享用一次服務，藉此吸引他們也想晉升為VIP！

大遠百：大攬VIP客戶群，才是衝業績的王道

板橋大遠百購物中心

2樓及8樓有2間VIP貴賓室

每年花費200萬元服務及行銷費用！

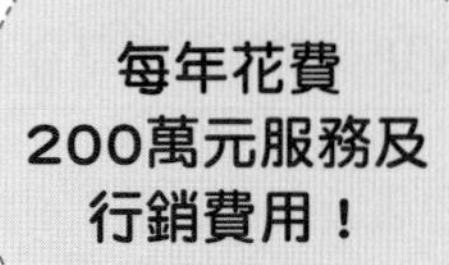

VIP（年消費25萬元）

VVIP（年消費60萬元

累計1,000人

創造每年6億業績，占全部1/10！

週年慶前夕舉辦VIP時尚之夜

邀請消費額前1萬名會員參加

當晚業績高達1億元，出現10位以上百萬刷手！

足見VIP顧客的消費力！

Unit 10-26 SOGO百貨：傳遞生活美，靠沙龍黏住貴婦

在這場VIP競爭中，全臺第一家設立貴賓室的SOGO百貨，自然不會缺席。

一、為全臺5,300位VIP舉辦新生活沙龍活動

為了區隔出VIP服務的特色，SOGO為全臺近5,300位VIP，舉辦一系列的VIP New Life Salon（新生活沙龍）。

「我們的沙龍不以銷售為目的，而是希望作為交流平臺，傳遞新生活價值與新美學態度！」SOGO董事長黃晴雯說。她以沙龍主人身分舉辦時尚、美學、餐旅或電影欣賞等主題聚會，目標族群就是年消費額30萬元以上的貴婦VIP，期待透過聚會來增加這些顧客的黏著度。

有趣的是，SOGO的搶客大戰也打到了鄉鎮。SOGO中壢店設立貴賓室，不到兩年，VIP人數就超過450人，成長近兩倍。「縣市級城鎮有許多中小企業家，經濟實力雄厚，當然也是SOGO極力要開發的VIP新族群！」黃晴雯笑說。

二、VIP服務有更多細節要照應

分析SOGO的VIP客群，臺北四店超過3,900人，而這75%的VIP消費額，就占了全臺VIP的87%。其中以精品定位著稱的復興店服務超過2,000位VIP，可說是SOGO最重要的貴賓祕密基地。

「VIP服務有更多細節要照應！例如：VIP多半很有眼界與品味，總不能連她今天穿戴了顯眼的蕭邦（錶）都認不出，這樣怎會有交集？」駐守於復興館九樓貴賓室、擁有22年顧客服務經驗的SOGO復興店課長余采蘋表示。

余采蘋訓練服務人員要記住VIP的臉、姓名，最好連咖啡想喝多少糖分、濃度都一清二楚。同時，為了讓客人更享有尊寵感，服務人員應避免頭仰得太高；和坐著的客人說話時，則必須屈膝至與客人同樣高度。

小博士解說　SOGO食尚沙龍活動

SOGO百貨針對VIP貴賓舉辦一場「食尚沙龍」活動，由SOGO董事長黃晴雯與紅豆食府董事長蔡陳娟娟兩位時尚名媛親自出馬，與貴賓博感情。SOGO VIP會員目前全臺逾5千人，臺北店的貴賓占達8成，其中很多是20幾年的老主顧；其實要成為VIP的門檻不高，基本條件為1年消費滿30萬元，再經SOGO邀請即可取得資格，除了可享受尊榮的休憩空間，也可參加百貨不定期舉辦的藝文沙龍。趁春節前夕，SOGO特別邀請葡萄酒專家楊子葆分享如何運用義大利葡萄酒搭配年菜，楊子葆說，義大利葡萄酒的特色在香味，建議喝酒時不要猴急，每一口都聞一下香氣，透過好酒喚起所有味蕾，讓年菜的品嘗更有層次；現場更有紅豆食府名廚鄭建順講解年菜特色，吸引約30多位VIP到場參與。

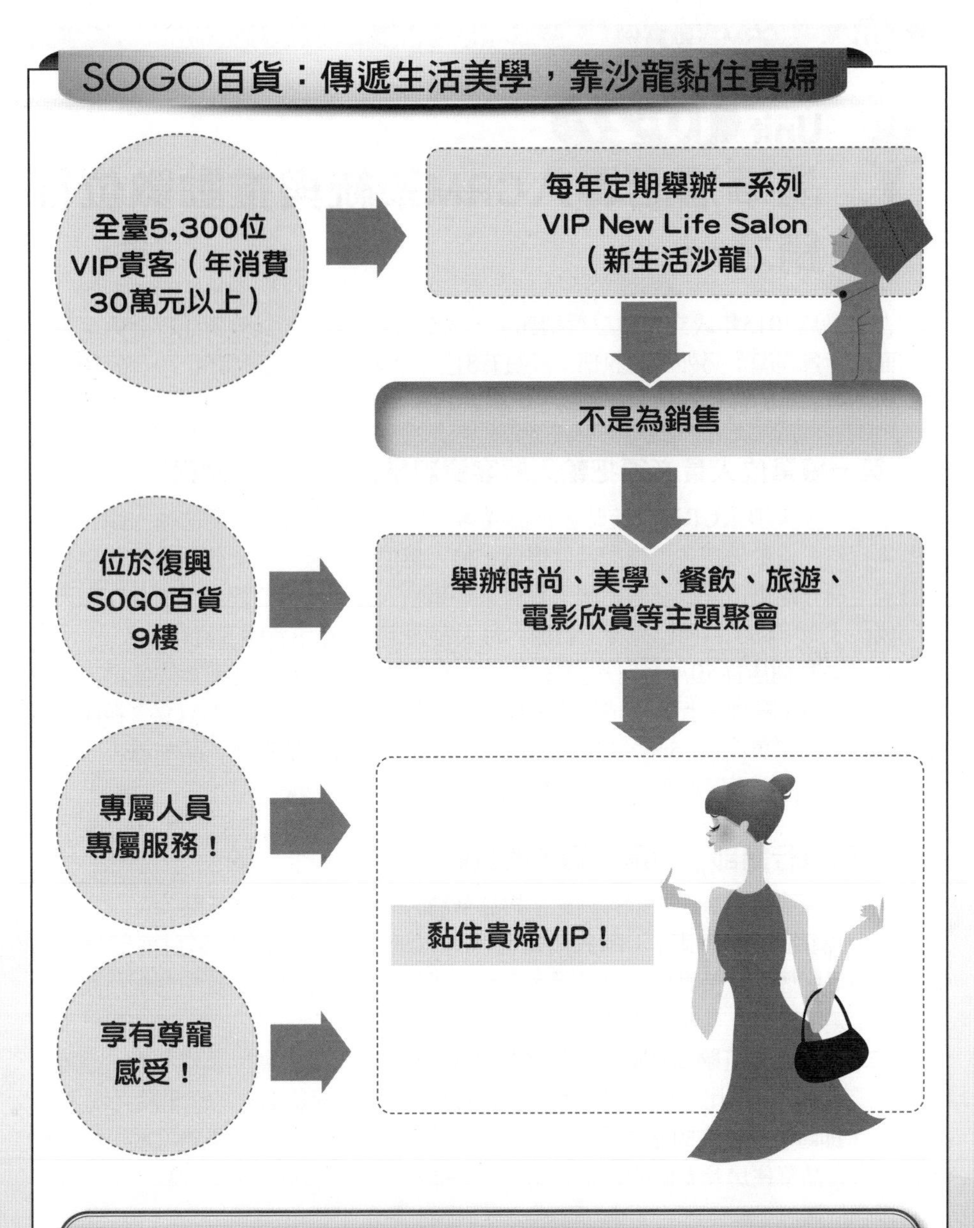

貴賓俱樂部概況

百貨業	貴賓數	優惠禮遇	預期規劃特別服務
微風	無限卡700多人	貴賓室使用	專人服務，採預約制
臺北101	尊榮卡1,000多人	貴賓室預約使用	專門服務
麗晶	黑卡3,000人	貴賓室使用	特別服務
SOGO	無限卡5,000人	貴賓室使用	活動服務

Unit 10-27 晶華酒店導入CRM系統與推動數位行銷之一

晶華酒店2015年成立「數位行銷部」，成員大約2位，都具有資訊統計與經營分析方面的背景經歷；另外「資訊部」成員有3位，行銷公關部成員有5位，合計10位共同支援晶華酒店的數位行銷合作團隊。

一、第一線單位人員必須把輸入顧客資料納入標準作業流程

該部門初期導入CRM系統時，很需要第一線餐飲各單位人員協助輸入顧客問卷的基本資料，但是最初各單位配合度很低，輸入量很少，後來經上報潘思亮董事長，並且規定第一線單位人員必須把輸入資料這件事納入標準作業流程內，而且在每天輸入完成後才能下班。目前已完全上軌道，每天有固定100多份新顧客資料輸入。

目前晶華酒店從50萬名訂房及餐飲客戶名單中，篩選出10萬筆有效名單，每一次寄出去的電子郵件，都有八成以上的開信率。如果是顧客自己上網填寫資料而加入會員時，開信率更高達95%，整體退信率只有1%。在這些基礎上，晶華酒店已正式跨入eCRM時代，也逐漸發現一些消費軌跡。

二、「數位行銷部」對晶華酒店的貢獻

潘思亮董事長認為「數位行銷部」對晶華酒店的貢獻，主要有三點：

(一) 網路訂房率提升：過去網路訂房率很低，不到5%；但到目前已提升到20%，不但掌握了直接訂房的會員顧客資料，而且跳過國際訂房系統中間網路商，對公司業績與獲利提升有具體貢獻。

(二) 節慶活動訂購商品增加：晶華在中秋節推出「晶華月餅」及過年的「晶華年菜」，透過網路訂購比率也很高，帶動商品業績收入，一年約有一、二千萬元收入。

(三) 即時掌握客人的意見反映：晶華酒店最近導入新加坡一套最新系統，能夠反映出客人在晶華住房及餐飲的建議意見，作為晶華「服務品質」不斷改善與追求進步的科學化依據。

三、潘思亮對「數位行銷部」的未來期待

潘思亮董事長對「數位行銷部」的未來期待有四點：1.希望進一步做好顧客會員的深耕工作，做到「客製化了解客人」及「客製化行銷活動」；2.希望提高網路訂房率到30%，降低對旅行社及國際訂房系統中間商的依賴，並從而增加收入與利潤；3.希望做更多顧客滿意度調查的科學化數據調查，以及改善服務品質的顧客聲音來源，以及4.持續網路優化，並建立晶華在海外各國消費者的品牌形象與知名度，使海外客人能夠經由網路直接訂房。

數位行銷部的貢獻

數位行銷部三大貢獻

1.網路訂房率提升

2.節慶活動訂購商品增加

3.即時掌握客人意見反映

對數位行銷部的期待

① 深耕會員，做到客製化了解客人及客製化行銷！

② 提高網路訂房比率到30%，以增獲利！

③ 持續顧客滿意度調查，以精進服務水準！

④ 持續網路優化，使網路訂房比例升高！

Unit 10-28 晶華酒店導入CRM系統與推動數位行銷之二

2019年臺北晶華酒店的團客與散客比為6比4，平均客房價格達6,000元，平均住房率為70%，到旺季時可達90%。

四、晶華推動數位行銷的成功因素

晶華推動CRM數位行銷的關鍵成功因素有以下三點：

1.潘思亮董事長本人的高度支持與深入了解，並非門外漢。

2.第一線住房及餐飲各部門後來已全面支持顧客資料庫與CRM系統的推動及配合，因為發現對他們有幫助效果。

3.訂定短、中、長期目標，按目標有計畫的推動。

五、晶華想做的不只是多了解顧客

晶華酒店想做的不只是多了解顧客，而是要在顧客走進門的那一刻，就能知道他是什麼樣的人，或者會做什麼樣的事。

晶華酒店在導入CRM之後，餐飲消費與住房客人的資料都可以經過分析再加值運用，並且發掘潛在的商機。

晶華七個餐飲部門，目前透過CRM系統，已經知道部分今晚來客有些什麼消費特性，並做客製化因應。例如：有哪位客人不喜歡吃辣、牛排要吃幾分熟、不喜歡坐在窗邊、需要一杯白開水吃血壓藥、不能喝冰水等消費行為。

六、CRM資訊系統投入成本很快回收

2015年在CRM初上線之後，在端午節一個行銷案的成果，就讓投入的成本立刻回收了。（註：CRM資訊系統投入成本在500萬元以內。）

舉例來說，如果在一封會員eDM電子報中，會員點選了A促銷方案，但是一週之後如果沒有下單，會再寄出一封關於A促銷方案更詳細的內容，甚至再寄出第三次，直到成功為止。

晶華酒店近來也利用CRM平臺找到新的消費客群，並對既有客群鞏固了對晶華酒店重複的消費頻率。

晶華酒店CRM會員經營三步驟：

Data Warehouse（資料庫建立）→ Data Mining（資料庫採礦分析）→ Data Marketing（資料庫行銷）

目前潘思亮董事長正在整合國外及國內晶華體系的七、八家大飯店及旅館的共同流通資訊系統，使彼此能夠資訊情報共享與共用。

晶華酒店推動CRM數位行銷成功因素

1.
潘思亮董事長本人高度的
支持與深入了解！

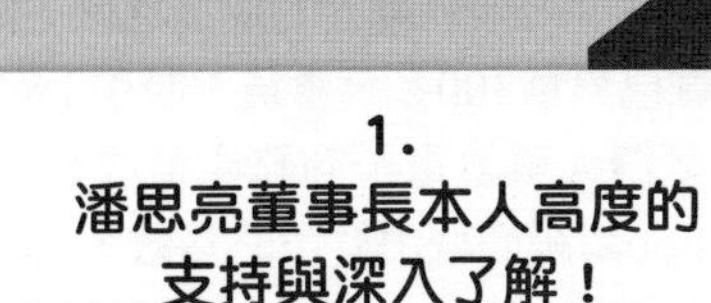

2.
第一線住房及餐飲部門的
全力配合支持！

3.
訂定短、中、長期目標，
按目標有計畫推動！

知識補充站

不景氣的CRM求生術

大環境不景氣衝擊各行各業，許多企業開始紛紛調整策略，包括晶華酒店、和泰汽車、易飛網等，都在客戶關係管理層面有所著墨。企業透過客戶關係管理，想要達到的目標就是精準行銷，然後在對的時間，把對的產品，送到對的人手上。在不景氣的時代，客戶關係管理變得更重要，也是決定如何把有限資源轉換成最大效益的關鍵。

2010年，金融海嘯爆發後，晶華酒店的消費族群也開始有了大幅改變，原本有高達八成是國外商務客入住的態勢急轉直下，晶華酒店為了精準掌握消費結構轉變，決定導入客戶關係管理（CRM）平臺。自系統正式上線之後，更開始進行各種資料分析，結果發現晶華酒店的餐飲消費中，主要的消費客戶群是年收入50萬元左右的中產階級，而非原本想像中的白領階級。這個發現不僅給晶華酒店當頭棒喝，也讓晶華酒店發現新的消費客群。

Unit 10-29 雅虎奇摩超級商城耗時一年半獨立開發CRM

眾所皆知Yahoo奇摩拍賣是臺灣規模最大的C to C商城，但許多人可能不知道，成立僅四年多的Yahoo超級商城，同樣以驚人的成長速度，躋身臺灣數一數二的B to B to C商城。據統計，該商城已累積300多萬會員，吸引3,800多家廠商在商城開店，總品項超過260萬件。雖然臺灣大環境電子商務產值成長已經從過去的每年30%以上，降到現在的17%，但Yahoo超級商城由於策略奏效，2012年成長率超越50%，且2013年第一季亦較去年同期相比成長40%，預估2015年營收有機會突破100億元。

一、永遠以滿足消費者需求為核心價值

Yahoo超級商城最核心的價值就是永遠以消費者為核心。例如：透過各種數據分析發現，有「超商取貨」是消費者最需要的，Yahoo超級商城便軟硬兼施要求其他店家，就算超商取貨成本比較高，也應該要開通超商取貨服務，才能滿足消費者所需。

Yahoo超級商城認為，就算同業的PChome商店街有1萬多家店，但沒有消費者真的需要那麼多店，每個人頂多常常去幾家店消費而已。Yahoo超級商城觀察到這樣的統計結果，很快就推出「最愛商店」功能，讓消費者可以將喜愛的店家加到最愛商店列表後，就可以於Yahoo超級商城首頁快速前往喜愛的店家商城。這同樣是基於滿足消費者需要所做的改變。

二、耗時一年半獨力開發CRM系統

Yahoo超級商城規劃與建置階段一年半的CRM服務於2013年4月推出。

Yahoo超級商城推動CRM服務共規劃三個階段，分別是：1.規劃與開發；2.宣傳與訓練；3.行銷活動導入。因此，Yahoo超級商城盛大舉辦聯合行銷活動，並限定有使用CRM工具且有對Yahoo會員推出VIP會員制度的店家才可以參加行銷活動。

導入CRM服務給店家的好處，在於讓店家可以透過CRM看到每個顧客的消費情形，以利店家將消費者分族群，再精準行銷，對特定族群做不同的購物促銷活動。這樣針對性的精準行銷在傳統百貨公司或賣場都是做不到的。所以，Yahoo超級商城可以透過此服務吸引到很多實體零售業者上來使用。

自CRM服務推出一個多月後，3,800家店中，已成功吸引500家店付費使用CRM服務（費用20,000元，付一次，服務終生），而Yahoo超級商城這段日子以來開了非常多場針對CRM的教育訓練與宣傳課程，並特別編製了《超級商城會員管理工具操作手冊》作為教材，未來還將推出網路版學習教材給導入的店家線上學習使用。

資料來源：優仕網http://blogreader.youthwant.tw/taotao/news/124/

雅虎奇摩：耗時一年半，獨立開發CRM系統

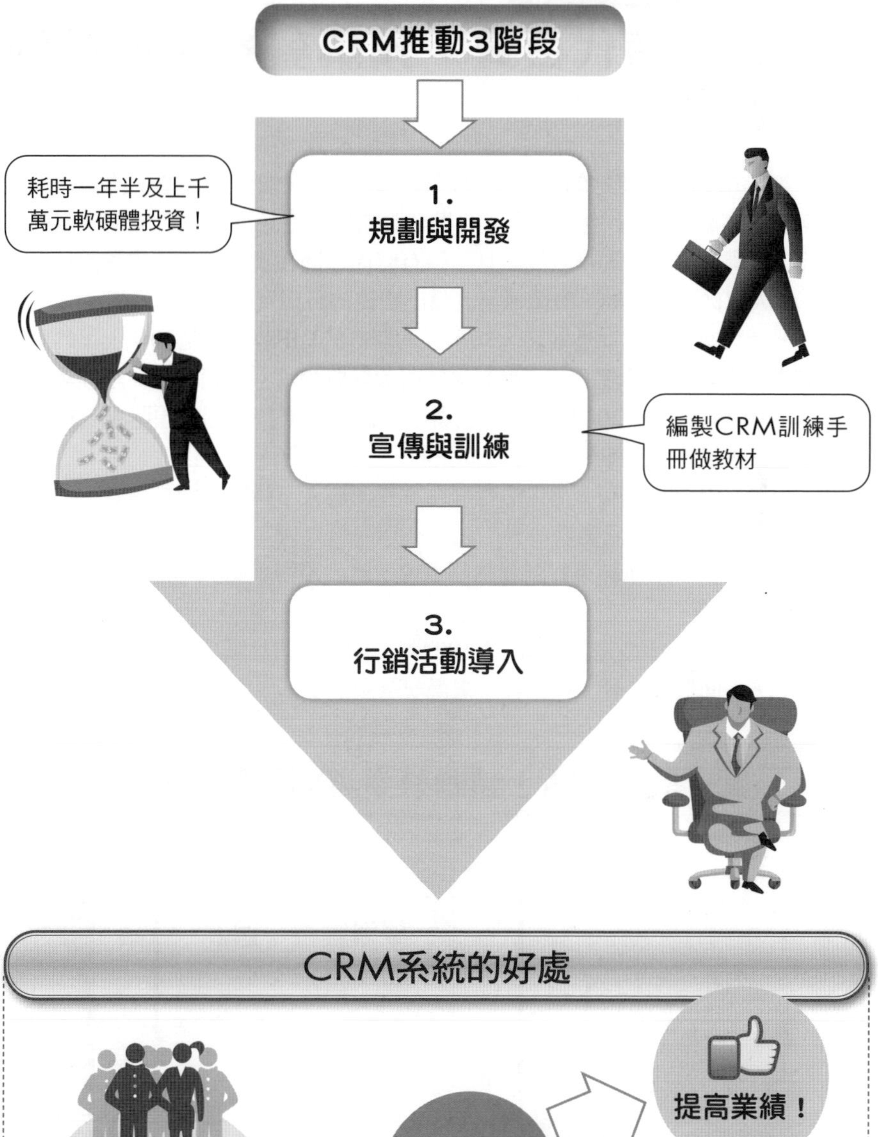

CRM推動3階段

1. 規劃與開發

耗時一年半及上千萬元軟硬體投資！

2. 宣傳與訓練

編製CRM訓練手冊做教材

3. 行銷活動導入

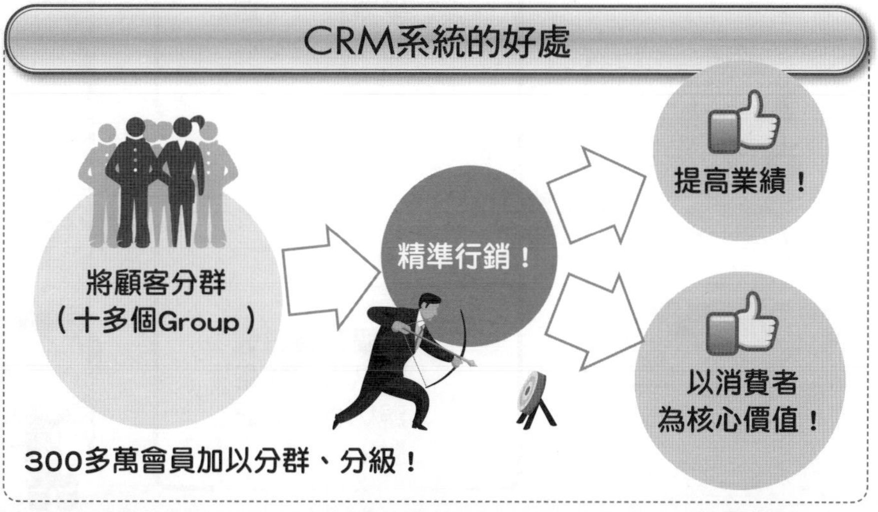

CRM系統的好處

將顧客分群（十多個Group）

300多萬會員加以分群、分級！

精準行銷！

提高業績！

以消費者為核心價值！

Unit 10-30 統一時代百貨：預購會舉辦VIP時尚派對

位於臺北市政府轉運站的統一時代百貨，因為有五樓「美人塾」的特殊服務場域，而發展出專屬OL（女性上班族）的貴客服務學。白色與粉紅色系交織出的美人塾，有著自家經營的一方咖啡空間，且不時有時尚顧問在講臺上說明本季流行元素，一旁則有專人幫你化妝梳髮，整體氣氛流露出濃濃的時尚女人味。

「統一時代有八成是女性顧客，30萬元消費額的VIP也大多是30歲上下的女性上班族，這些客人需要許多流行、時尚的穿搭與妝髮概念！」行銷部販促經理說。為了進一步經營VIP關係，在2013年9月底也辦了一波檔期維持一週的預購會，並第一次在預購會首日邀集八大品牌舉辦VIP時尚派對。

初次舉辦VIP預購會的，還包括有「百貨界南霸天」稱號的漢神百貨。「南部的VIP通常忠誠度很高，而且對於活動的出席率也高達九成，所以經營這群顧客，最要緊的就是多辦活動！」漢神百貨副總蔡杉源說，他們舉辦了兩次時尚派對，甚至把場地移師到船上舉辦。

蔡杉源分析說：「愈是不景氣，VIP的營業額貢獻占比就愈高。把VIP這群老主顧顧好，比去外面散彈打鳥、找新客，來得安全多了！」

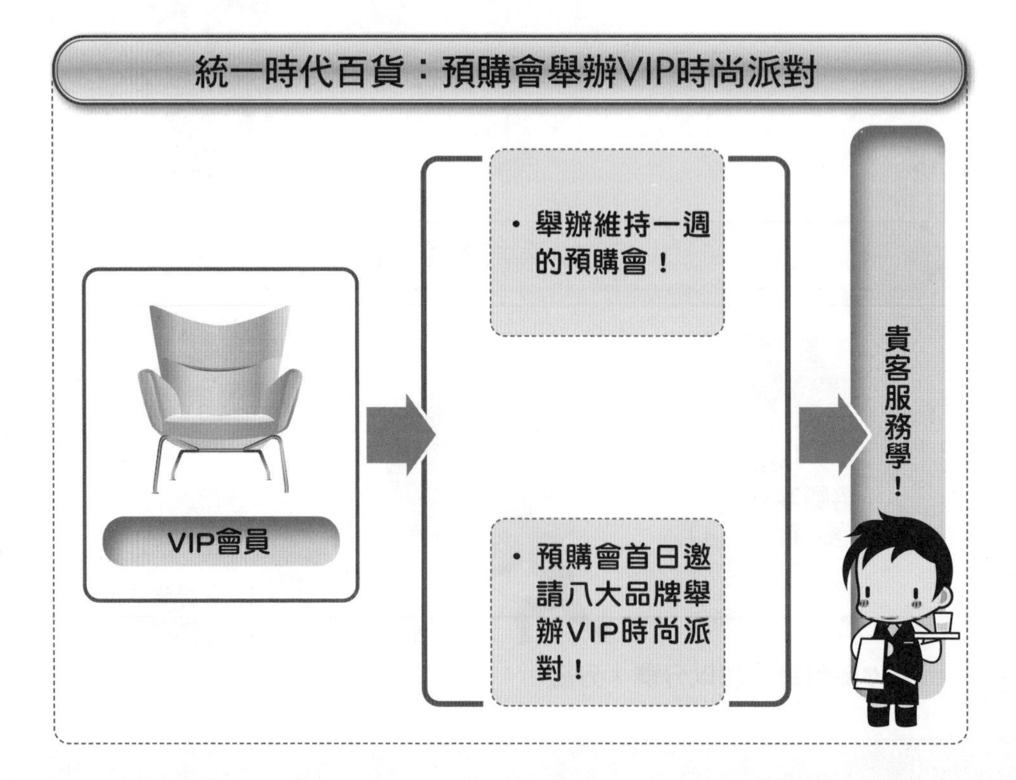

第11章

大數據（Big Data）之發展

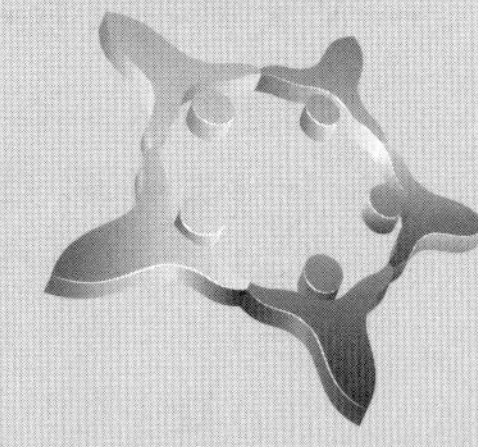

章節體系架構

Unit 11-1 Big Data的特性與意義

Big Data大數據（又稱大資料、海量資料），2010年由IBM所提出。

一、大數據（Big Data）之特性

Big Data具有四個特性：

(一) 大：資料量龐「大」，人類存放資料總量呈爆炸性成長。

(二) 雜：種類繁「雜」，資管人員只處理了20%的結構化資料。

(三) 快：變化飛「快」，資料擷取時間不到1秒。

(四) 疑：真偽存「疑」，全球有80%的資料不可靠。

二、資料大爆炸的Big Data時代

但究竟什麼是Big Data？有人稱為「大數據」、「海量資料」或「巨量資料」。事實上，Data從古到今一直存在，關鍵在於如何分析，並提煉成為有價值的決策。例如：將何時下雨的氣象資料彙整起來，就成了有用的農民曆；人會生什麼病、要吃什麼藥，也歸納出救命的《本草綱目》。只是過去的Data產出量不大，必須靠經驗值累積，慢慢蒐集。邁入行動裝置時代後，每個人的手機都變成了感測裝置，上傳的照片、網購買書、買衣服或在臉書上按的讚和打的卡，都產出大量的Data，資料大爆炸因而進入Big Data時代。

科技創新使得大數據資料的蒐集與分析得以實現，包括：1.網站；2.Billing；3. ERP；4. CRM；5. RFID；6.感應器；7.影片；8.聲音；9.圖片，以及10.社群媒體。

Big Data不僅僅是資訊技術，真正的意涵在於將資訊轉化為資本，萃取、分析及創造之商業策略。

三、創新案例：Get This

持續地進行商品企劃、行銷、IT等功能面向之創新，營造更佳的品牌使用經驗。

創新案例：Get This

提供的是商品內容和電子商務的探索與集合，用娛樂串聯觀眾與品牌。

社群媒體可聚集某些「擁有共同愛好者」，便也開始成為促進電子商務發展的一大動力。品牌商開始發掘這塊尚未開發的資源，並試著將這些忠實觀眾轉變為忠實顧客。Get This擁有強大的娛樂圈人脈做後盾，團隊成員在娛樂產業均擁有相當豐富的實務經驗。目前Get This透過與85個不同的品牌及廠商合作來賺錢，未來將和更多全新的影集、品牌合作。

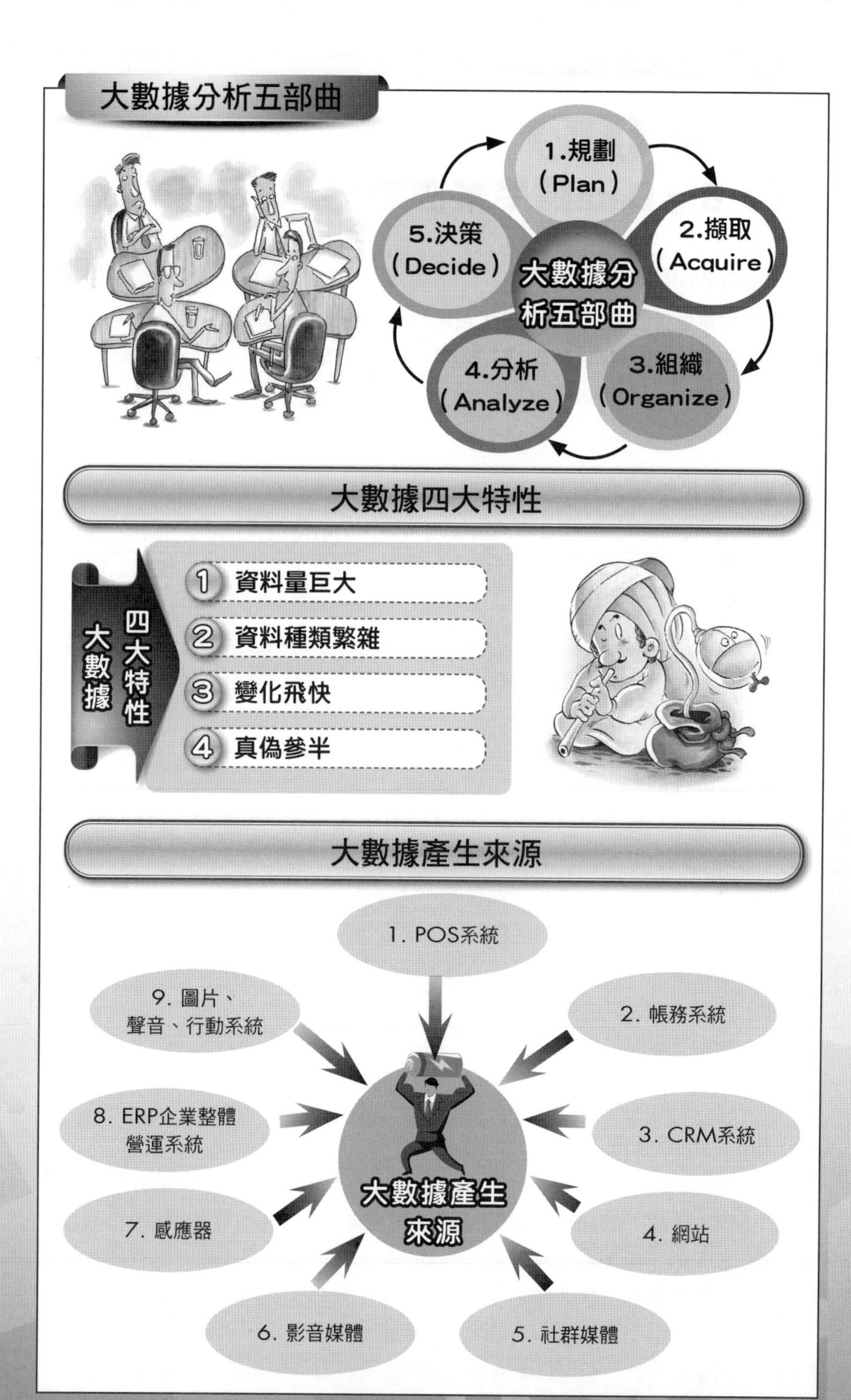
大數據分析五部曲
1.規劃
(Plan)
2.擷取
(Acquire)
3.組織
(Organize)
4.分析
(Analyze)
5.決策
(Decide)
大數據分析五部曲
大數據四大特性
大數據
四大特性
① 資料量巨大
② 資料種類繁雜
③ 變化飛快
④ 真偽參半
大數據產生來源
1. POS系統
2. 帳務系統
3. CRM系統
4. 網站
5. 社群媒體
6. 影音媒體
7. 感應器
8. ERP企業整體營運系統
9. 圖片、聲音、行動系統
大數據產生來源

Unit 11-2 Big Data應用案例之一

一、Big Data現身《鋼鐵人3》

好萊塢電影《鋼鐵人3》裡，主角史塔克為了找出壞蛋滿大人的行蹤，運用雲端技術Oracle Cloud比對全球各地的爆炸事件；隨後又利用Exadata資料庫駭進美國五角大廈，把恐怖集團的成員一一揪出來。這些科幻電影的橋段，正是Big Data的應用範例。

二、獵殺賓拉登也靠Big Data

臺灣IBM軟體事業部副總林世偉表示，過去的數據只有文字、數字，如今有了聲音、影片、圖像，甚至即時性Data如GPS（全球定位導航），快速計算和反應的效率提高很多。

例如：當年美國聯邦調查局（FBI）追捕隨時處於逃亡狀態的恐怖分子賓拉登，必須比對大量的即時圖像和數據，而FBI最後向總統歐巴馬簡報的資料，使用的就是IBM的分析軟體i2。

三、Big Data打擊犯罪

Big Data不只創造獲利，也改善人類生活。美國警方就透過Big Data分析，達到「預防犯罪」。

美國南卡羅萊納州的查爾斯頓警局，運用IBM的i2及SPSS分析軟體，發現宵小有固定的犯罪模式，例如：竊盜及搶劫案通常都發生在雨天，地點大多是罪犯自家附近或者熟悉的地盤。因此，警方在特定時間地點加強巡邏，成功降低犯罪率。

查爾斯頓警局局長穆勒（Gergory Mullen）表示：「過去警方的思維是，在案件發生後儘快破案；現在有了分析工具，已經提升到預防犯罪。」

四、Big Data降低成本

Big Data分析也有助降低成本。加拿大英屬哥倫比亞省的蛋品行銷協會（BCEMB），旗下逾130家蛋農，飼養270萬隻雞，每年生產超過8億顆雞蛋。過去要記錄雞的下蛋週期、雞蛋的大小和品質，都需靠人工手寫，耗費極大資源和人力，分析起來更不容易。

近年開始，該省運用分析工具，將所有雞舍的即時資料透過現場人員的平板電腦，上傳彙整分析，結果每年省下六成的監測人力及10萬美元的支出。

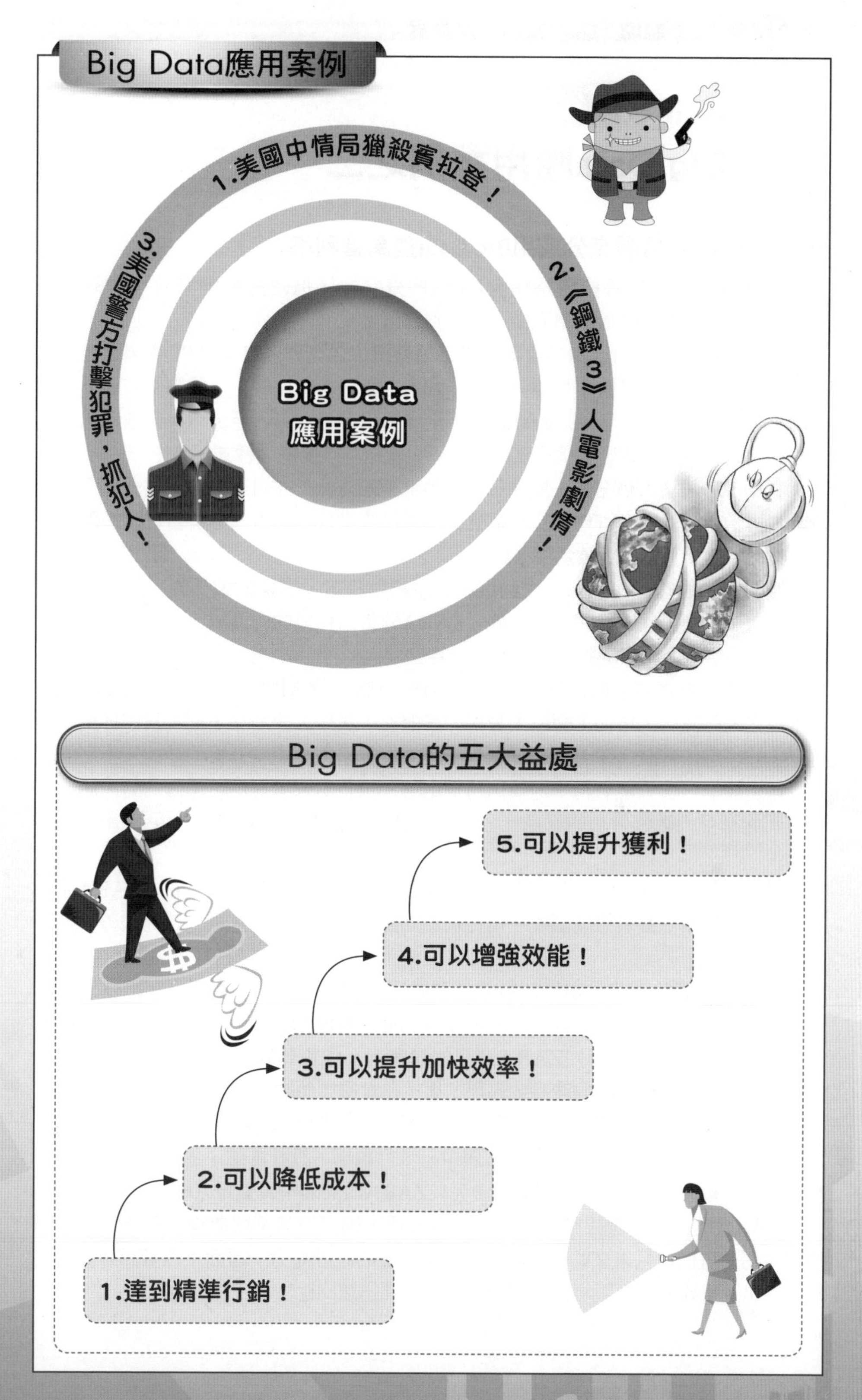
Big Data應用案例
1.美國中情局獵殺賓拉登！
2.《鋼鐵3》人電影劇情！
3.美國警方打擊犯罪，抓犯人！
Big Data
應用案例
Big Data的五大益處
1.達到精準行銷！
2.可以降低成本！
3.可以提升加快效率！
4.可以增強效能！
5.可以提升獲利！

Unit 11-3 Big Data應用案例之二

五、ZARA服飾集團充分運用Big Data提高獲利率

ZARA平均每件服飾價格只有LV的四分之一，但是打開兩家公司的財報，ZARA稅前毛利率比LVMH集團還高，達到23.6%。

走進店內，櫃臺和店內各角落都裝有攝影機，店經理隨身帶著PDA。當客人向店員反映：「這個衣領圖案很漂亮」、「我不喜歡口袋的拉鏈」這些細微末節，店員會向分店經理彙報，經理透過ZARA內部全球資訊網絡，每天至少兩次傳遞資訊給總部設計人員，由總部做出決策後立刻傳送到生產線，改變產品樣式。

打烊後，銷售人員結帳、盤點每天貨品上下架情況，並對客人購買與退貨率做出統計。再結合櫃臺現金資料，交易系統做出當日成交分析報告，分析當日產品熱銷排名，然後，數據直達ZARA倉儲系統。

蒐集大數據的顧客意見，以此做出生產銷售決策，這樣的做法大大降低了存貨率。同時，根據這些電話和電腦數據，ZARA分析出相似的「區域流行」，在顏色、版型的生產中，做出最靠近客戶需求的市場區隔。

以線上店為實體店的前測指標，即2010年秋天，ZARA一口氣在六個歐洲國家分別成立網路商店，增加了網路大數據的串聯性。次年，分別在美國、日本推出網絡平臺，除了增加營收，線上商店更強化了雙向搜尋引擎、資料分析的功能。不僅回收意見給生產端，讓決策者精準地找出目標市場，也對消費者提供更準確的時尚訊息，雙方都能享受大數據帶來的好處。分析師預估，網路商店為ZARA至少提升了10%營收。

此外，線上商店除了交易行為，也是活動產品上市前的營銷試金石。ZARA通常先在網路上舉辦消費者意見調查，再從網絡回饋中，擷取顧客意見，以此改善實際出貨的產品。

ZARA將網路上的大數據資料看作實體店面的前測指標，因為會在網路上搜尋時尚資訊的人，對服飾的喜好、資訊的掌握和催生潮流的能力，比一般大眾更前衛。再者，會在網路上搶先得知ZARA資訊的消費者，進實體店面消費的比率也很高。ZARA選擇迎合網民喜歡的產品或趨勢，果然在實體店面的銷售成績也表現亮眼。

這些珍貴的顧客資料，除了應用在生產端，同時被整個ZARA所屬的英德斯（Inditex）集團各部門運用，包含客服中心、行銷部、設計團隊、生產線和通路等。根據這些大數據，形成各部門的KPI，完成ZARA內部的垂直整合主軸。

ZARA推行的大數據整合，獲得空前成功，後來被其英德斯集團底下八個品牌學習應用。可以預見未來的時尚圈，除了檯面上的設計能力，檯面下的資訊／數據大戰，將是更重要的隱形戰場。有了大數據，還要迅速回應、修正與執行。

ZARA運用大數據提升獲利率

消費者行為

消費者意見

大數據資料　　　　大數據資料

店員、店長、區經理向上彙報

西班牙總公司（大數據中心）

設計師因應市場變化與需求

調整設計／生產／銷售／庫存

滿足消費者與各地市場需求！

提高獲利率！

知識補充站

H&M為什麼跟不上ZARA？

H&M一直想跟上ZARA的腳步，積極利用大數據改善產品流程，但成效卻不彰，兩者差距愈拉愈大，這是為什麼？

主要的原因是，大數據最重要的功能是縮短生產時間，讓生產端依照顧客意見，能於第一時間迅速修正。但是，H&M內部的管理流程卻無法支撐大數據供應的龐大資訊。H&M的供應鏈中，從打版到出貨，需要三個月左右，完全不能與ZARA的二週時間相比。

因為H&M不像ZARA，後者設計生產近半維持在西班牙國內，而H&M產地分散於亞洲、中南美洲各地。跨國溝通的時間，拉長了生產的時間成本，如此一來，大數據即使當天反映了各區顧客意見，也無法立即改善，資訊和生產分離的結果，讓H&M內部的大數據系統功效受到限制。

大數據運營要成功的關鍵是，資訊系統須能與決策流程緊密結合，迅速對消費者的需求做出回應、修正，並且立刻執行決策。

Unit 11-4 Big Data的機會與挑戰

Big Data的挑戰已是不爭的事實，但在前所未見之資料「大」、「快」、「雜」和「疑」的時代裡，若懂得妥善應用資料以滿足消費者On-Demand需求，便有機會創造極大的商業價值。

一、麥肯錫的三大關鍵議題

麥肯錫提出企業面臨Big Data的三大關鍵議題：

1.在消費者購買決策全程中設計互動體驗。

2.持續地優化分析平臺，挖掘大數據。

3.持續地進行技術創新及流程創新。

二、如何吸引消費者參與案例

在使用情境中設計多樣的互動體驗，吸引消費者參與：

(一) 金融業：當你人老珠黃時會變怎樣？還不快存退休金？

Merill Edge的Face Retirement應用程式，乃根據史丹佛大學「若人們看見自己年老時的樣子，會更加樂意為退休後的生活做打算」的研究而製成，藉由臉部辨識讓使用者看到自己從50歲到100歲時的模樣，讓使用者興起為退休生活存錢的打算。

(二) 美妝業：試幾百種妝都沒問題！

日本最近推出的VOGUE模擬化妝應用程式，能讓使用者下載並試用Clinique等品牌的化妝品在自己的照片中，透過臉部辨識科技與模擬效果，讓顧客「親身試用」各種品牌的產品，產生個人化的效果。

三、善用工具平臺，快速地蒐集、整合與分析多維度消費者行為資訊

1.掌握市場發展脈動，消費者行為趨勢，例如：追蹤使用者之搜尋紀錄及線上、行動或實體店面之消費行為，或從每天熱門消息中（社交監控），推出與社會時事呼應的商品，創造消費需求。

2.整合各通路、客服中心及行銷等面對消費者之部門，勾勒出消費者購買決策全貌及影響決策之關鍵要素。

3.察覺並滿足消費者獨特之期望值。

企業面臨Big Data三大議題

掌握大數據資料來源及分析

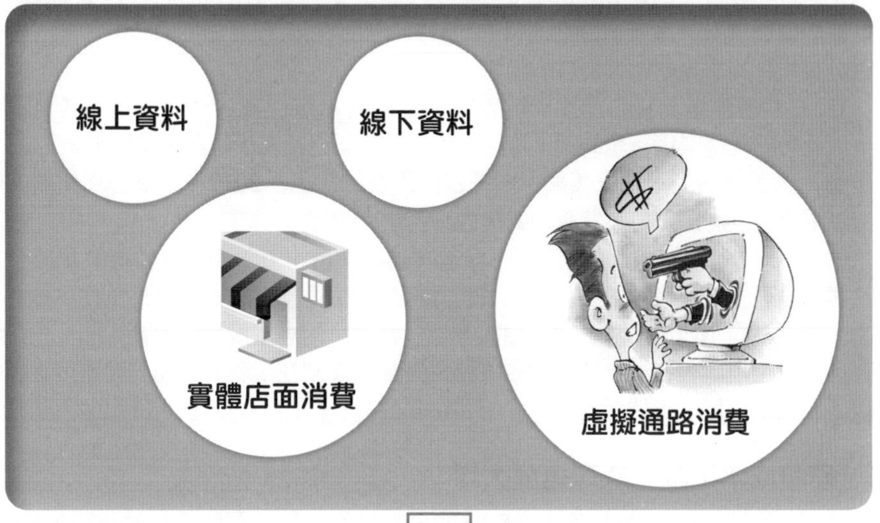

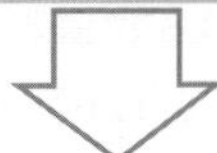

快速蒐集

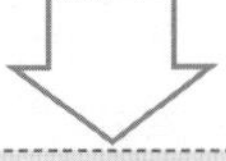

加速整合

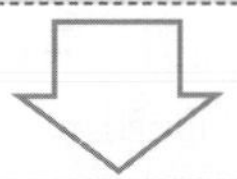

提出分析預測及關係行銷

Unit 11-5 日本企業從大數據資料中發掘行銷新商機

這張折價券的寄送對象是今年32歲、家住日本東京練馬區、在港區工作的女性。她每月會在影音租售店TSUTAYA租一片西洋歌曲CD，每週到全家便利商店購買兩次甜食——現在的業者行銷，已經能把客群目標鎖定到如此精準的程度。其背後的機制是，由Culture Convenience Club（CCC）公司所發行的共同集點卡「T卡」。

一、大數據已展開實際應用

T卡的會員目前已達4,408萬人，會員只要在日本全家便利商店等97家與T卡合作的商店消費集點，系統就會把消費的地點與商品全都詳細記錄下來。這樣的大數據（每分每秒都在產生的龐大資料）猶如一座寶山。

CCC常務董事北村和彥說：「就算顧客未到本店消費，一樣能得知其消費傾向，因此可望提高業者行銷的精準度。」如今，行銷已漸漸出現典範轉移現象了。

應用大數據的先進國家美國，還把它活用在政治上。2012年，歐巴馬總統之所以能在選戰中大勝羅姆尼，背後的關鍵之一就是大數據。

歐巴馬陣營花了18個月的時間，把前次總統大選中蒐集到的支持者名單整合起來，再配合社交網路服務等多樣化的資料進行分析，得到了詳盡的結果；在「擁有休旅車、最近購買了西裝的50歲以上白人男性」當中，起居室擺放《聖經》的人支持共和黨，喜歡用現代畫當裝飾的人則會支持民主黨。後來在選戰中，他們就運用這樣的發現，有效地掌握了支持者的心。

二、硬體成本下降，處理速度大增

根據美國的資料分析軟體大廠SAS的資料推算，用於記錄資料的硬碟，每GB（十億位元組）平均價格已由2000年的近20美元，跌到目前的5美分左右。硬體儲存成本的低廉化，也使得大數據能夠被鉅細靡遺地儲存下來。

再加上電腦處理能力的精進，分析資料的速度變得更快。例如：iPhone 5的CPU（中央處理器）運算能力，比富士通在1970年代後期開發出來的超級電腦高出20倍以上。免費軟體「Hadoop」的出現，帶來了定性分析資料的可能性，這一點也有助於大數據的活用。蒐集、儲存以及分析資料的環境，都已齊備。

三、有些企業認識不足，未善加運用

IT業者也希望藉著這股潮流抓住商機。美國的思愛普（SAP）、IBM、甲骨文等企業，都透過購併強化自己在這方面的能耐。茲詳細說明如右頁。

大數據已展開應用

(一)
歐巴馬美國總統當選 → 充分運用大數據分析！ → 發掘並預測出他的支持者是誰？ → 進行有效行銷！

(二)
日本跨業紅利積點卡 → 會員4,400萬人 + 2.2萬家店消費行為 → ・預測行銷 ・關聯行銷 ・精準行銷

大數據應用普及原因

大數據應用普及

1. 硬體成本大幅下降！
2. 資料處理運算速度變得更快！
3. 確實對企業具有不小的效益！

知識補充站

有些企業認識不足，未善加運用（續）

日本國內廠商也很積極，日本IBM軟體事業部行銷經理中林紀彥說：「過去，IT投資多半是為了刪減成本，但巨量資料卻可以用來增加營收。」雖然巨量資料帶來高度期待，但也伴隨著必須解決的問題，首先就是企業對它的認識不足。

為企業分析口碑資料的Datasection公司營運長林健人說：「很多企業導入了工具，卻未能善加運用。」協助企業導入相關工具的Brainpad公司社長草野隆史則表示：「也有許多企業過度相信它，以為它是馬上就能提供答案的魔杖。」

要想精確分析資料，門檻也很高，全球各國都極缺乏專精於分析資料的「資料科學家」。尤其是日本，大學多半沒有統計專門學院，能夠習得相關資料分析技能的管道有限。而且就算獲得正確的資料分析結果，「假如企業不重視資料分析，或缺乏予以支持的部門組織，就很難活用」，SAS Institute Japan的行銷暨事業推進本部部長北川裕康說。

Unit 11-6 日本第二大便利商店Lawson已開始應用Big Data

2010年，羅森（Lawson）開始推出共同集點卡「Ponta」，除了可用於羅森便利商店外，在昭和殼牌石油、影音出租店GEO的消費，也一樣能夠集點。目前Ponta會員人數約5,300萬人，到羅森消費的顧客中，約有四成五是Ponta會員。

只要在收銀臺拿出Ponta卡，除了集點外，也會同時登錄會員性別、年齡層、居住地和購買商品等資料。羅森的消費群中以年輕男性居多，但在女性與銀髮客群上還有開發空間，Ponta剛好可以用來抓住這些客群。

一、Ponta抓住女性便當的關鍵字

2010年秋天，羅森希望擴大占來店顧客只有三成的女性客群，於是著手開發「受女性喜愛的便當」。負責開發的部門設想了「健康」、「蔬菜」等一些女性可能會喜歡的關鍵字，也試做、試賣了幾種便當，但銷售狀況不好，以失敗收場。

便當開發部門去找分析Ponta資料的行銷部門「Marketing Station」商量，在分析後發現，和其他便當相比，購買便當的女性比例變高了，因此不能直接當成失敗看待。接著，又在其他食品中找尋女性的偏好，發現受女性歡迎的商品都和「辣」、「湯類」、「色彩」有關。

便當開發部門根據這樣的關鍵字重新開發便當，並更換包裝與菜色，在2011年3月推出親子丼等六種便當，結果開賣一個月後，男性購買人數與先前相同，但女性的購買人數急增為1.5倍，大獲成功。

二、Ponta也有助於預測銷售

羅森店內有3,000種商品，每週都有新商品上架。店長必須預測暢銷狀況、判斷進貨量，避免出現缺貨或庫存過多的情況，但這是極為困難的工作。

預測銷售時，關鍵在於重複購買率。在導入Ponta前，POS（銷售點管理）系統固然可蒐集到商品的購買數量，卻無法判斷同一個人是否買了好幾個。羅森行銷部副主任倉持章說：「重複購買率高的商品，購買量不一定高；但購買頻率高的商品，就是吸引固定客群時絕不能斷貨的商品。」

因此，羅森認為，真正的暢銷商品應該是重複購買率與購買率都高的商品。2012年2月發售的起司蛋糕，在上架的第一天，重複購買率與購買率就比另一款暢銷商品草莓瑞士捲要來得高，因此可以確知「這個一定賣」。隔天，行銷部門馬上建議全國分店增加進貨量，結果在六天內就緊緊抓住熱潮，狂賣了100萬個。

2006年起，羅森行銷部門的人數擴增一倍，約在20人左右。由於是商品熱賣背後的功臣，未來應該也會愈來愈有存在感。

日本第二大便利商店Lawson Big Data的應用

Lawson商品開發部

依據Ponta跨業紅利積點卡的
5,300萬人大數據資料

深入萃取及分析

預測主要商品
銷售量

發掘出女性喜歡
鮮食便當的相關資訊

成功減少
庫存浪費！

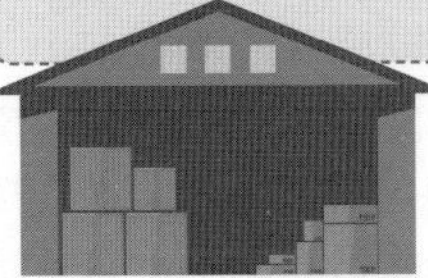

展開鮮食便當新商品開發！

結果成功大賣！

Unit 11-7 玉山銀行靠Big Data採礦，挖出大金礦

小說中的大偵探福爾摩斯，可以透過犯罪現場的蛛絲馬跡描繪出凶手的面貌型態；而現實生活裡，善用科技能力也能讓銀行精準地掌握每位顧客的消費行為及生活型態，進而開發出最適切的產品與服務。玉山銀行就是最典型的例子。

一、一支30人的Big Data組織

2015年，玉山金控得以出現業績爆發，絕不只是靠親切的服務。真正拉抬獲利的關鍵，在於玉山內部一支約30人、稱為CRV（客戶風險與價值）的祕密部隊，運用最新的統計技術，讓玉山精準掌握每位顧客的需求。

「在運用Big Data（巨量資料）跟Data Mining（資料採礦）上，玉山絕對在同業的領先群內。」黃男州董事長分析表示，大多數銀行還停留在風險控管和消費分析的階段，玉山則投入更多人力資源和技術，去試圖捕捉個體消費者的生活風格和行為模式，早一步提供預先「客製化」的服務。

由於資訊科技的推波助瀾，行動科技的發展對於金融業已然造成根本性的變革。「過去銀行要提升便利性，重視的是分行數以及Call Center（電話理財），但現在人手一支智慧型手機，如果能直接在上面提供服務，對客戶的價值反而更高。」黃董事長進一步指出，資訊科技對金融業最大的意義，就是讓即時性服務、客製化商品這些口號式的理想，有了實現的機會。為了創造玉山的差異化，早在2004年，玉山就成立了由「資料科學家」組成的CRV小組，茲說明如右圖。

二、「虛實整合」將能後發先至

從2015年開始，黃董事長為玉山設下了三大目標：營收倍增、亞洲布局以及金融創新。而他更是對第三項寄予厚望。「Innovate or die（不創新即死亡）。」黃男州認為，「以前談創新與差異化，我們可以用比較好的服務提供同樣的產品，創造較佳的客戶體驗；但未來除了服務、流程，連產品本身都要差異化，才能真正創造出價值。」黃董事長舉一篇《哈佛商業評論》雜誌的文章為例，「二十一世紀最有價值的工作將會是資料科學家，單靠人的服務不可能做到，一定得透過科技的輔助，才能夠真正做到為每位客戶量身打造的差異化。」為了強化CRV這支祕密部隊的戰力，玉山銀行開始與賽仕電腦（SAS）合辦資料採礦競賽，在全臺大專院校巡迴宣傳，還提供客戶資料作為賽程演算之用。而谷歌（Google）最近也找上門，與玉山一起進入校園推廣資訊應用的概念。「為尋找資訊人才，我們在校園內可是非常高調。」黃董事長最後定調，「虛實整合」將是推進玉山金控未來領先同業的獲利引擎，藉由這股科技狂潮的力量後發先至。

玉山銀行運用Big Data

公司成立一支30人的Big Data組織

資料科學家！

運用Big Data

運用Data-Mining

- 精準掌握理財上每位顧客需求！
- 提供理財客製化服務！
- 了解每位客人理財的消費行為及生活風格！
- 提高電話行銷的成功率增幅為10倍！
- 增加最後獲利績效！
- 有效降低成本！

以最常見的電話行銷為例，黃男州董事長分析，目前業界電銷的成功率大約是0.5%，也就是每1,000通電話中，最後成交件數在5筆左右。「如果我能夠透過資料的比對分析，事先把成交機率高的客戶先篩選出來，成交筆數立刻增加十倍，等於壓低九成的電銷人力成本，成功率也大幅提升。」

知識補充站

玉山差異化的創造

為了創造玉山的差異化，早在2004年，玉山就成立了由「資料科學家」組成的CRV小組，針對客戶的各種理財行為挖掘出新商機。「金融業使用資訊科技的普及度其實很高，但目前大部分都只做到風險評估的程度，作為放款徵信時的參考。」黃男州董事長強調，玉山的CRV小組早已脫離單純的風險評估，而是把重點放在進階的顧客行為分析、單一客戶檢視，最後再提出客戶真正需要的金融服務。

Unit 11-8 商業智慧的意義、系統架構及三階段

資料經整理而成為有用的資訊，資訊經分析而淬鍊為智慧。以下就商業智慧（Business Intelligence, BI）說明之。

一、商業智慧的意義及系統架構

商業智慧乃是IT業中資料管理技術的一個領域，主要是以IT技術整合與分析業務資料，提供線上報表、業務分析與預測，以供企業決策所需。

而BI系統架構是由彙整各資料來源到產出「智慧」，BI系統採用諸多技術與架構，右圖為一個標準的系統模型。

二、BI的三階段

(一) 資料彙整：使用ETL工具將來源資料庫的資料篩選，匯入ODS資料庫；再經整理，累積於資料倉儲（Data Warehouse）資料庫中。

(二) 資料分析：使用ETL工具將資料倉儲的資料萃取而出，儲存於基於分析而建構的資料超市（Data Mart）資料庫中。然後再以OLAP（On Line Analytical Processing）或資料採礦（Data Mining）技術做資料分析。

(三) 資料呈現：以報表工具產出報表或Web Portal等方式，將資料分析結果呈現予使用者。

三、商業智慧的發展概述：從「過去的可視化」到「預測未來」

在探究「為什麼到現在巨量資料才受到眾人的矚目？」的真相時，有必要了解巨量資料與商業智慧之間的關係。所謂商業智慧，指的是有組織、有系統地對儲存於企業內外部的資料進行匯集、整理與分析，並創造出有助於商務上各種決策的知識與洞見之概念、機制與活動。

商業智慧是於1989年，當時任職於美國國際研究暨顧問機構Gartner的分析師Howard Dresner所提出的概念。當年他指出，應由資料之終端使用者（End User），也就是經營高層或一般商務人士等，親自經手原本100%仰賴資訊系統部門之銷售分析、客戶分析等資料處理業務，以達到迅速決策與提高生產力的目標。

商業智慧迄今以分析並報告「從過去到現在發生了什麼事？」「為什麼發生這件事？」為主要目的，也就是「過去及現在的可視化」。比方說，過去一年內產品A的銷售量如何、在各個門市的銷售量又分別如何等資訊。不過，現今商務環境的變化程度令人眼花撩亂。對今後的企業活動來說，除了「過去及現在的可視化」之外，更重要的是「接下來將會發生什麼事」的「未來預測」。也就是說，商業智慧正由過去與現在的可視化，朝預測未來的方向進化。

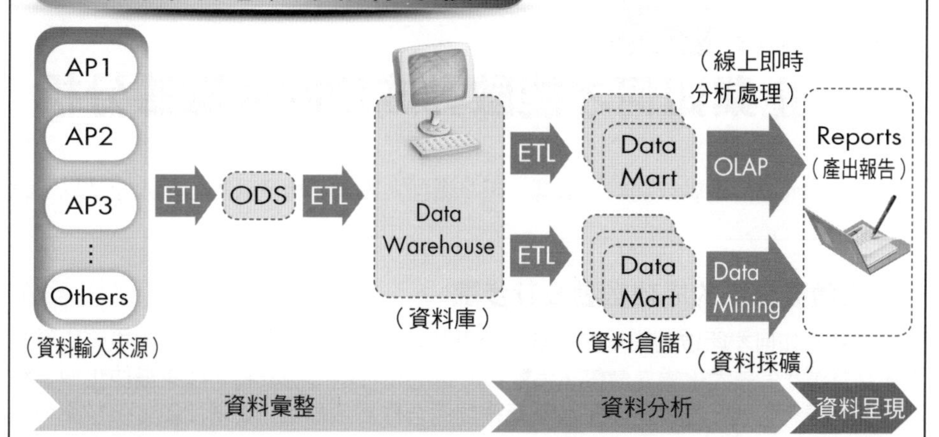

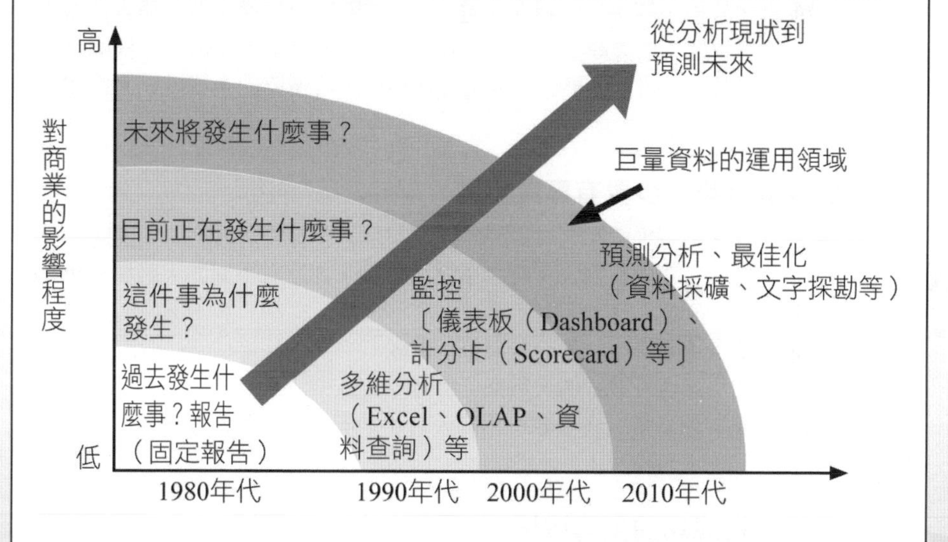

知識補充站

國泰人壽公司之「職團」的顧客資料內容

國泰人壽公司針對職團（公司與學校）也設計不同問卷，其資料範圍包含公司職團之基本資料，以及內部情報資訊等兩大部分。

1. 基本資料：包括職團名稱、職團分類、負責人、資本額、員工總人數、年營業額等相關資料。
2. 內部情報資訊：包括辦公室或廠房之自有或承租、貸款情形、往來銀行、團險內容等相關資訊。

Unit 11-9 企業如何才能啟動成功的大數據分析

企業如何才能啟動成功的大數據分析？處理大數據資料？善用分析人才？以下說明之。

一、大數據分析的成功啟動及其步驟

企業應如何才能啟動成功的大數據分析？1.要確保分析得以執行（先檢視資料數量與品質）；2.最大化領導價值（大數據分析必須獲得高層支持）；3.最佳化領導路徑（大數據分析執行團隊與各子公司單位間的合作需順暢）；4.增加顧客保留率與忠誠度（大數據分析的目的，不外乎為了這一點），以及5.用數據與科學方法確保能重複持續達成目標（分析出來的結果要持續有效）。

所以，與企業合作大數據分析時，都會依序：1.先做概念驗證（確定企業的目標，與透過大數據分析想解決的問題在何處）；2.首階段小規模試做（隨客戶需求量身訂做）；3.指標測試（依據商談結果希望達到的實質效益設計KPI，並檢視是否達成），以及4.策略系統顧問（效果好，成為長期夥伴，持續協助企業透過大數據分析獲利）。

二、大數據分析第一步要有專業協助

踏出大數據分析第一步要小心，最好能透過有做過且有成功經驗的人協助。

建議客戶，針對公司成長到大、中、小公司階段，都應有不同的大數據分析團隊規劃方式，才會運行順暢，例如：

(一) 小型企業：適合集中式的大數據分析團隊。

(二) 中型企業：適合分散式的大數據分析團隊。

(三) 大型企業：適合集合各子單位相關人員，共同成立「大數據分析中心」，效果最好。

三、大數據分析成功的生態環境

大數據分析要成功，最好的生態環境為何？首先，要有量大質優的基礎數據，且最好是即時性數據。接著，要有一個好的資料倉儲。然後，要有好的新工具（如SAS、Knime等）。再來，關鍵是要有個資料分析「總鋪師」，負責帶領分析團隊執行有效的分析工作。最後，就是賺錢商機！也就是分析出對獲利有幫助的洞見，幫助主管做決策、或幫助行銷規劃有效的活動、幫助業務提供有效的名單等。

麥肯錫顧問公司曾說：「單單美國目前就缺少14～19萬位大數據分析建模的專業人才，且缺少150萬位大數據分析師跟決策者。」換句話說，未來大數據分析人才將是各行各業最搶手的！在美國光是請一位還可以的大數據分析師，年薪就是30萬美元起跳！

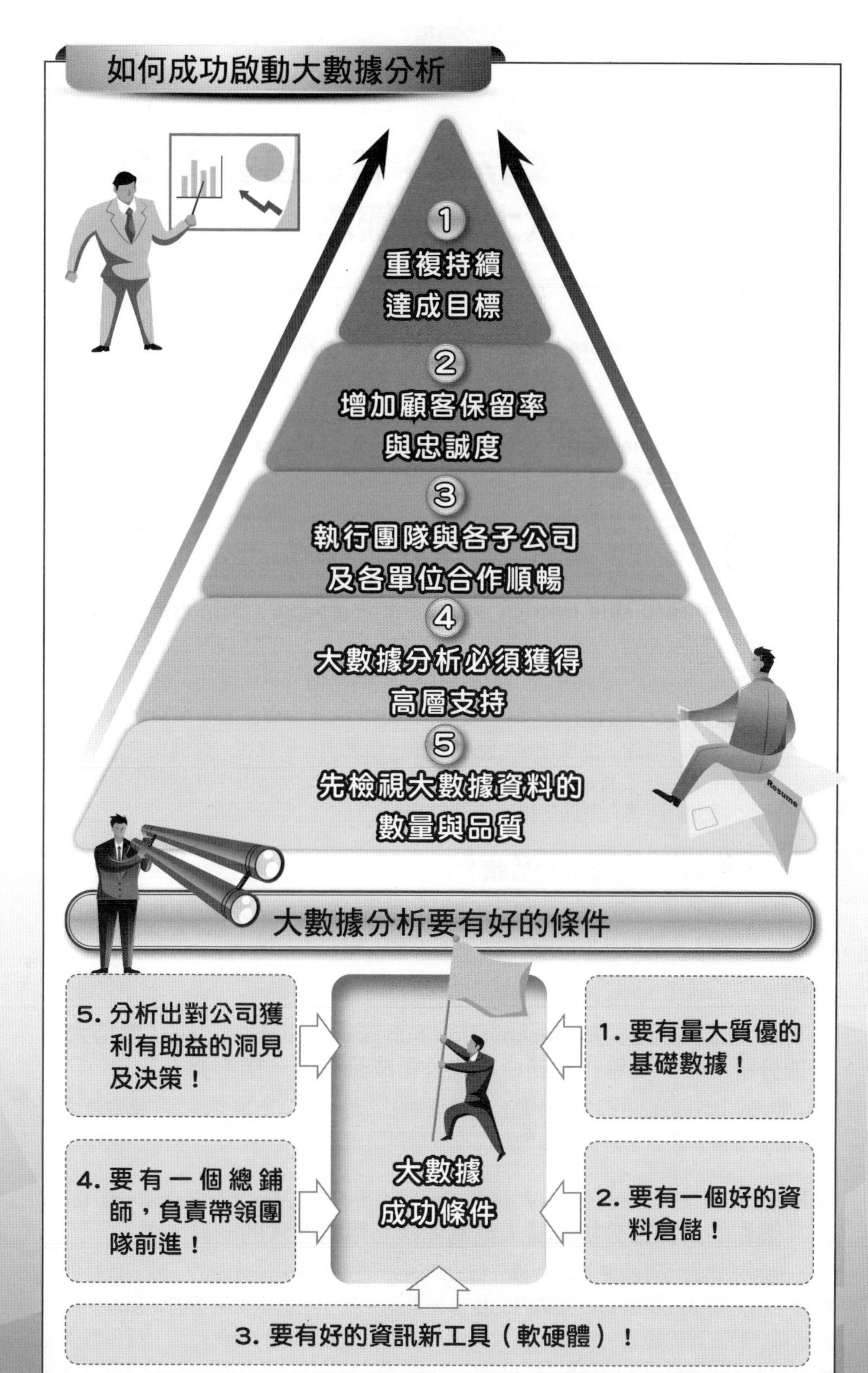
如何成功啟動大數據分析
1
重複持續
達成目標
2
增加顧客保留率
與忠誠度
3
執行團隊與各子公司
及各單位合作順暢
4
大數據分析必須獲得
高層支持
5
先檢視大數據資料的
數量與品質
Resume
大數據分析要有好的條件
5. 分析出對公司獲利有助益的洞見及決策！
1. 要有量大質優的基礎數據！
大數據
成功條件
4. 要有一個總鋪師，負責帶領團隊前進！
2. 要有一個好的資料倉儲！
3. 要有好的資訊新工具（軟硬體）！

Unit 11-10 執行長、業務長、行銷長最需要的大數據分析六大關鍵觀念

執行長、行銷長、業務長等最需要的大數據分析六大關鍵概念有哪些？

1. In god we trust, others bring data.（神我信，別人必須帶數據。）

意指：除了神諭之外，其他所有一切決策，都需要有分析獲得的證據支持。

2. Ask business questions, demand analytics answers.（問商業問題，要求大數據分析解答。）

意指：主管要用大數據分析的態度跟觀念來問問題，並要求部屬用大數據分析獲得的證據來做回答，且絕不接受沒有分析證據的低品質回答。

3. Insist on measurable metrics with control groups.（堅持可測量的控制群。）

意指：舉例來說，十多年前一個美國快倒閉的賭場，死馬當活馬醫，找了一個MIT博士幫他們做大數據分析，讓輸贏機率及推出的賭博商品服務都量化為可衡量的控制群，並時時監控，以便快速回應與調整。結果十多年之後，反而從快倒閉變成美國最大賭場！現在還養了300位博士在這個團隊裡，每天的工作就是建模、蒐集資料、分析、提供對決策有幫助的提案或建議等。

4. Invest & depend（投資並依賴）

意指：很多老闆都以為大數據分析單位只是資訊單位的一部分，充其量就是附屬單位……，錯！大數據分析單位才是一個公司中，幫助老闆賺錢而且很重要的「利潤中心」。

5. Treat analytics as your innovation hub and growth engine.（看待大數據分析中心，要看作創新中心或公司成長引擎一樣重要！）

意指：因為海量中心未來會是公司或集團中，最能洞察市場情形、了解會員或客戶偏好，並能預測未來適合推出的產品或服務等之核心單位。

6. Keep your business savvy analytics leader in your core strategy team（讓你的大數據分析負責人成為你核心策略團隊的一員。）

意指：例如：美國使用大數據分析成功的公司，都懂得最重要的一點，就是把大數據分析主管當成策略幕僚團隊內的極重要角色，甚至在做重大決策前，都會先問過大數據分析主管的建議，這是因為大數據分析主管是最能用科學化方法，提供科學化分析結果，透過證據來回答問題的人！

大數據應有六大關鍵概念

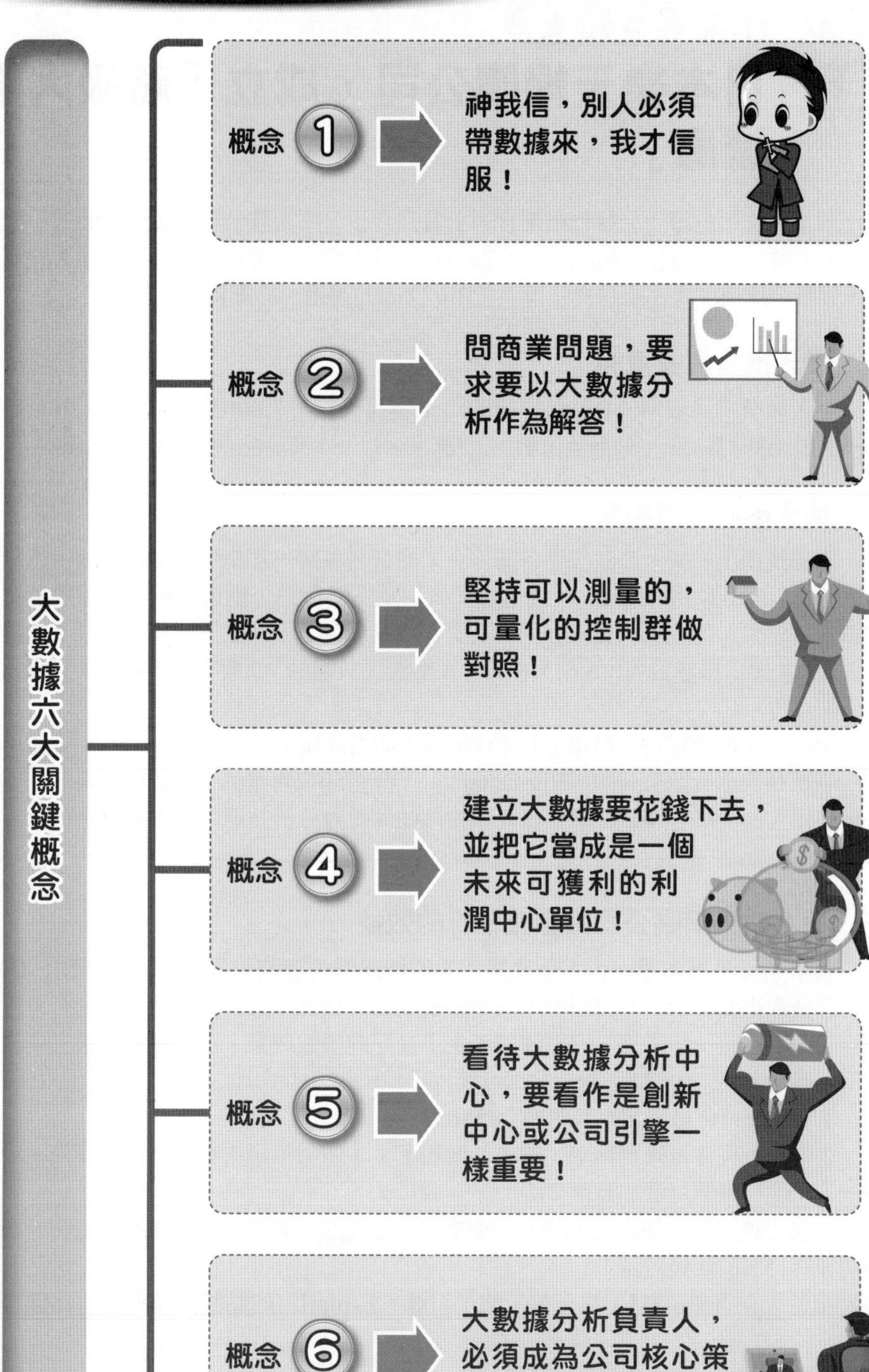

Unit 11-11 日本樂天網購公司，成立「超級大數據庫」

日本日文版的第一大購物網站官網上看到介紹一篇由該公司「Big Data部」部長森正彌所做的一份簡報，指出如下重點（註：日本樂天、美國亞馬遜及中國大陸淘寶網，列為全球前三大網路購物公司，在Big Data的應用，亦屬典範先驅。）：

一、樂天擁有大量資料

樂天擁有大量資料（Data），包括：1.會員人數：7,800萬人；2.曾經購買過的累積筆數：8億筆；3.上架商店家數：3.7萬家，以及4.商品品項：超過8,000萬品項。

二、樂天的超級資料庫

森部長指出，樂天將該集團各關係企業的交易資料，都集中儲存在一個「超級資料庫」（Super-Data-Base），彼此交叉使用及交叉行銷，創造了更多的綜效及拉抬業績良好效果。這些關係企業包括：1.樂天購物網站公司；2.樂天旅遊公司；3.樂天卡公司；4.樂天證券公司；5.樂天銀行；6.樂天入口網站；7.樂天市調公司，以及8.樂天運動公司。

樂天「大數據超級資料庫」的運作架構，如右圖所示。

森部長表示，該公司的「Big Data部」，計有50位專業的大數據與資料庫處理及分析工作人員，這些資料科學家每天都投入如何有效分析及運用大數據庫，以提高營運績效。

三、日本樂天網購公司大數據執行的效益

日本樂天是日本第一大、全球第三大的網購電子商務公司。該公司「Big Data部」部長森正彌表示，該公司導入應用Big Data大數據庫分析與應用，已經有將近一年半時間了。這一年半來，已經陸續產生了良好的績效成果。這些績效成果主要表現在下列幾點上：

1.平均每位會員購買金額明顯上升10%了。

2.平均每位會員購買頻率（頻次）增加了。（例如：過去有些會員每個月平均只買一次，現在每個月增加為買二次了。）

總結上述二點，使得樂天網站的總業績，比在還沒有導入Big Data應用時，總業績明顯有15%的成長效益！

另外，在寄發eDM（電子報、電子目錄、E-mail）的點閱開信率，也比過去提高了。

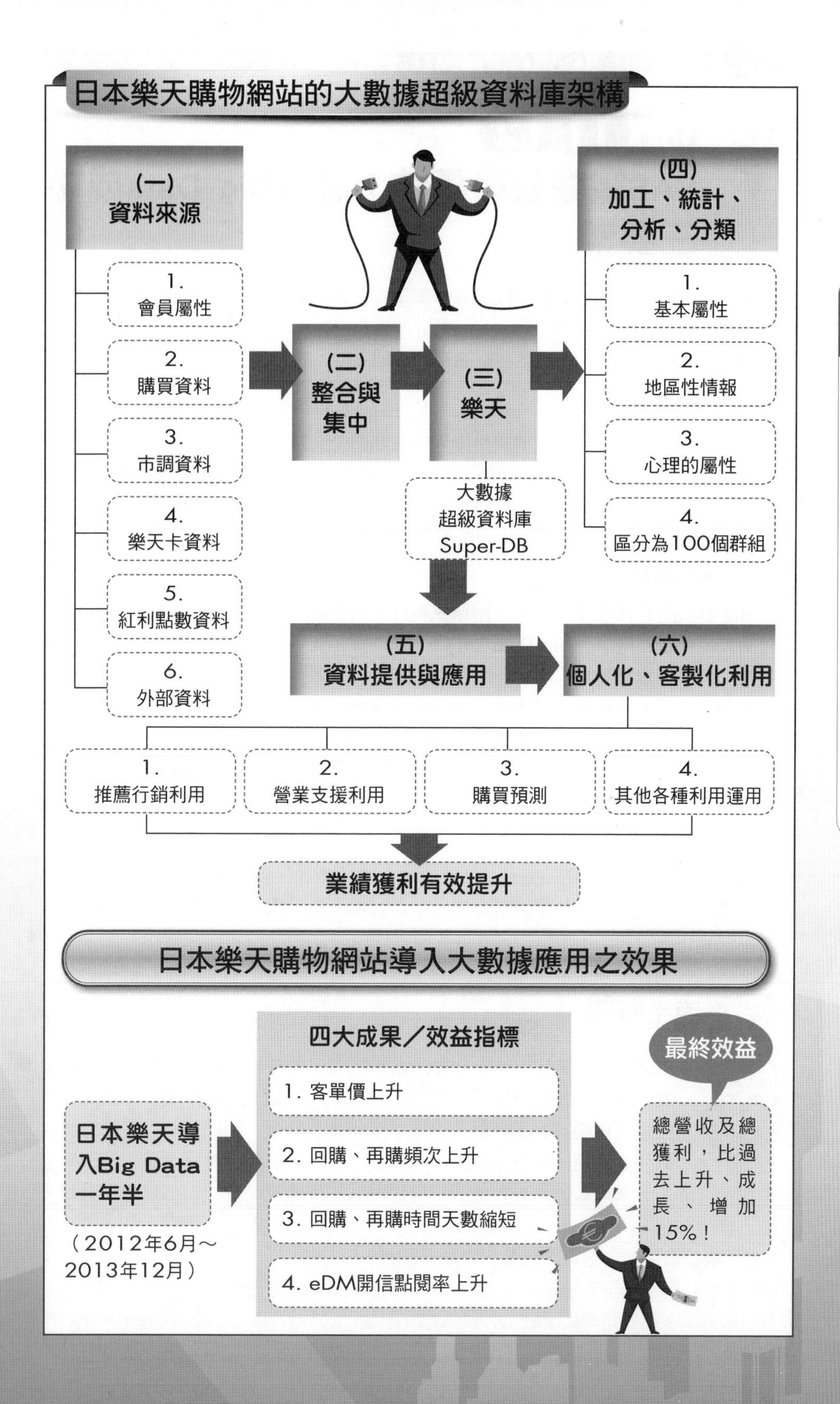
日本樂天購物網站的大數據超級資料庫架構
(一)
資料來源
1.
會員屬性
2.
購買資料
3.
市調資料
4.
樂天卡資料
5.
紅利點數資料
6.
外部資料
(二)
整合與集中
(三)
樂天
大數據
超級資料庫
Super-DB
(四)
加工、統計、分析、分類
1.
基本屬性
2.
地區性情報
3.
心理的屬性
4.
區分為100個群組
(五)
資料提供與應用
(六)
個人化、客製化利用
1.
推薦行銷利用
2.
營業支援利用
3.
購買預測
4.
其他各種利用運用
業績獲利有效提升
日本樂天購物網站導入大數據應用之效果
日本樂天導入Big Data一年半
（2012年6月～2013年12月）
四大成果／效益指標
1. 客單價上升
2. 回購、再購頻次上升
3. 回購、再購時間天數縮短
4. eDM開信點閱率上升
最終效益
總營收及總獲利，比過去上升、成長、增加15%！

Unit 11-12 SAS電腦公司專訪：導入Big Data成功三要素

SAS公司係國際知名的Big Data分析與應用軟體的美商公司，記者曾專訪該公司的高芬蒂業務副總。

Big Data要成功導入，高芬蒂認為有三個關鍵點：

一、資料的準備

資料準備的工作沒完成，或資料蒐集與整理的不完整，都無法順利運作Big Data分析，更遑論分析出有意義的「關聯」資料。因此，欲速則不達，從資料的準備開始，一直到分析出有意義的關聯資訊，一般來說，平均需要半年左右的時間。建議有意願導入的企業不要著急，必須按部就班地紮穩基本功，才能獲得好的成效。

二、人才的專業

Big Data分析所需要的人才，跟傳統統計分析需要的人才不一樣，因此，建議各單位對外尋找或對內培育Big Data人才時，應注意相關人才除了需具備最基本的統計分析能力外，更須具備資管能力（或有資管類人員支援），才更容易導入成功。也因此，SAS公司特別培育其自家全球近10,000多位Big Data相關成為統計、商業管理、資訊科學三合一人才。當然，很多企業客戶也提到目前Big Data人才很難找。高副總建議，可從國內外知名企管、工業工程、統計和經濟研究所尋找可造之才。至於判斷是不是Big Data人才的關鍵指標，就是人才的「邏輯分析」能力。

三、用正確工具

高副總強調，選對Big Data工具真的很重要，例如：SAS為了提供給客戶最好的服務與產品，幾乎每半年就更新釋出一個新版本產品，其並深信唯有不斷進化與進步，以及強化各類功能，才能長久獲得客戶青睞。

小博士解說

SAS公司簡介

1.SAS是商業分析解決方案的領導廠商，同時也是全球最大的私人軟體公司，成立至今已超過38年，公司營收與獲利持續成長。不論是不同產業所特有的商業解決方案，或是資訊管理、進階分析與報告方面的完善技術，SAS皆領先群倫。為了在景氣充滿變數與全球化的環境中與人競爭、出類拔萃，全球各地的政府部門與民間企業紛紛以SAS軟體作為輔助。

2.員工統計數字：全球員工數量，總員工13,667人。

3.財務統計數字：全球銷售收入，2014年銷售收入30.9億美元。

資料來源：SAS公司官網http://www.sas.com/zh_tw/company-information.html

Big Data導入成功三要素

1. 資料庫的完整準備（顧客或會員基本資料、消費資料及行為資料的完整性）

Big Data 導入成功三要素

2. 人才專業（充足的Big Data分析與應用，活用的資料科學家人才團隊，最少也要10人以上～30人）

3. 用正確的工具（軟體及硬體供應商包括：精誠、SAS、IBM……等）

Big Data人才三合一

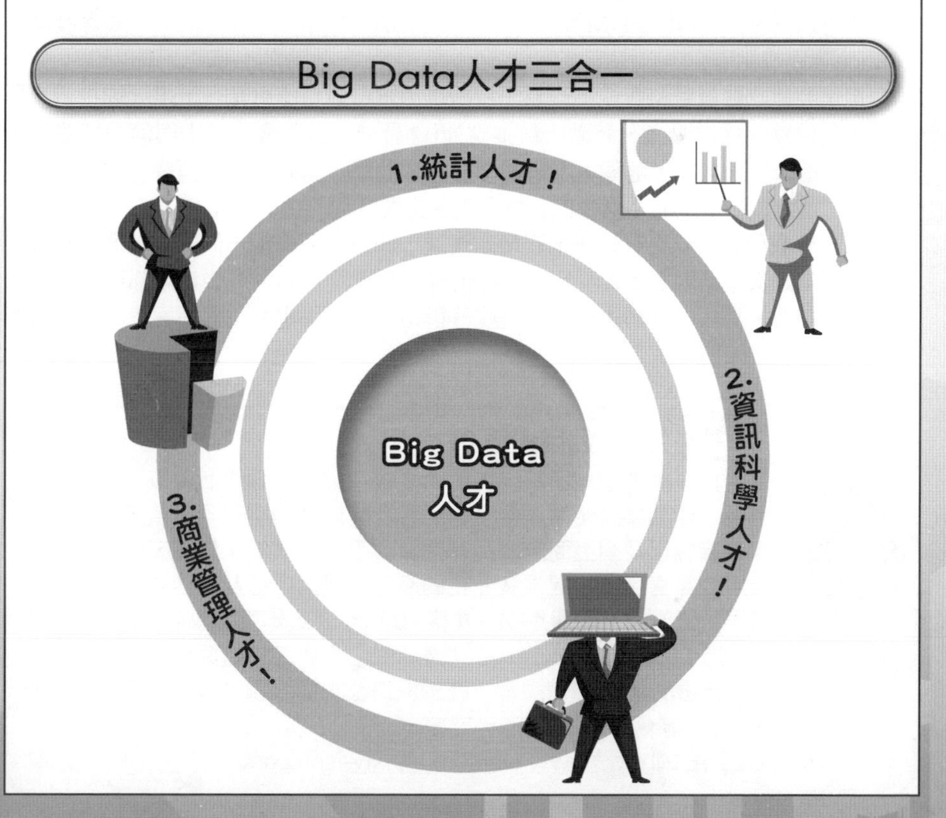

Unit 11-13 臺灣屈臣氏會員卡發揮威力

一、會員卡比非會員卡的平均消費金額多出25%

「請你當我永遠的VIP!」2015年，藥妝通路龍頭屈臣氏的電視廣告中，藝人羅志祥的一句真情呼喊，吸引許多女性渴望被寵愛的心；2019年全臺灣持有「寵i會員卡」的人數突破450萬，幾乎每6位女性就有1位是屈臣氏會員，不僅是藥妝通路會員最多的品牌，更是屈臣氏迎向未來的重要里程碑。

「我們想要提升顧客的忠誠度，比其他競爭者更了解消費者的行為模式。」臺灣屈臣氏董事總經理安濤（Toby Anderson）說道，屈臣氏提供會員上百項商品價格優惠，來吸引顧客加入會員，結果發現這群會員的忠誠度確實比較高，平均消費金額也比非會員多了25%。過程中，屈臣氏透過巨量資料（Big Data）分析，掌握會員的消費習慣，且運用於展店、行銷和採購等策略擬訂。

二、透過Big Data分析資料

以往我們在門市跟消費者溝通，無法全面了解顧客的消費行為，但是有了寵i會員卡之後，可以分析這些資料，進一步了解顧客的背景，再根據不同的客層，推出客製化的促銷活動。例如：我們發現有一群客人，每次新品上市都會有興趣購買，那麼我們就可以透過E-mail或eDM等方式，主動告訴他們新品上市的訊息，或寄發電子Coupon讓顧客使用。

但是要建立會員資料庫並不容易，持續維護會員資料庫更是一筆很大的投資。比如說，我們需要提供獎金，鼓勵店員推廣寵i會員卡。有了會員基礎與消費紀錄等數據，才能進一步分析並了解顧客平常都購買哪類商品，而同類型的消費者買了這個產品之後，還會買哪些產品？讓我們有機會主動推薦其他適合的產品。

另外，我們也可以更有效率地跟廠商溝通，像是跟廠商說，你的產品通常在哪些地方會比較好賣？顧客買了A產品，同時也會想買哪些產品？這些資訊都可以提供給上游廠商參考。當然，我們也可以用這些分析結果，來決定要在哪裡展店？要開哪類型的店？裡面要陳列哪些商品？

小博士解說

屈臣氏簡介

屈臣氏集團為亞洲與歐洲最大的國際保健美容零售商，以「為您帶來更多」作為集團使命，令全球顧客隨時隨地透過不同渠道購物，包括零售店鋪以及網上商店（品牌網頁及手機程式）。集團擁有不少領導市場的零售品牌，提供多元化的產品，涵蓋保健及美容產品、食品、電子、洋酒以至高級香水。集團2014年財政年度的收益總額為1,570億港元，聘用超過110,000名員工，是跨國綜合企業長江和記實業有限公司的成員。長江和記業務遍及超過50個國家，經營港口及相關服務、零售、基建、能源以及電訊等五項核心業務。

資料來源：屈臣氏官網http://www.watsons.com.tw/company

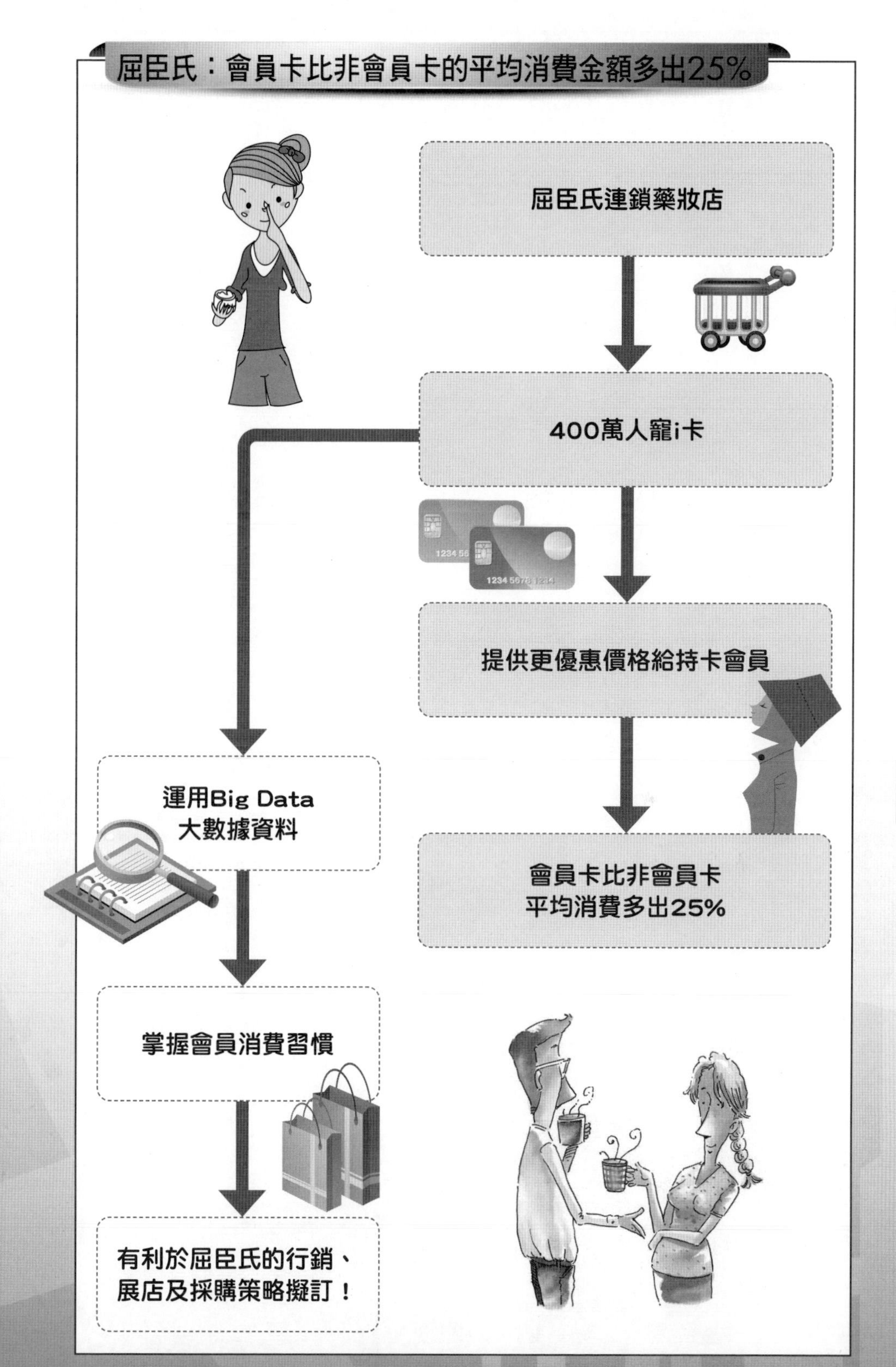
屈臣氏：會員卡比非會員卡的平均消費金額多出25%
屈臣氏連鎖藥妝店
400萬人寵i卡
提供更優惠價格給持卡會員
會員卡比非會員卡
平均消費多出25%
運用Big Data
大數據資料
掌握會員消費習慣
有利於屈臣氏的行銷、
展店及採購策略擬訂！

第 12 章

大數據及CRM的推動

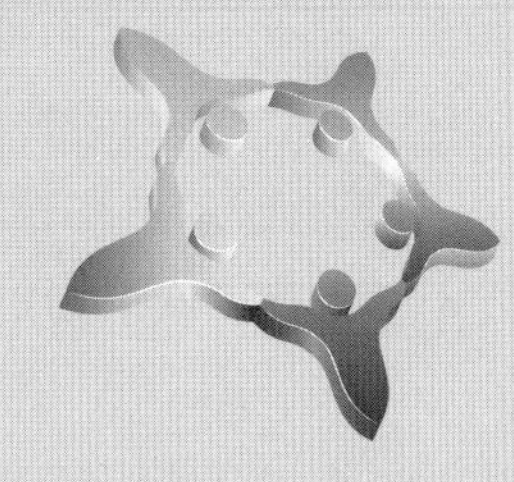

章節體系架構▼

Unit 12-1
大數據簡介

一、商業活動依賴於對資料的處理

商業資料量的大量增長，要求更為先進的資料處理技術與平臺。

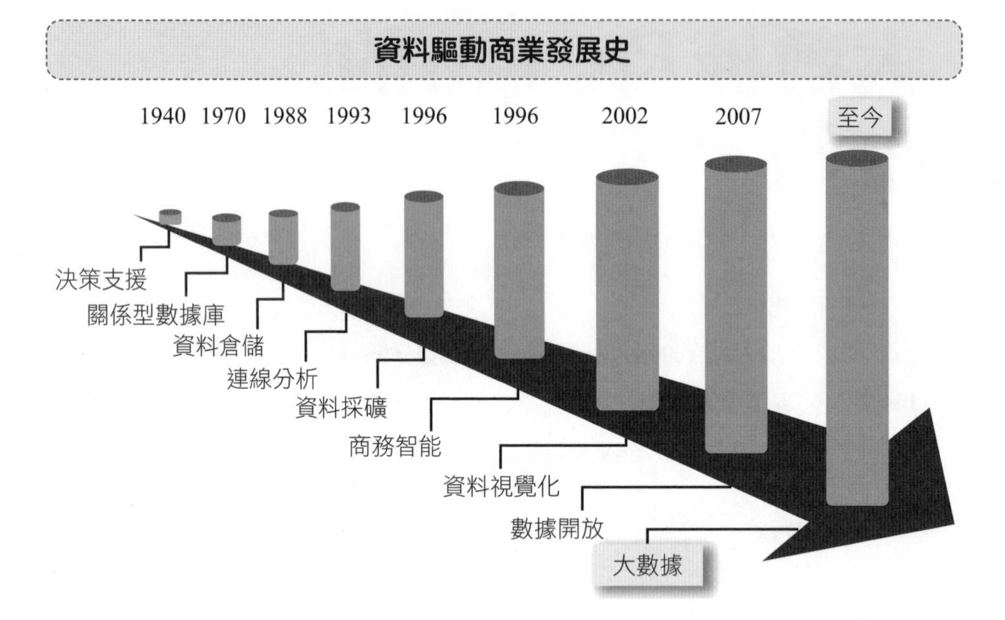

二、資料採礦技術是大數據方案中基礎的環節，也是關鍵的環節

(一) 定義與特徵

1.定義：所謂資料採礦（Data Mining），就是從存放在資料庫、資料倉儲或其他資訊庫中的大量資料中，獲取有效的、新穎的、潛在有用的、最終可理解的模式之非平凡過程。

2.特徵：

(1)處理大數據的資料。

(2)解釋企業動作中的內在規律。

(3)為企業運作提供直接決策分析，並為企業帶來巨大的經濟效益。

(二) 資料採礦技術與商業決策

三、資料採礦舉例：聚類分析

(一)聚類分析定義

1.聚類分析：

(1)思想：按照「物以類聚」的思想，利用資料採礦的方法，將事物聚集成組內差異盡可能小、組間差異盡可能大的幾個小組。

(2)用途：將顧客或監管物件自動聚集成具有明顯不同特徵的群體，從而使決策人員和商務人員能夠盡可能做到精細化行銷和科學化管理。

・從複雜商業資料中提煉共同特質。

・制訂針對性的管理及營運策略。

(二) 聚類分析演示

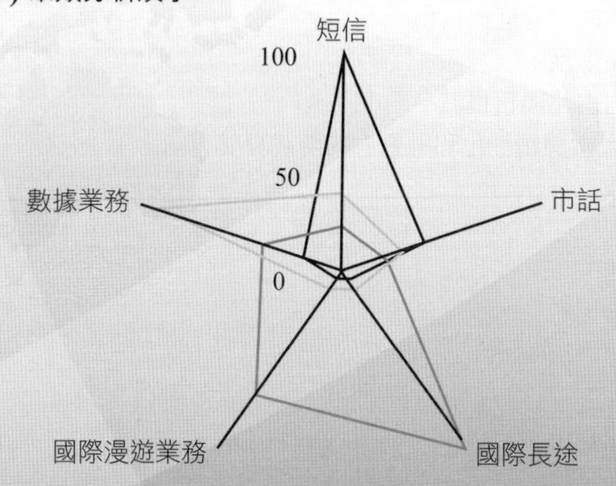

四、資料採礦由於商業需求和海量數據的生產和累積，催生對大數據技術的需求

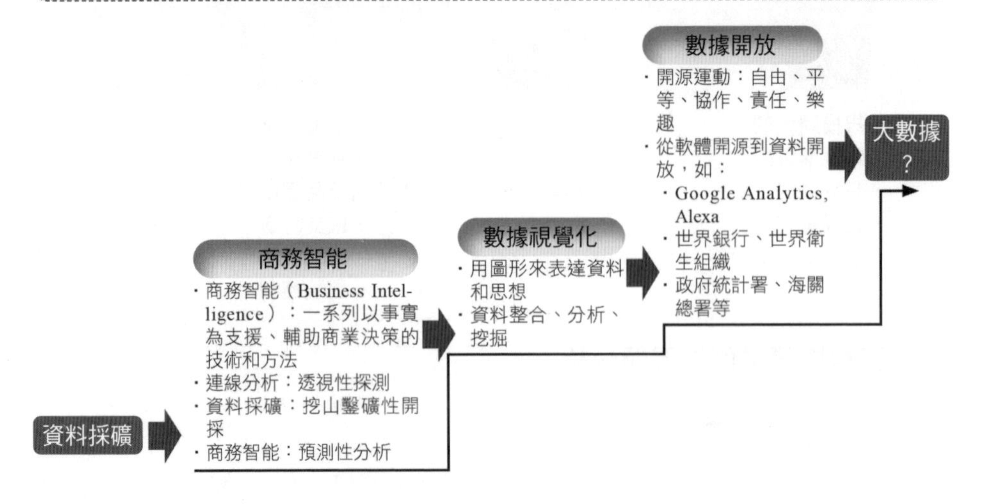

五、大數據將持續提升商業價值，個性化行銷與顧客關係管理是其中兩個重點領域

(一) 大數據應用方向：個性化

1.使用者資訊飢餓感與日俱增。

2.使用者對非關聯資訊的容忍度與日俱減。

3.使用者興趣資料與日俱增。

4.使用者甄別資訊能力占比與日俱減。

個性化與資料市場是大數據精細化和融聚力的兩個發展方向。

(二) 個性化促銷：優勢

1.交叉銷售。

2.向上銷售／升級銷售。

3.囤貨管理＋新品促銷。

4.吸引新顧客。

5.保留老顧客。

6.品牌／商家轉換（從競爭對手轉化）。

7.提升銷售額。

8.提升總利潤。

9.精準定位目標顧客。

10.一度價格歧視。

(三) 個性化行銷主要特點

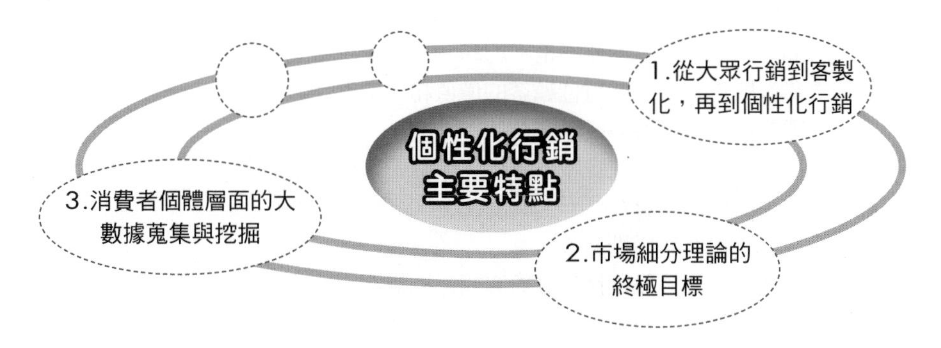

(四) 個性化行銷與顧客關係管理系統

1.個性化行銷是基於對CRM資料庫進行大量模型搭建，以及資料分析結果之後的更高層次行銷解決方案。

2.大多數的CRM系統缺乏對資料庫的大數據資訊處理與分析。

3.個性化行銷是基於對資料庫分析與行銷模型的一整套解決方案，包括：

(1) 關聯分析。

(2) 價格敏感度分析。

(3) 促銷敏感度分析。

(4) 顧客忠誠度分析。

(5) 顧客購買行為分析。

(6) 資料採礦等。

六、大數據時代的顧客資產管理理論，專注於顧客終生價值

(一) 顧客資產管理戰略理論

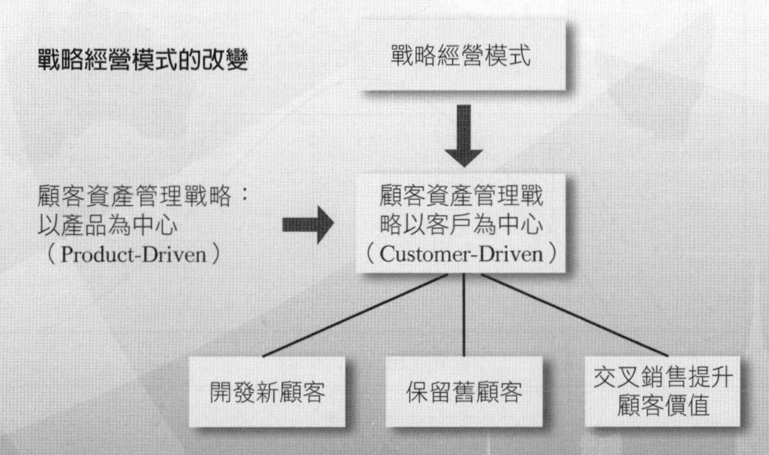

1.大數據時代的顧客資產管理戰略，以顧客為中心。

2.「以顧客為中心」的管理思想，契合某公司「多平臺、多管道、多產品類別，共同目標顧客群體」的業務現狀。

(二) 為什麼需要分析顧客終生價值

1. 所有的顧客都是上帝？
   ——顧客的價值和成本並不是平均的。
2. 建立顧客關係需要考慮每位顧客的價值和成本：
   ——哪些顧客值得獲得或保留？
   ——對於每位顧客，花費多少獲得／保留成本是合適的？
3. 顧客終生價值能告訴我們：
   ——為哪些顧客關係投資？
   ——應該為建立／保留每一個顧客關係投資多少？
   ——顧客關係投資的未來價值。
4. 穩定、優質顧客為企業帶來穩定、長遠的回報。
5. 「顧客終生價值」是世界通用甄別穩定優質顧客的方法。

七、顧客終生價值定義及演進趨勢

(一) 顧客終生價值定義

1. 所謂顧客終生價值（Customer Lifetime Value, CLV），即「從一個顧客身上所得到的其生命週期中全部銷售額，減去公司用來獲取該顧客和銷售與服務於該顧客所花費的總成本的淨額。」（科特勒，1995）

2. CLV即是公司將從該顧客身上所得到的未來所有現金流的淨現值。

(二) 顧客終生價值發展階段

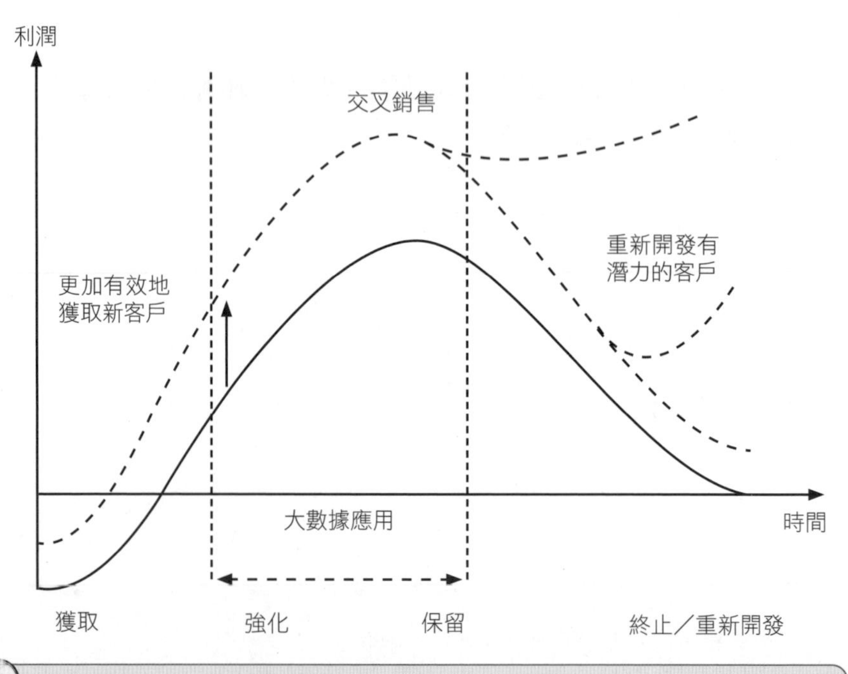

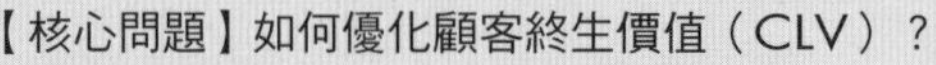
【核心問題】如何優化顧客終生價值（CLV）？

八、借助大數據方案，企業可以設計優質顧客保留計畫，並予以實施

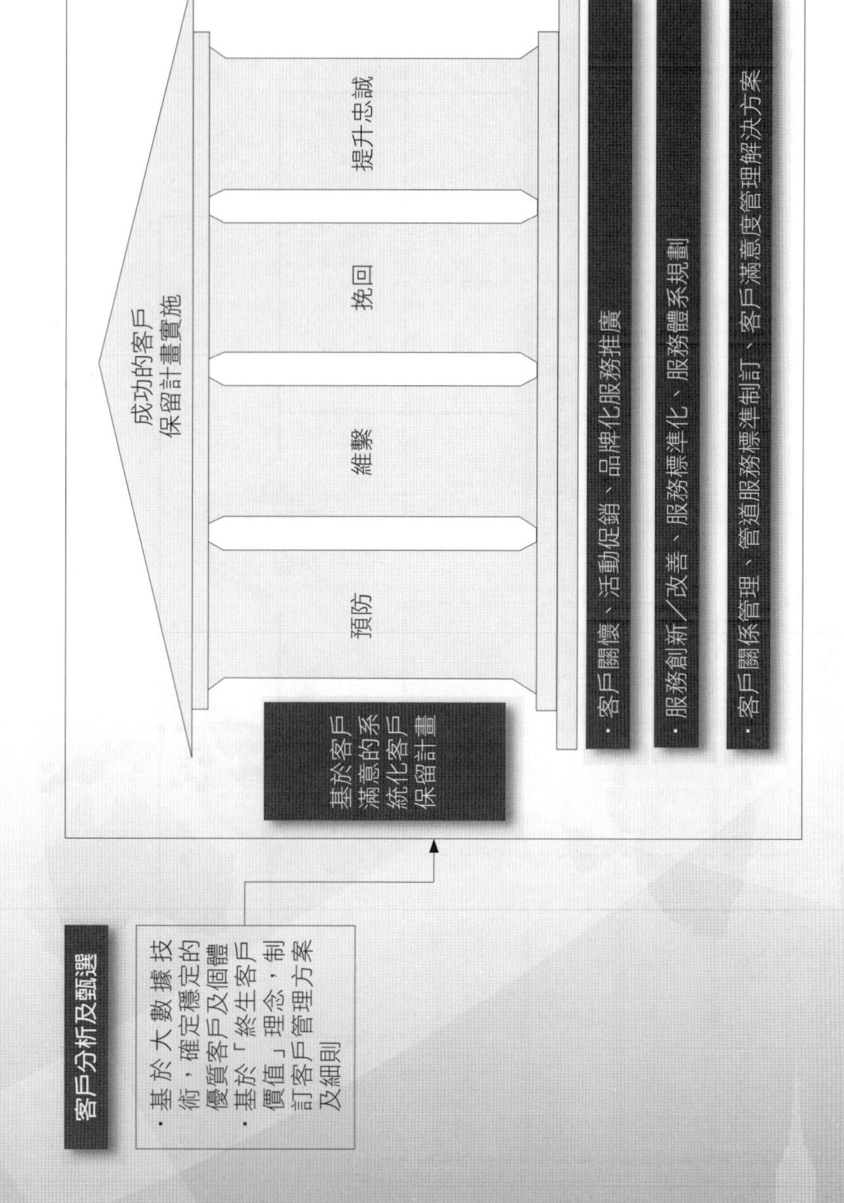

九、基於大數據方案的顧客保留計畫流程

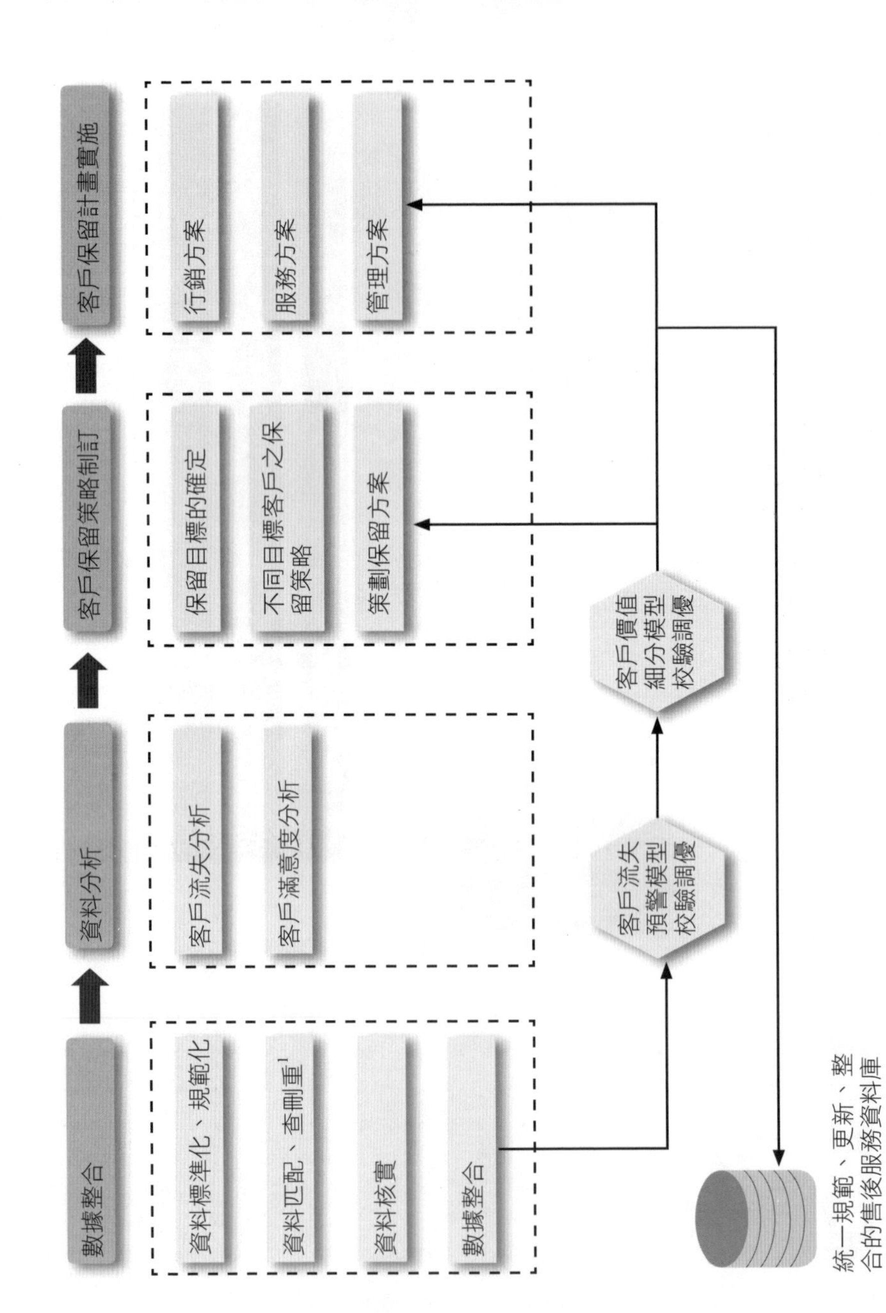

註：
1 查刪重：翻查、刪除、重撥

十、基於大數據的數據整合方案

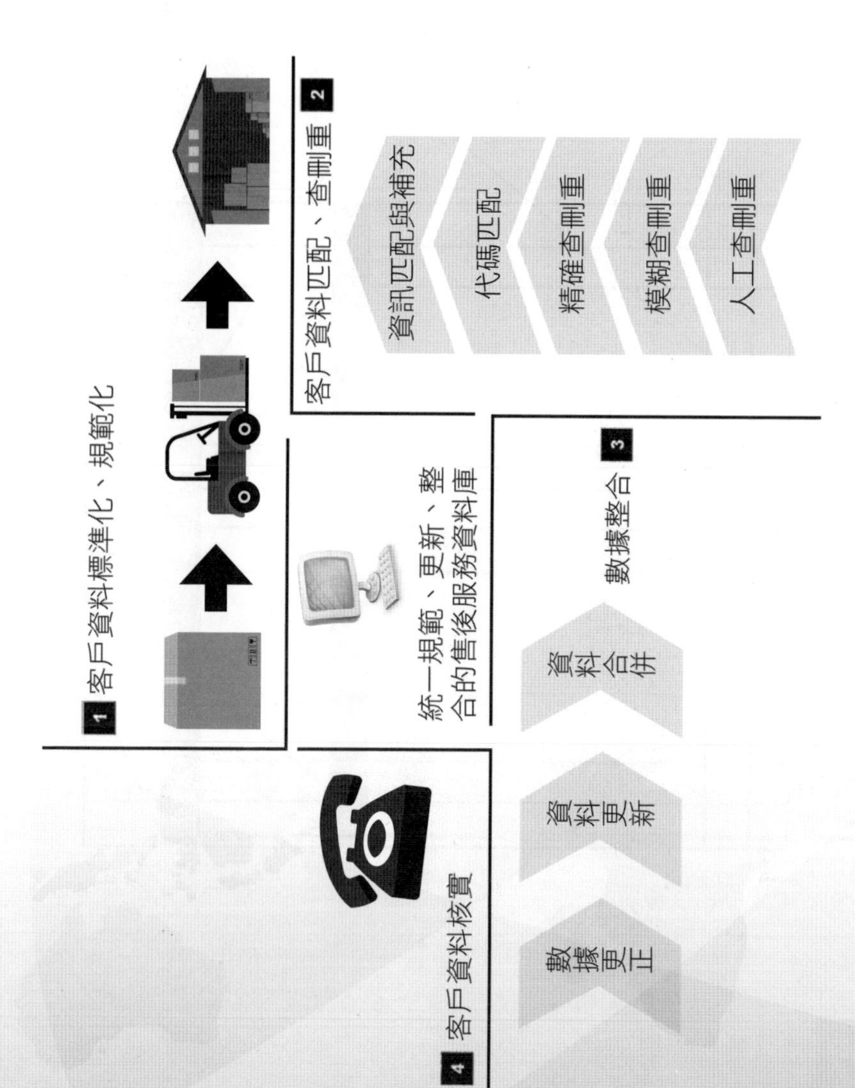

十一、大數據方案：採用協同過濾法，分析顧客資料

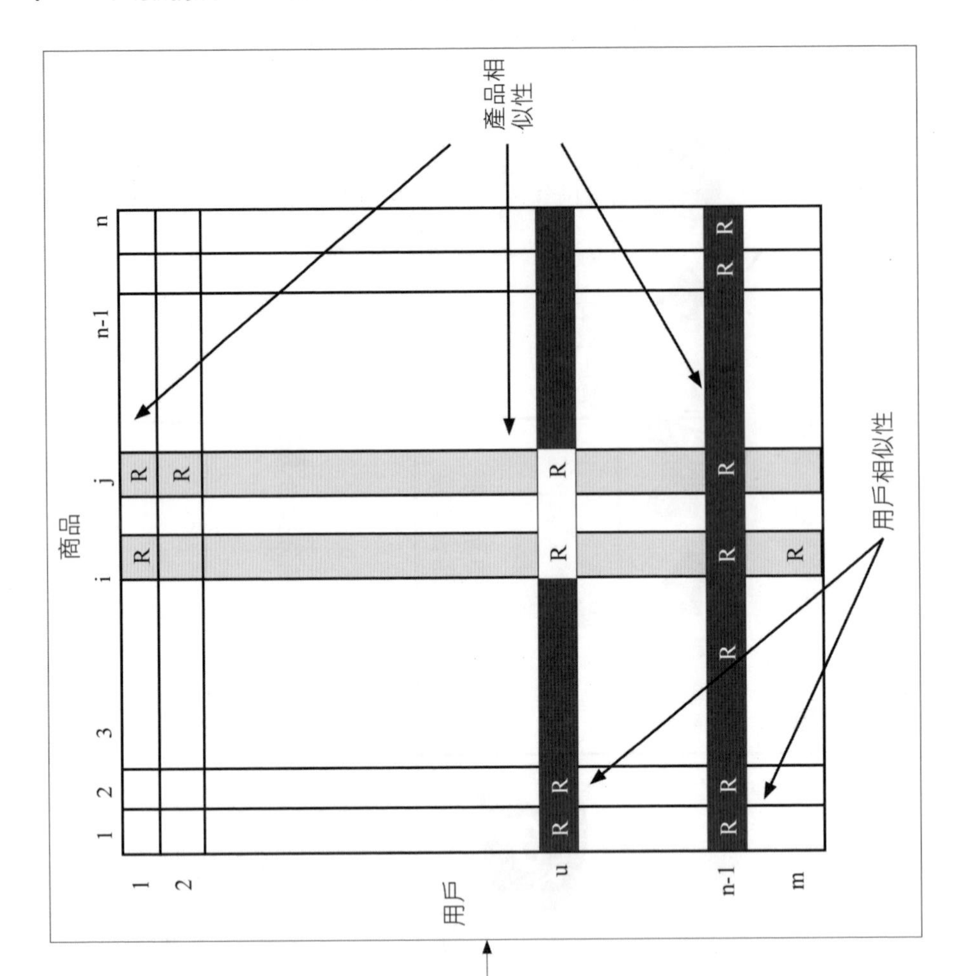

協同過濾法：集體智慧

- 使用目標消費者和其他消費者的歷史資料
- 基於用戶 vs. 基於產品
- 計算使用者之間或產品之間的相似性

十二、大數據時代產業發展的三大趨勢

(一) 應用軟體將泛互聯網化

泛互聯網化是蒐集資料的重要管道，沒有泛互聯網化的應用軟體，公司就難以獲得使用者的行為資料。

某公司泛互聯網化的速度理想嗎？

(二) 行業將垂直整合

1. 通過蒐集大量的使用者資料，更貼近使用者，更理解用戶，為其提供更適用的服務。
2. 愈靠近終端使用者的公司，在產業鏈上也將擁有更大的發言權。
3. 以資料為核心的生態圈。

某公司能有效利用用戶資料嗎？某公司的營銷策略是以資料為主導嗎？

(三) 資料資源化

1. 大數據在國家企業和社會層面成為重要的戰略資源。
2. 資料成為新的戰略制高點，是大家搶奪的新焦點。
3. 大數據將不斷成為機構的資產、成為提升機構和公司競爭力的有力武器。

某公司在未來業務發展路線上，怎樣可以獲得更多「數據資源」？某公司有利用開放平臺增加「數據資源」嗎？

大數據方案

Unit 12-2 大數據時代的決勝關鍵：贏在大數據分析

思考角度

- 大數據分析為何將成為全球企業決勝關鍵？
- 為何需要大數據分析？
- 全球有何成功應用大數據分析的案例？
- 企業如何啟動大數據分析？
- 執行長、行銷長、業務長最需要的大數據分析關鍵概念

一、Data的趨勢朝向更多、更快、更複雜

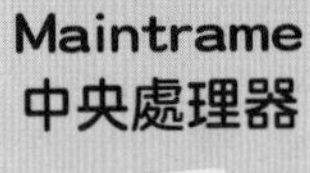

Maintrame
中央處理器

Client/Serve
主從架構

The Internet
網際網路

Mobile, Social, Big Data & The Cloud
行動、社群、大數據、雲端

每60秒

- **98,000+** tweets（9.8萬個推特）
- **695,000** status updates（69.5萬個狀態更新）
- **11 million** instant messages（1,100萬個立即訊息）
- **698,445** Google searches（69萬個搜尋）
- **168 million+** E-mails sent（1.6億封E-mail被送出）
- **1,820TB** of data created（1,820TB大量資料被創造出來）
- **643** new smartphone user（643個新智慧型手機使用者）

二、善用大數據分析的企業有更卓越的表現及更強的恢復力

資訊分析是對產生高績效的一個關鍵重點

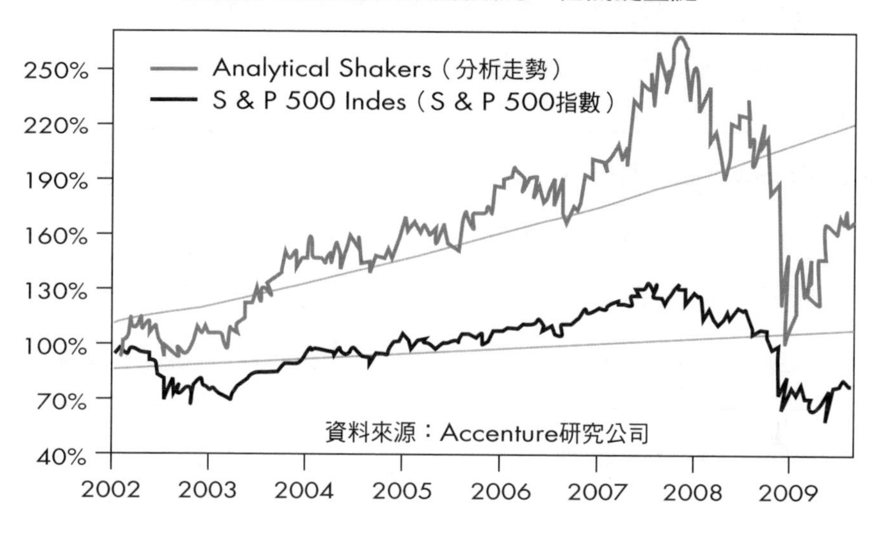

發展大數據分析能力的企業

- 營運表現比S&P500高出64%
- 2008年經濟蕭條後更快速恢復成長
- 提升分析能力
- 發展分析技能並採用分析心智組合

三、我來，我見，我征服，贏在看見

為什麼那麼難「看見」？
（看見資訊隱藏背後的意義與洞察）

四、多年前困擾百貨管理者的問題，今天仍存在……

(一)「我花在廣告上的預算，有一半都浪費了，問題是，我不知道是哪一半。」

John Wanamaker，美國百貨業先驅（1838~1922）

(二) 今天我們聽到的……

1. 為什麼顧客不向我們買多一點？
2. 我該投資多少預算？
3. 我知道有些顧客儘管現在買得少，但其實有很高的購買力。如何分辨顧客實際的購買力呢？
4. 如何能使顧客購買多一些？

五、首先，定義大數據分析

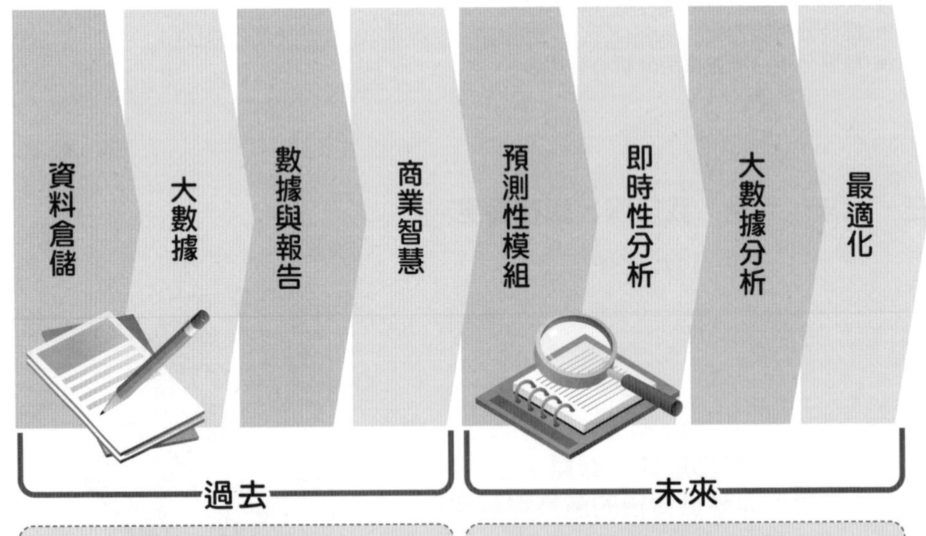

Descriptive Reporting
（描述性報告）

Predictive Analytics
（未來預測性的分析）

六、大數據分析將Data（資料）轉化為有效的商業洞見（Business Insights）

缺乏大數據分析
的商業世界

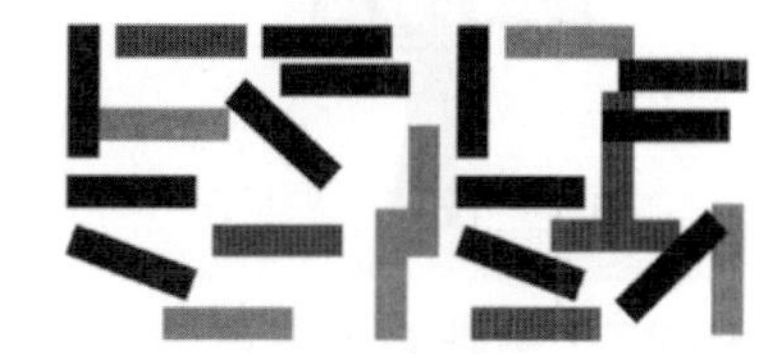

Volatile 動盪
Uncertain 不明
Complex 複雜
Ambiguous 模糊

應用大數據分析
的商業世界

Trending 趨勢
Predicting 預測
Simple Insights 洞見
Testing 測試

七、Data（資料）必須再經提煉才有用！

八、分析使世界更聰明

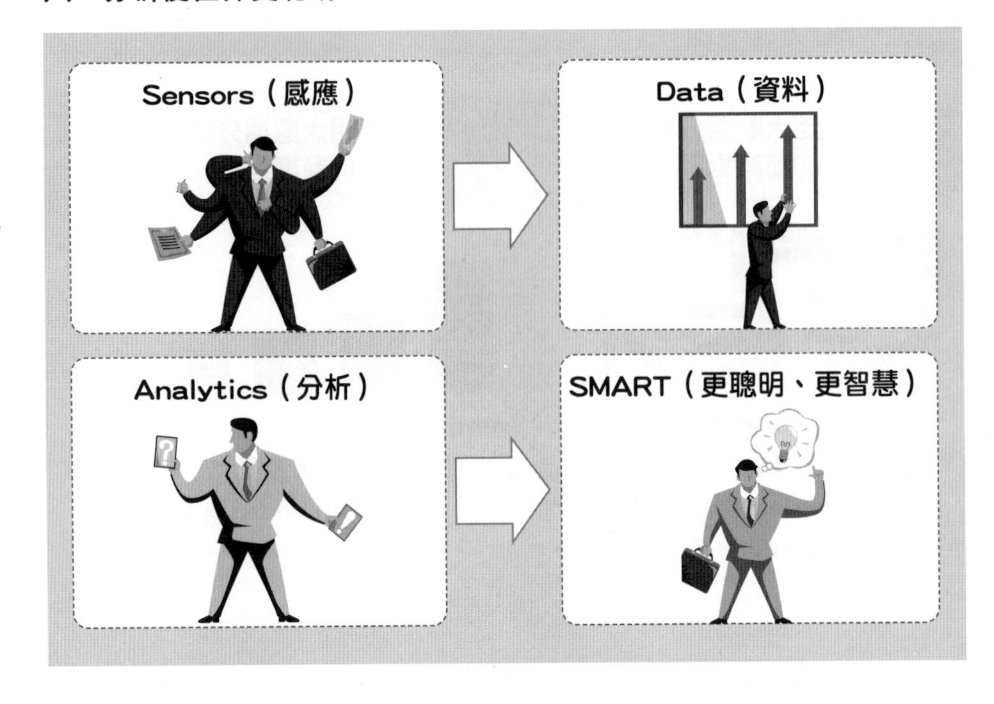

九、數據需要集結、分析、萃取出精華

「今晚要和John去小巨蛋，好期待！」

數據	集結	分析	萃取結果	賺錢商機
今晚	月曆，字典	Text Mining（資料倉儲）	時間	取得高價值新顧客
John	地址簿，臉書，Linkedin	Social graph, NLP, Semantic web（社群圖形及語意網站）	人物	開發測試新產品
小巨蛋	Google Map，節目表，粉絲留言	Location & Event analytics（地理位置及事件分析）	地點	事件活動行銷，提高顧客忠實度
好期待	漫遊行為，購買意願，消費能力，LTV	Sentiment & Influence Analytics, Segmentation（消費能力預測，成效測試）	情緒心態，購買機率，消費能力（現有及LTV）	Viral & Influencer marketing（變動及影響者行銷）

十、不同銷售階段的大數據分析應用

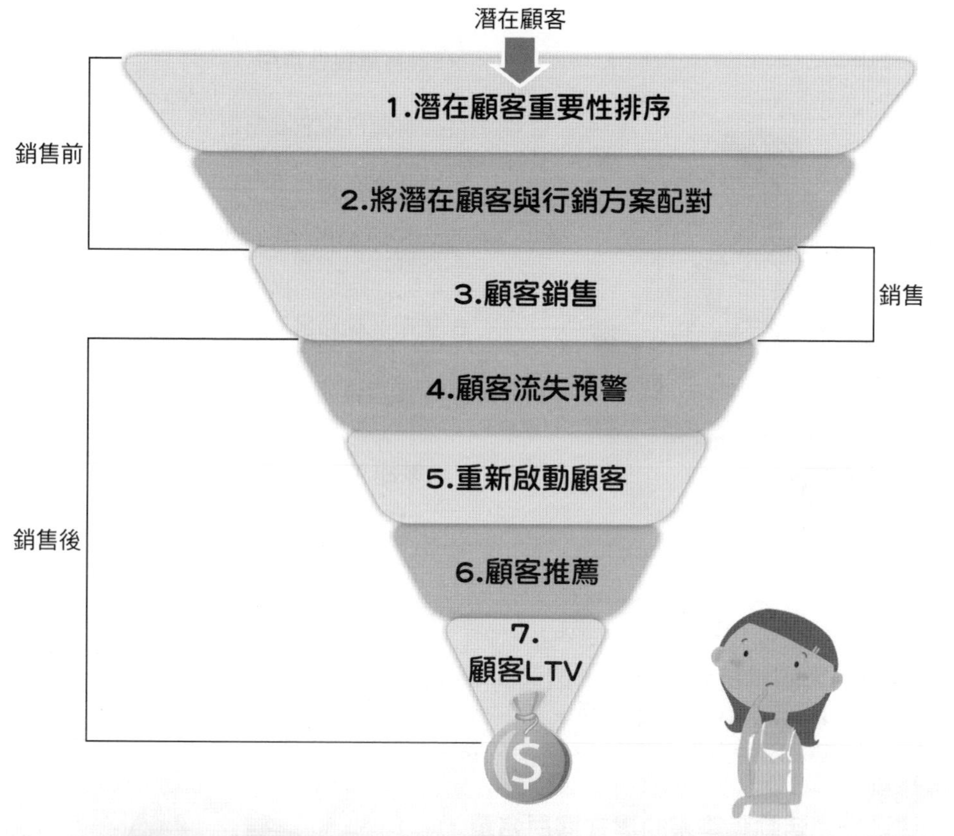

十一、案例一：真正認識顧客回應與價值

(一)方案：高價值顧客酬謝活動。

(二) 目標：全中國各大城市邀請高價值顧客參加酬謝促銷活動。

(三) 成果：預測分析結果：回答率高於銷售員推薦的顧客，並得到5倍的購買意願金額。

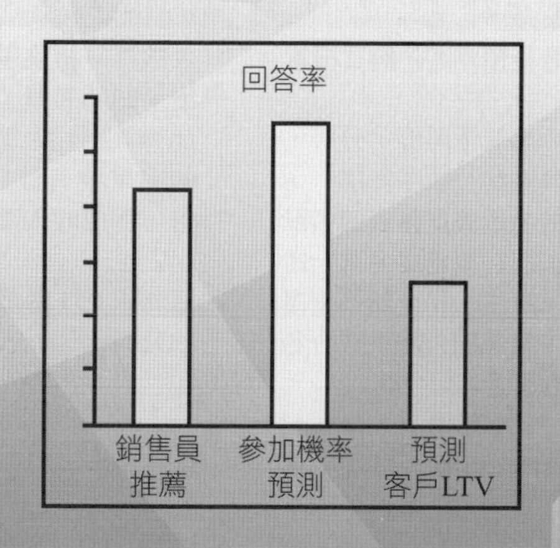

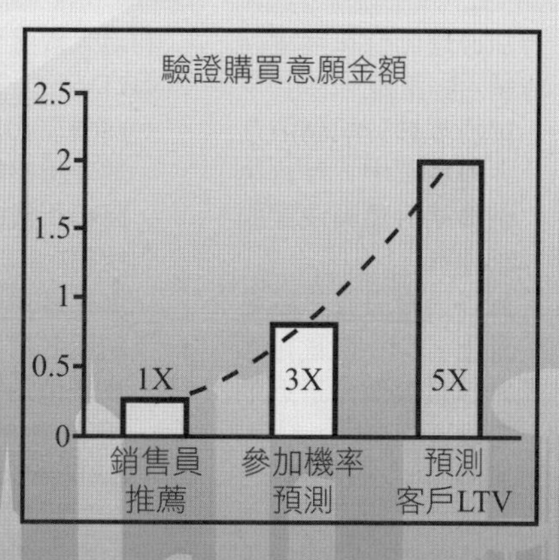

十二、案例二：大數據分析透過多元行銷管道增加收入

1.潛在顧客重要性排序
2.將潛在顧客與行銷方案配對
3.顧客銷售
4.顧客流失預警
5.重新啟動顧客
6.顧客推薦
7.顧客LTV

客戶：
全球最大的科技公司之一，透過DM、E-mail和Call Center銷售產品、軟體和服務給中小企業客戶。

挑戰：
透過行銷活動蒐集來的潛在客戶名單，由電話業務員評估並銷售
☆銷售機制複雜且需要不同的銷售週期
☆業務表現成長停滯

Before（之前）	What We Did（我們做了什麼）	After（之後）
行銷經理制訂年度電話行銷活動策略 ・業務從被分配到潛在客戶名單中，自行挑選聯絡對象與決定聯絡頻率 ・業務通常只會打給名單上<5%的潛在客戶，且大部分是近期曾購買的客戶	利用大數據分析預測客戶購買機率與LTV ・將潛在客戶名單依照優劣分級，並建議接觸點路徑順序安排 ・將分析後的名單與業務員的名單比對，除去已在業務員名單上的潛在客戶，產生一份全新不重複的新名單，每年額外提供數百名高價值潛在客戶 ・所有業務行為都透過Siebel Sales System追蹤	・大數據分析挑選出來的新名單，比業務員挑選的名單要有效3倍，促成收入高出2倍 ・達成ROI高於40比1

十三、案例三之一：大數據分析透過網路擷取潛在顧客

客戶

- 快速成長的線上保險仲介
- 透過Call Center替不同保險公司銷售
- 產品包括汽車險、人壽險與房屋險

挑戰

顧客擷取成本很高，因為
- 從搜尋引擎SEO & SEM來的潛在客戶名單不足
- 過於依賴線上潛在客戶轉介供應商
- 需以高價購買潛在客戶名單，但品質優劣混雜

十四、案例三之二：大數據分析透過網路擷取潛在顧客

分析魔術

Before（之前）

- 寬鬆制訂的名單購買準則與供應商挑選標準
- 基本的名單購買準則與銷售電話法則
- 無法分辨名單上的顧客實際可能購買率
- 沒有顧客區隔和顧客價值預測

What We Did（我們做了什麼）

- 清理與標準化供應商的潛在顧客名單數據
- 用大數據分析預測顧客購買機率與價值
- 用PMML即時分辨顧客名單優劣及決定接觸點路徑
- 依不同要素的重要性制訂潛在顧客價值的決策準則

After（之後）

- 增加潛在顧客價值約50%
- 更有能力選擇潛在顧客名單供應商
- 與名單供應商議價時更有憑據
- 不斷優化提升顧客價值預測效能

十五、大數據分析進行過程

與客戶聯手合作……

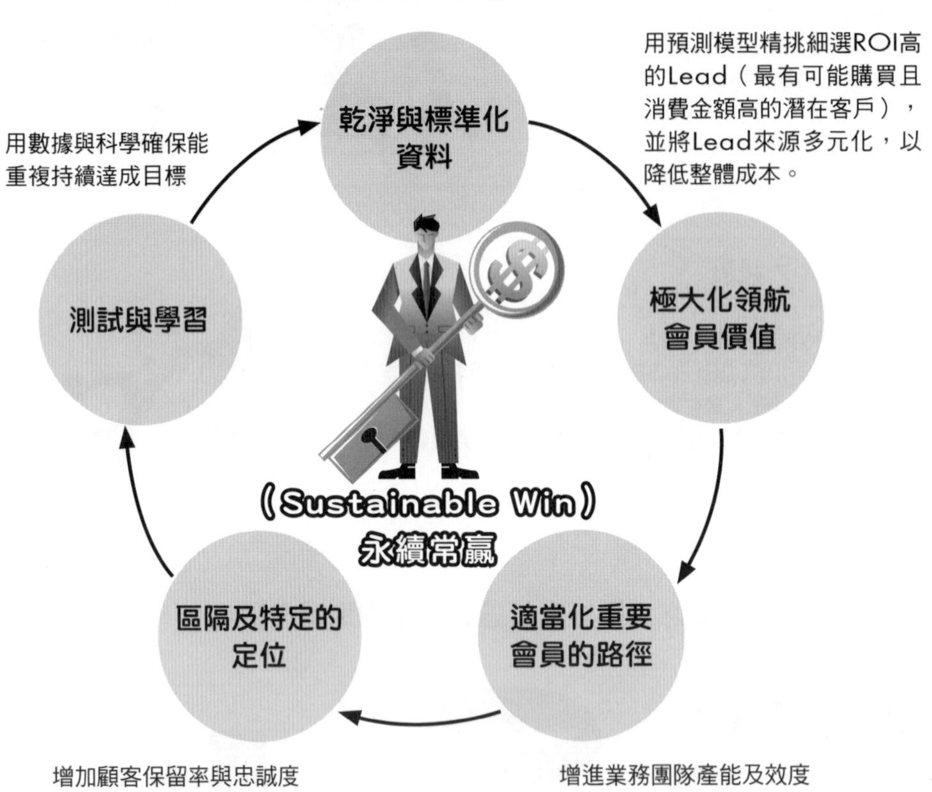

十六、如何啟動大數據分析效益

十七、大數據分析生態環境

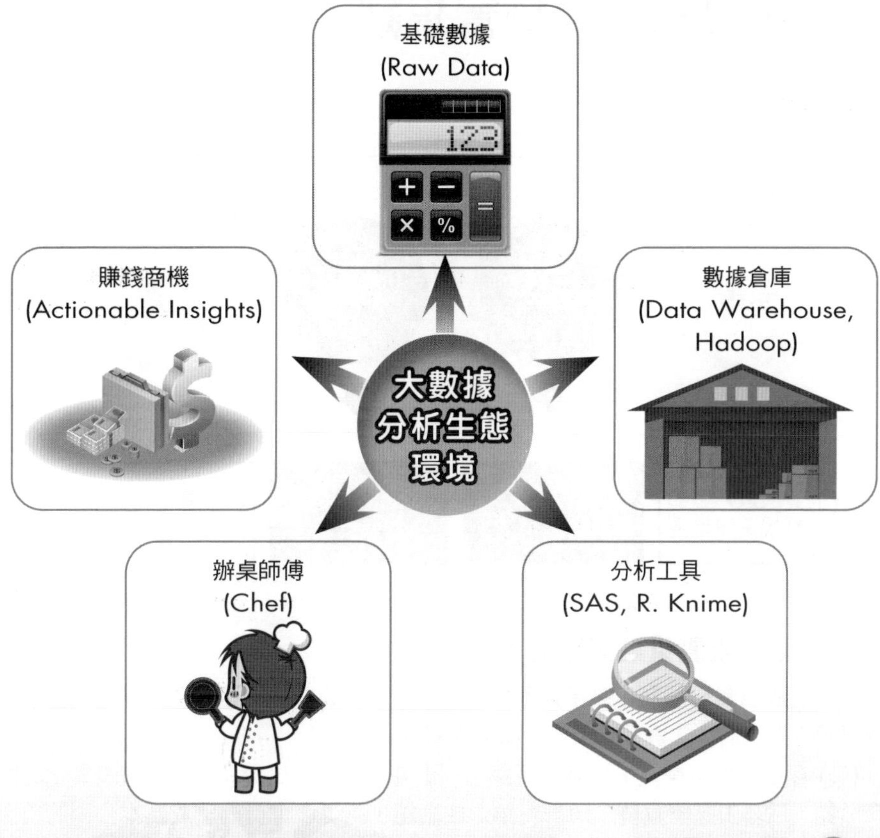

單單美國還缺14~19萬建模人才，
150萬大數據分析師與決策者——麥肯錫

Unit 12-3 某公司會員經營規劃

一、會員忠誠計畫

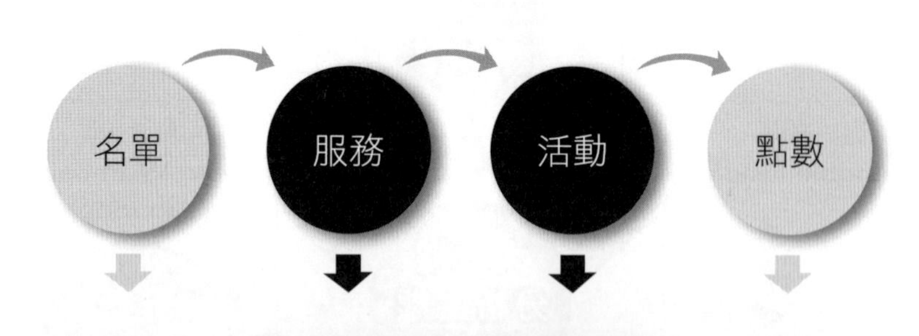

二、會員經營規劃重點與目的

(一) 透過會員分級制度創造差異化：各等級會員設計差異化服務，以增加會員忠誠度，同時提升消費次數及營業額，激勵會員等級晉升。

(二) 創造「白金會員」之話題行銷：找出高價值的「白金會員」創造差異化的服務及活動，以藉由媒體宣傳、口碑行銷形成話題，讓更多會員渴望成為本公司的白金會員。

(三) 提升會員維運績效：鎖定重點族群，即：1.忠誠會員；2.一般會員，以及3.停滯會員，規劃各項專屬會員等級晉升方案，以引導會員消費，培養消費習慣，提升各專案宣傳與維運效益。

(四) 結合〇〇卡提升發展更多忠誠會員：內部忠誠名單建模後，再利用會員〇〇卡外在消費數據、交易情況，掌握會員偏好規劃，由MPV（忠誠會員）擴大發展到一年內有消費會員，再擴大到停滯會員，規劃各維運方案，以刺激導回臺內消費，增加頻次及營業額，逐步往忠誠顧客計畫發展。

三、會員分級制度說明

◆評估區間：每月20日由系統自動計算前推6個月之消費金額及次數，符合白金條件者，即於計算月之次月自動升等，並進行客戶貼標作業。

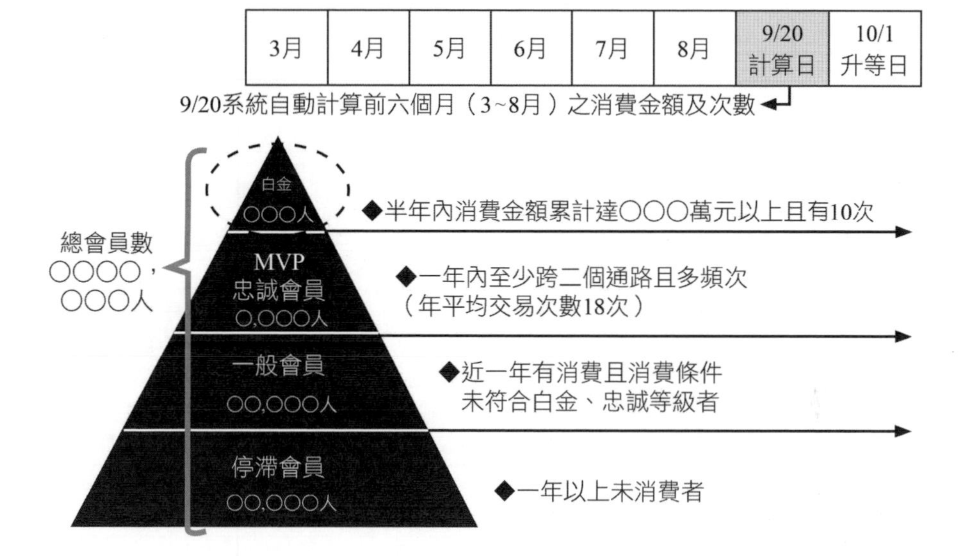

四、會員分級定義說明

項次	會員名稱		會員人數		分級定義		客戶貼標作業
					撈取條件	營業額／毛利／次數參考	
1	白金			0.3%	半年消費OOO萬元且有10次		1. 白金貼標 2. 營業額／交易次數 3. 每月自動更新 4. 負毛利會員
2	忠誠會員	美保		0.8%	一年內至少跨二個通路且多頻次（年平均交易次數18次）		1. MVP貼標 2. 營業額／交易次數 3. 升級白金營業額／交易次數差距

（續前表）

<table>
<tr><th rowspan="2">項次</th><th rowspan="2" colspan="2">會員名稱</th><th rowspan="2" colspan="2">會員人數</th><th colspan="2">分級定義</th><th rowspan="2">客戶貼標作業</th></tr>
<tr><th>撈取條件</th><th>營業額／毛利／次數參考</th></tr>
<tr><td rowspan="5">2</td><td rowspan="5">忠誠會員</td><td>紡品</td><td></td><td>0.8%</td><td rowspan="5"></td><td rowspan="5"></td><td rowspan="5">4. 大分類屬性
5. 每月自動更新
6. 負毛利會員</td></tr>
<tr><td>生活</td><td></td><td>0.7%</td></tr>
<tr><td>3 C</td><td></td><td>0.0%</td></tr>
<tr><td>珠寶精品</td><td></td><td>0.0%</td></tr>
<tr><td>MVP小計</td><td></td><td>2.3%</td></tr>
<tr><td>3</td><td colspan="2">一般會員</td><td></td><td>97%</td><td colspan="2">一年內有交易之會員</td><td>1. 客戶貼標
2. 營業額／交易次數
3. 每月自動更新
4. 負毛利會員</td></tr>
<tr><td>4</td><td colspan="2">年度交易會員（1-3）</td><td>000,000</td><td>100%</td><td colspan="2">一年內有交易之會員</td><td></td></tr>
<tr><td>5</td><td colspan="2">冬眠會員</td><td>000,000</td><td>25%</td><td colspan="2">二年內有交易之會員</td><td>1. 客戶貼標
2. 營業額／交易次數
3. 每月自動更新
4. 負毛利會員</td></tr>
<tr><td>6</td><td colspan="2">長眠會員</td><td>000,000</td><td>43%</td><td colspan="2">二年以上未再交易之會員</td><td>1. 客戶貼標
2. 營業額／交易次數
3. 每月自動更新
4. 負毛利會員</td></tr>
<tr><td>7</td><td colspan="2">停滯會員（6-7）</td><td>000,000</td><td>69%</td><td colspan="2"></td><td></td></tr>
<tr><td>8</td><td colspan="2">合計會員（4+7）</td><td>0,000,000</td><td>100%</td><td colspan="2"></td><td></td></tr>
</table>

五、會員經營分工組織

會員經營分工組織		
(一) 白金禮賓組	(二) 會員維運	(三) 會員分群名單建置及規劃
・成立禮賓TEAM，專責服務白金會員，以專人1：300編制維運。 ・創造等級服務差異，提升會員產值、好感度，以維持會員等級。 ・溝通媒介：利用專人、E-mail、簡訊、LINE等與會員聯繫。	・各等級會員維運規劃與執行。 ・結合〇〇卡外部資料，針對各分群會員設計精準活動行銷。 ・會員維運方案成效追蹤與改善。 ・溝通媒介：利用E-mail、簡訊及未來可開發會員專屬App聯繫。	・名單分析及系統協助。 ・更新及提供每月維運族群名單。 ・創造新的服務族群。 ・洞悉會員需求並且提供各群會員行銷策略建議。

六、會員經營策略暨經營方案架構

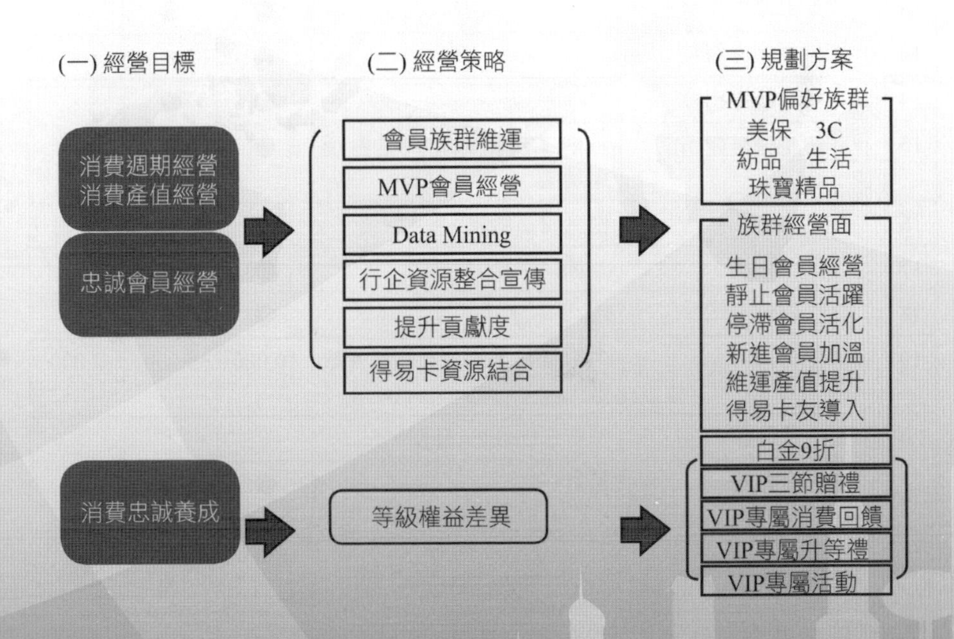

七、各等級會員服務／權益差異化

項次		服務機制	機制說明	會員等級		
				白金	忠誠	標準
1	基本權益	品質保證、產品責任險		●	●	●
2		十天鑑賞期		●	●	●
3		七天內送貨到府		●	●	●
4		12期刷卡無息分期	負向客戶限制信用卡一次付清	●	●	●
5		商品免費退換貨		●	●	●
6		0800免付費專線		●	●	●
7		365天全年無休		●	●	●
8	等級差異化服務	貴賓服務專線		●	×	×
9		開箱體驗	白金／忠誠會員獨享客製化開箱驚喜禮物	●	●	×
10		專屬商品兌換區	白金／忠誠會員獨享限定商品點數兌換	●	●	×
11		來電優先進線		●	×	×
12		型錄優先寄發		●	●	×
13		優先售後服務		●	×	×
14		商品優先出貨		●	●	×
15		白金會員邀請函	針對準白金寄發入主白金邀請函	●	×	×
16		ARA	白金會員獨享A換A服務	●	×	×
17		三節禮品	春節／中秋／端午	●	×	×
18		生日賀卡		●	●	×
19		生日禮	生日當日消費送ONECA點數	10,000	5,000	2,000
20		消費回饋	消費送ONECA點數	1倍	×	×
21		白金九折	每月一次	●	×	×

八、維運方案概要

	方案類別	方案規劃	適用等級	方案說明
1	提升維運績效	會員等級維運管理	白金 忠誠	藉每日系統數據更新，即時掌握高等級會員（白金、忠誠會員）消費互動狀態，並由禮賓人員及各維運小組進行重點會員維運作業。
2		會員升降等維運	全體	例行性等級維護作業。
3		分群作業規劃以及應用	全體	透過會員消費資料所產生的偏好分群進行深入運用，於富購前臺進行客戶貼標，規劃線上人員在Inbound、Outbound進行一系列針對性服務。
4		負向客戶管控	特殊	例行性等級維護作業。
5	提升等級貢獻	會員活動規劃	全體	白金會員優先受邀，一般會員可以參加點數兌換活動。
6		白金會員節慶贈禮回饋	白金	依當季白金會員貢獻度，於端午及中秋各取前1,000名，規劃節慶禮品致贈，以提升會員好感度、忠誠度及整體貢獻度。
7		高貢獻度會員獎勵方案	白金 忠誠	規劃專屬消費、集點獎勵方案。
8	通路資源導入	挽回高價值會員活化方案	跨	原高等級會員（白金、忠誠、標準積極具通路消費習慣者），於次評等將降等者，以封閉直效溝通方式引導消費回購。
9		靜止停滯會員活化方案	跨	針對靜止會員、停滯會員以Data Mining方式做目標族群維運，以直效溝通方式引導消費回購。

（續前表）

	方案類別	方案規劃	適用等級	方案說明
10		得易卡友活化方案	跨	新會員導入：設計活動誘因將得易卡友導入EU消費成為新會員。 針對臺內停滯、臺外活躍會員，依客戶消費偏好，分群分類設計商品或活動導入EU消費，以挽回具價值會員為積極型會員。
11	重點族群經營	生日族群維運方案	跨	從生日會員各通路接觸管道，規劃客製化溝通方案，同步亦從專屬回饋、權益面等方向規劃精進方案，以切合會員需求。

九、會員活動設計——短期規劃

項次	活動名稱	活動內容	對象
1	VIP見面會	邀請品牌代言人、廠代或購物專家的粉絲參與活動	白金優先受邀
2	會員商審會	邀請會員共同參與商品審議會	白金優先受邀
3	會員感恩餐會	舉辦餐會	連續一年白金會員者
4	珠寶鑑賞會	集結臺內珠寶廠商舉辦實體鑑賞會	臺內：白金／忠誠優先受邀 其他客戶收取活動費用
5	流行商品展示會	集結臺內各線廠商舉辦實體商品展示會	臺內：白金／忠誠優先受邀 得易卡友：依各商品分類偏好邀請參與
6	VIP旅行團	舉辦國內或國外VIP旅行招待團	年度消費○○○○萬元以上 取年度貢獻度前30名之會員
7	美妝體驗會	洽談臺內自營品牌或美保廠商舉辦體驗會	白金會員優先受邀免費參與 其他客戶收取活動費用

十、會員活動設計——未來規劃

Unit 12-4 某量販店CRM推展情況報告

一、分析CRM架構

(一) ○○量販店與HAPPYGO合作模式及POOL介紹

1. ○○量販店屬於遠東集團，共同使用HG卡，2004年曾發行過單通路卡片，募卡成效不彰已停用。

2.曾消費過的HAPPYGO會員人數400萬（包含一般藍卡與聯名卡）。

3.一年ACTIVE會員人數185萬。

4.每週由HAPPYGO主動提供新增／變更／刪除會員名單。

5.每季由HAPPYGO到通路端簡報會員概況。

6.每月需支付DDIM點數費用（0.3／點）資料處理費（20萬）。

因預算考量，○○量販店暫無Big Data平臺架構計畫。

(二) ○○量販店於**2011**年導入**CRM**，投入軟硬體成本及成效

軟體

1. IBM SPSS Modeler 15單機版 X2（200萬元買斷）
2. SAS EG（17萬元／年）SAS部分僅包含基礎分析模組工具，不含資料平臺建置

硬體

1. Server*130萬／臺
2. 桌機*2共10萬

300萬元
（不含人員薪資）

行銷預算每年精簡6,000萬元！

顧問諮詢

臺灣析數協建行銷回應預測模型
By Case 30萬
Modeler課程1萬／HR

CRM成員兩位，所有模型皆自行開發

無Data Mining時，篩選3m有交易過名單每檔約90～100萬份
模型建立後，每檔DM降20萬份*10元（郵寄＋印刷＋封裝）*30檔／年＝6,000萬元

(三) ○○量販店**CRM**組織架構與成員背景及其他部門工作

營運長
分析報告呈營運長

CRM Team（共兩位）
1. 資深經理：金融業信用卡事業處消金10年經歷
2. 主任：百貨公司／市調公司

＋

IT 每週交易資料與會員資料上傳Server	行銷部 行銷名單建議案	營運部 各分店價格戰報建議案 會員分析／ Call Out名單	商品部 促銷價格定價策略建議與品牌轉換研究

二、○○量販店操作CRM的具體做法

(一) 關聯規則（Association）

找出潛在強關聯→調整空間擺放、交叉銷售→聯合促銷、業績提升。

關聯規則判別指標	評分
支持度（Support）	前項事件發生在所有資料的百分比 如果有50%的訓練資料包括購買米，然後規則，米→蔬菜有前項支持度50%
信心度（Confidence）	前項和後項同時發生的百分比 如果有50%的訓練資料包含米，但只有20%同時購買米和牛奶，則信心規則為米→牛奶是40%
提升度（Lift）	規則信心度與前項事件發生的比率 若規則>1，則表示此規則有用
計算	Support = 項目A的交易數量／總交易數量 信心度 = 項目AB同時交易數量／包含項目A的交易數量 Lift = 前項A與後項B同時發生的可能性／後項B發生的可能性

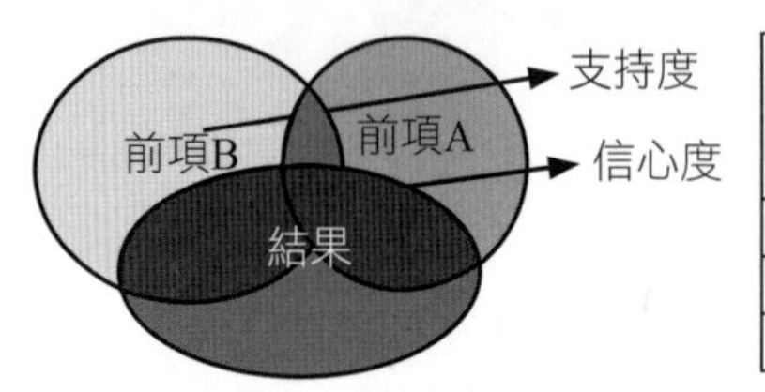

例如：資料集中有750個客戶，購買A商品客戶有492個，有473個客戶購買A商品也購買B商品	
規則支援	473/750*100 = 63
前項支援	492/750*100 = 65
信心度	473/492*100 = 96

(二) 集群分析（Clustering）

交易行為分析

1. K-means（優點：適合大數據、且使用最廣泛的統計集群分析法）
2. Two Step集群法（優點：可處理連續或類別型資料、可自動產生集群品質最好的群數）

交易商品分類：編好商品做分群

(三) 品牌轉換研究（快速消費品）個案研究 — 洗衣精（購買洗衣精的相關個案研究）

As of 2012/8 往前兩年資料

購買次數	會員數	總數	會員%	總數
1	200,713	200,713	41%	13%
2	109,687	219,374	22%	14%
3次以上	179,413	1,136,196	37%	73%
Total	489,813	1,556,283	100%	100%

約49萬人在兩年內購買洗衣精產品，其中買過兩次以上的客戶占59%，占全部來客87%，後續將以此基礎分析客戶購買決策因素。

考量了四種因素來決定商品在客戶決策上的選擇

瓶/補	總數	%
2.補	903,598	58%
1.瓶	652,685	42%

容量重量	總數	%
2.100~2399	922,241	59%
4.3200~3999	271,451	17%
5.4000~	225,536	14%
3.2400~3199	130,670	8%
1.~999	6,385	0%

天然/環保/合成	總數	%
3.合成	1,461,792	94%
1.天然	74,749	5%
2.環保	19,742	1%

品牌	總數	%
3.一匙靈	198,141	13%
5.加倍潔	194,944	13%
15.全效	169,693	11%
12.白鴿	162,571	10%
4.妙管家	152,165	10%
1.白蘭	105,454	7%
8.依必朗	85,907	6%
6.USPOLO／閃彩	84,373	5%
11.潔倍	72,986	5%
13.毛寶	68,114	4%
16.南僑水晶	61,300	4%
24.好媳婦	55,758	4%
20.白帥帥	50,713	3%

品牌平均散布在每個項目中，可參考品牌忠誠度分析。

天然／瓶補／品牌價位是購買洗衣精最重要的前三大決策條件

項目	換品比率	客戶習慣	標準差	排序
品牌	35%	41%	1.267	4
瓶／補	17%	66%	0.475	2
每瓶容量	25%	55%	0.724	3
天然／環保／合成	4%	92%	0.275	1

客戶習慣表示客戶忠誠於產品的比率（沒換過其他因素）。標準差是由客戶買過全部項目數計算出來，數字可當成這個項目選擇的廣度。

(四) 顧客身分證CRM範例

被動資訊

HAPPYGO卡號：9552xxxxxxxxxx
性別：女性　年齡：31~35

RFM Model：Last TXN Date：12 Jan 2012
平均消費金額：900
消費週期：14

產品%
乾貨：50%　生鮮：30%
家電：10%　服飾：10%

今年狀態：VIP　去年狀態：睡眠卡友
年度交易次數：100　總交易金額：54k
顧客生命週期（Customer Life Time）：高

分店關鍵績效指標(KPI)
客戶流失分析

＋

主動資訊

本次主題促銷目錄DM
名單篩選建議

促銷目錄回應分數（DM Response Score）：高
購買DM品類：10 kind
Join活動次數：5 times/Year
乾貨件數60 items

產品關聯（Product Preference）：
寶寶食品：高
尿布：高
嬰兒俱樂部關聯（Baby Club Preference）
3C：高
美妝保養：高

產品協銷與分群測試

建立DM回應模型的原因，是希望針對回應DM商品的客戶增加溝通機會

促銷目錄回應（DM Response），累積成重要委員會顧客（SVIP）（滿12,000元且來店12次）

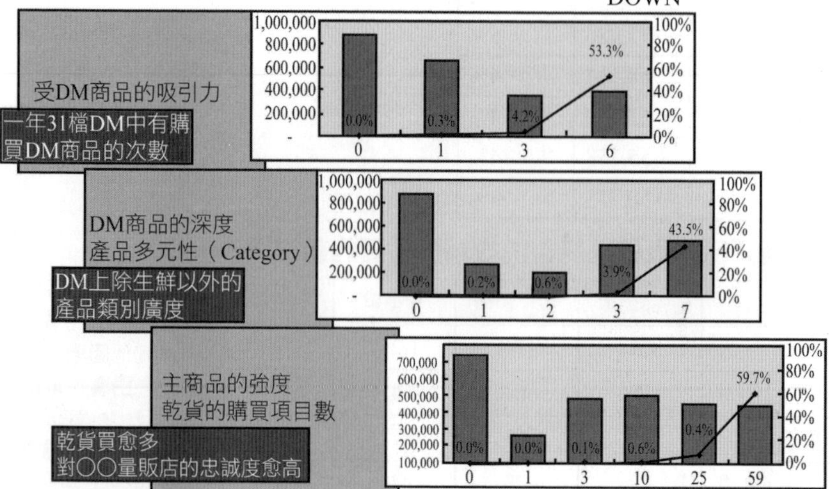

(五) DM名單篩選雙引擎

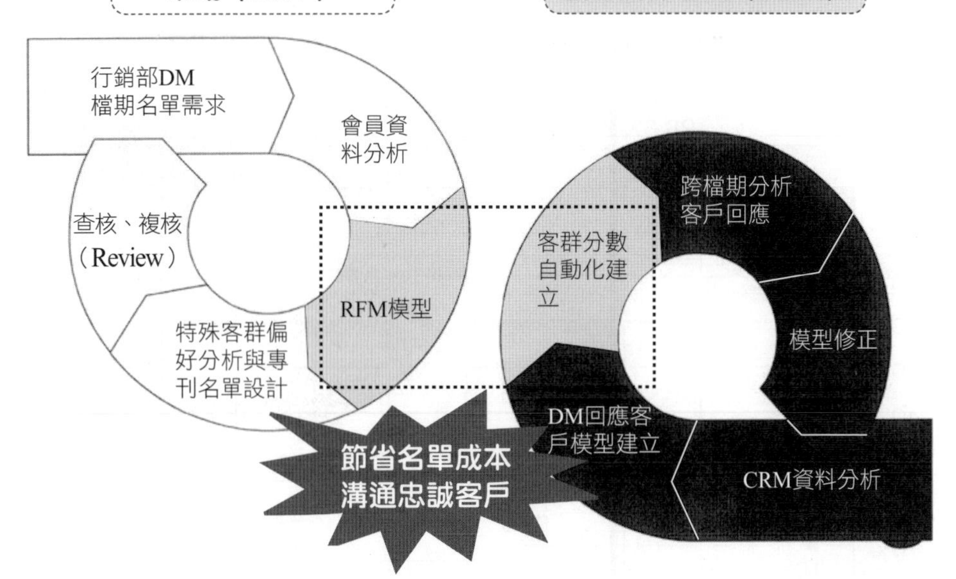

雙引擎的運作組合(多重維度的結合)
→RFM消費行為分析選擇高潛力客戶
→DM回應模型選擇DM商品高忠誠客戶

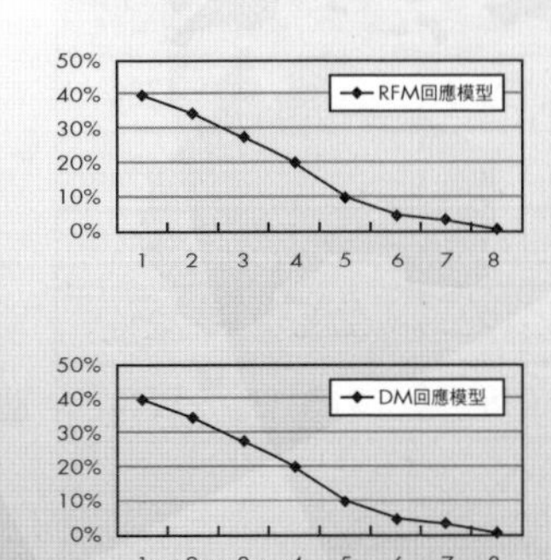

先以**RFM**模型做範圍		DM回應模型 高	DM回應模型 中	DM回應模型 低
REM模型	高	13%	7%	20%
REM模型	中	5%	6%	4%
REM模型	低	10%	15%	21%

	13%	12%	36%	18%	21%
排序	1	2	3	4	5

DM回應模型的效益(Gain Chart)（獲得圖形）
SVIP usually with High response score（高回應分數）

O Top 30% of DM response model include 99% of SVIP

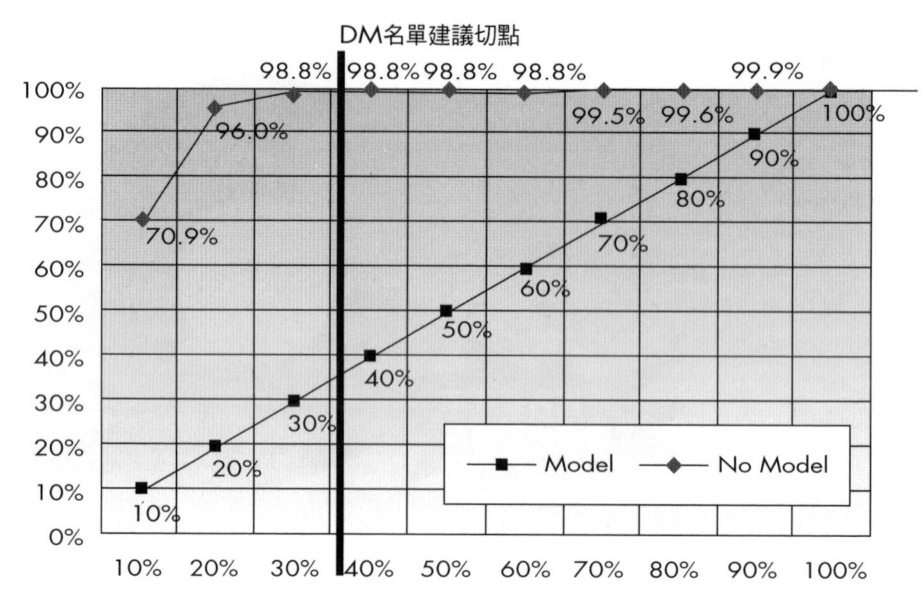

(六) 行銷活動效益

檔期	名稱	時間	天數	DM郵寄		
				會員戶數	郵寄%	回店%
207	品牌大回饋	04/06~04/24	19	2,155,423	30%	42%
208	卡友會	04/25~05/01	7	2,156,359	33%	25%
209	母親節	05/02~05/15	14	2,157,431	29%	38%
210	年中慶	05/16~05/29	14	2,158,212	37%	32%
210A	年中慶2	05/23~06/05	14	2,158,079	31%	35%

回應率由20%提升至35%
成本下降，效益提升

說明：因販售產品的商品週期不同，各業種僅作參考。
量販通路RSP約18~30%　例如：全聯／家樂福。
3C／家電通路RSP約10%　例如：燦坤。
百貨公司通路RSP約16%。

懷孕預測模型

當顧客購物籃中偵測到指標性商品例如：驗孕棒、保險套、衛生棉、媽媽補體素等商品的消長關係，對這群準媽媽顧客設計專刊，銷售高毛利商品（嬰兒推車、嬰兒床、尿布、奶粉等）。

分店DNA—Factor Analysis（因素分類）

商品背景：商品品項超過40萬種，中分類超過200種。
應用分析：以統計學因素分析法萃取分店代表品類，作為分店Remodel的依據。
例如：大直店以因素分析萃取出嬰童用品與高單價食品（紅酒、高單價起司），進而調整。

價格敏感分析

建置商品歷史價格資料庫，研究價格敏感顧客當同品項商品價格下跌幾元時，哪些顧客會因價格變動到店消費，進而作為測試此變數為行銷回應預測模型的重要變數，避免不當削價競爭損傷毛利。

交叉銷售（Cross Sell）

和供貨商合作，當新品／打競品推出時，販售名單與資料庫分析結果合作案。
例如：統一、亞培、卡夫於店內個別化印出Coupon，作為下次到店的獎勵。

顧客分級

以顧客年度貢獻度，各級顧客享有不同回饋建立VIP制度，特殊回門禮專屬禮遇。

網站推薦商品

Also view（同時也看）。
Also Buy（同時也買）。
網頁關聯推薦。

顧客流失模型（Survival Analysis）（存活分析）

利用生統的存活分析法建立顧客流失預警模型，於顧客流失前，再次以Call客方式挽留顧客，延長CLV。

行銷回應預測模型

以迴歸模型、決策樹、類神經迴路演算法做預測模型。
使用變數：R、F、M、顧客屬性、Join行銷檔期次數、購買品類廣度、商圈到店距離、商品偏好、入會天數等。
RSP由單變量分析16～20%提升至25～36%，每年精簡6,000萬元行銷預算。

三、結論

1. CRM導入後，低成本低人力，每年節省6,000萬元行銷費用。

2. 建議公司須進行軟體更新，本量販店為實體零售，與○○○企業為關係企業，不自行發會員卡，直接用HAPPYGO會員進行銷售分析，對於軟體之更新採取較低標準，公司大數據之策略除零售外，尚有會員卡布局，可全盤考慮軟體需求，分批實施更新。

3. 建議公司內部應培養建模人才，依需求進行預測模組之建立，節省公司成本，精準行銷，精進效益。

4. 藉由曾瀏覽網站但未成交之顧客，可於近期內主動以同類別EDM和COUPON再行銷（例如：顧客A於7/15瀏覽ETMALL保養品，但是未購買，7/18時以EDM主動推薦美妝保養專刊EDM）。

5. 建立保養品、食品週期資料庫，自動化精算顧客產品用完日期，並於2週內主動提供購買同商品優惠折扣。

6. 透過EDM寄送行銷送點數鼓勵方式，每月更新會員資料庫。

國家圖書館出版品預行編目(CIP)資料

圖解顧客關係管理(CRM)：會員深耕經營學/戴國良著. -- 三版. -- 臺北市：五南圖書出版股份有限公司, 2024.04
面； 公分
ISBN 978-626-393-045-2(平裝)

1.CST: 顧客關係管理

496.5 113001330

1FW1

圖解顧客關係管理（CRM）：會員深耕經營學

作　　者 — 戴國良
發 行 人 — 楊榮川
總 經 理 — 楊士清
總 編 輯 — 楊秀麗
副總編輯 — 侯家嵐
責任編輯 — 侯家嵐
文字校對 — 石曉蓉　葉瓊瑄
排版設計 — 賴玉欣
封面完稿 — 姚孝慈
出 版 者 — 五南圖書出版股份有限公司
地　　址：106臺北市大安區和平東路二段339號4樓
電　　話：(02)2705-5066　　傳　　真：(02)2706-6100
網　　址：https://www.wunan.com.tw
電子郵件：wunan@wunan.com.tw
劃撥帳號：01068953
戶　　名：五南圖書出版股份有限公司
法律顧問　林勝安律師
出版日期　2016年 1 月初版一刷（共二刷）
2019年10月二版一刷
2024年 4 月三版一刷
定　　價　新臺幣430元

經典永恆・名著常在

五十週年的獻禮——經典名著文庫

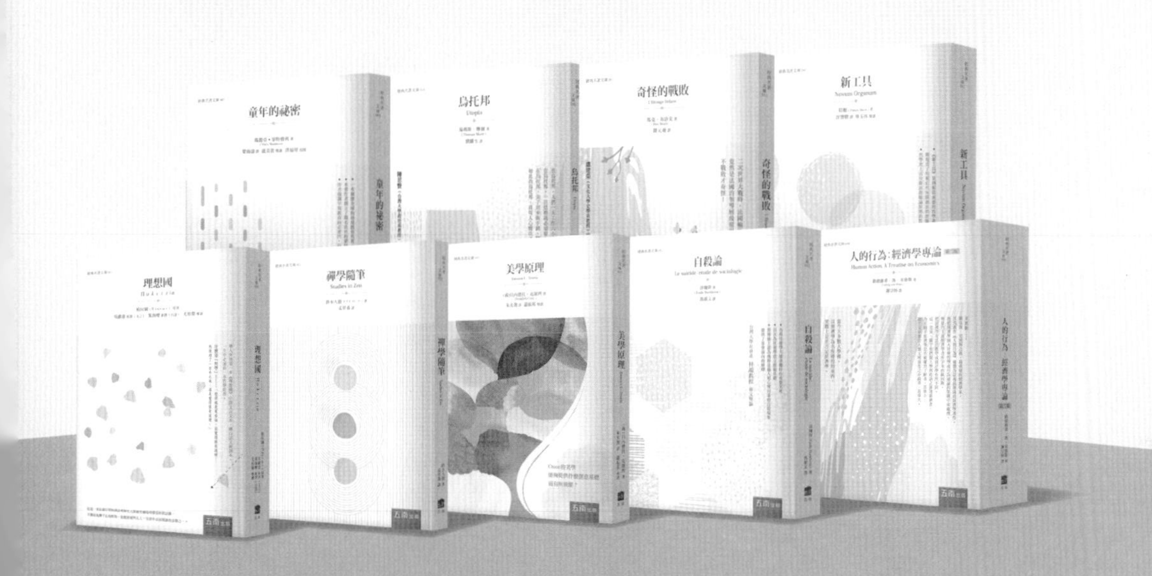

五南，五十年了，半個世紀，人生旅程的一大半，走過來了。
思索著，邁向百年的未來歷程，能為知識界、文化學術界作些什麼？
在速食文化的生態下，有什麼值得讓人雋永品味的？

歷代經典・當今名著，經過時間的洗禮，千錘百鍊，流傳至今，光芒耀人；
不僅使我們能領悟前人的智慧，同時也增深加廣我們思考的深度與視野。
我們決心投入巨資，有計畫的系統梳選，成立「經典名著文庫」，
希望收入古今中外思想性的、充滿睿智與獨見的經典、名著。
這是一項理想性的、永續性的巨大出版工程。
不在意讀者的眾寡，只考慮它的學術價值，力求完整展現先哲思想的軌跡；
為知識界開啟一片智慧之窗，營造一座百花綻放的世界文明公園，
任君遨遊、取菁吸蜜、嘉惠學子！